西南区
耕地质量主要性状数据集

农业农村部耕地质量监测保护中心　编著

中国农业出版社

编 辑 委 员 会

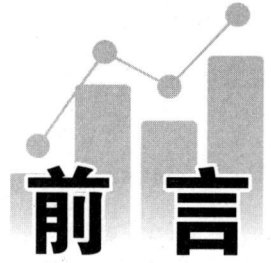

前　言

按照《耕地质量等级》国家标准和中国综合农业区划，西南区包含川滇高原山地农林牧区、黔桂高原山地林农牧区、秦岭大巴山林农区、四川盆地农林区和渝鄂湘黔边境山地林农牧区等5个二级区，涉及贵州省、重庆市、四川省、云南省、湖南省、湖北省、广西壮族自治区、陕西省和甘肃省9个省（自治区、直辖市）。西南区是我国重要的稻麦生产区域，在国家粮食生产中具有举足轻重的地位和作用。全面梳理西南区主要土壤类型的耕地质量性状，对有针对性开展西南区耕地土壤培肥改良与治理修复，推进耕地质量的有效保护与提升，促进耕地资源的可持续利用具有十分重要的意义。

为全面掌握西南区耕地质量状况，推动评价成果为农业生产服务，2018年起，农业农村部耕地质量监测保护中心组织西南区各省（自治区、直辖市）有关技术人员，根据《耕地质量调查监测与评价办法》和《耕地质量等级》（GB/T 33469—2016），开展了西南区耕地质量区域评价工作。按照兼顾土壤类型、行政区划、地貌类型、地力水平等因素的原则，在该区域共计甄别遴选了35 332个评价样点，并对数据进行了集中审查，建立了规范化的耕地资源属性数据库。在此基础上，根据土壤发生学分类，按照土类、亚类、土属整理汇编了《西南区耕地质量主要性状数据集》。西南区耕地包括赤红壤、红壤、黄壤、黄棕壤、黄褐土、棕壤、暗棕壤、燥红土、褐土、灰褐土、黑土、黑钙土、黑垆土、黄绵土、红黏土、新积土、石灰（岩）土、火山灰土、紫色土、粗骨土、石质土、草甸土、潮土、山地草甸土、沼泽土、水稻土、寒冻土等27个主要土壤类型、62个主要亚类和213个主要土属。数据集涵盖有效土层厚度、耕层厚度、耕层容重、土壤有机质、土壤全氮、土壤有效磷、土壤速效钾、土壤缓效钾、土壤有效铜、土壤有效锌、土壤有效铁、土壤有效锰、土壤有效硼、土壤有效钼、土壤有效硫、土壤有效硅、耕层质地及土壤pH等18个数据项，涉及数据70余万个。

由于数据量大，编著者水平有限，不妥之处敬请广大读者批评指正！

编著者

2019年1月

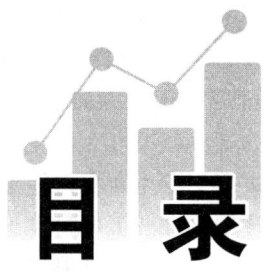

目 录

三、土　属

一、土 类

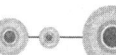

赤红壤耕地土壤主要理化性状

项目名称	样本数（个）	平均值	标准差	变异系数（%）	范围
有效土层厚（cm）	66	74.0	32.09	43.38	23.0~145.0
耕层厚度（cm）	66	15.3	3.00	19.62	11.0~24.0
耕层容重（g/cm³）	66	1.44	0.08	5.65	1.14~1.64
有机质（g/kg）	66	23.8	11.83	49.77	7.3~62.8
全氮（g/kg）	66	1.392	0.59	42.66	0.210~3.160
有效磷（mg/kg）	66	21.6	18.44	85.54	4.5~80.7
速效钾（mg/kg）	63	105	86.12	81.70	28~346
缓效钾（mg/kg）	64	191	193.22	101.26	50~1 295
有效铜（mg/kg）	64	9.16	6.10	66.56	0.72~30.32
有效锌（mg/kg）	65	2.12	2.70	126.96	0.10~15.37
有效铁（mg/kg）	66	214.35	144.69	67.50	3.15~474.15
有效锰（mg/kg）	66	46.47	37.82	81.39	3.90~159.30
有效硼（mg/kg）	65	0.33	0.21	63.23	0.10~1.34
有效钼（mg/kg）	66	0.918	0.67	72.43	0.030~2.400
有效硫（mg/kg）	64	139.22	125.42	90.09	7.34~370.79
有效硅（mg/kg）	62	262.75	145.60	55.41	26.57~495.50

耕层质地

	砂土	砂壤土	轻壤土	中壤土	重壤土	黏土
样本数	0	18	8	6	3	31
占比（%）	0.00	27.27	12.12	9.09	4.55	46.97

土壤 pH

	≤4.5	(4.5~5.5]	(5.5~6.5]	(6.5~7.5]	(7.5~8.5]	>8.5
样本数	1	20	25	17	3	0
占比（%）	1.52	30.30	37.88	25.76	4.55	0.00

红壤耕地土壤主要理化性状

项目名称	样本数（个）	平均值	标准差	变异系数（%）	范围
有效土层厚 (cm)	2 410	81.6	24.76	30.35	11.0~155.3
耕层厚度 (cm)	2 411	19.4	3.59	18.49	5.0~35.6
耕层容重 (g/cm³)	2 411	1.16	0.13	11.23	0.89~1.78
有机质 (g/kg)	2 378	32.6	13.73	42.17	6.9~74.9
全氮 (g/kg)	2 366	1.731	0.65	37.48	0.146~3.800
有效磷 (mg/kg)	2 399	27.1	24.11	88.92	0.9~202.8
速效钾 (mg/kg)	2 380	150	84.34	56.06	28~389
缓效钾 (mg/kg)	2 391	266	190.04	71.55	48~1 604
有效铜 (mg/kg)	2 189	9.86	7.48	75.93	0.05~33.16
有效锌 (mg/kg)	2 218	2.61	2.26	86.77	0.06~14.80
有效铁 (mg/kg)	2 195	203.16	141.15	69.48	0.10~479.46
有效锰 (mg/kg)	2 190	38.95	31.96	82.04	0.20~172.60
有效硼 (mg/kg)	2 199	0.40	0.25	62.12	0.07~2.35
有效钼 (mg/kg)	2 023	1.021	0.75	73.85	0.020~2.510
有效硫 (mg/kg)	2 119	86.88	97.19	111.86	4.00~403.60
有效硅 (mg/kg)	2 128	259.72	132.15	50.88	27.50~497.30

耕层质地

	砂土	砂壤土	轻壤土	中壤土	重壤土	黏土
样本数	64	178	144	186	321	1 518
占比（%）	2.65	7.38	5.97	7.71	13.31	62.96

土壤 pH

	≤4.5	(4.5~5.5]	(5.5~6.5]	(6.5~7.5]	(7.5~8.5]	>8.5
样本数	54	740	862	519	235	1
占比（%）	2.24	30.69	35.75	21.53	9.75	0.04

黄壤耕地土壤主要理化性状

项目名称	样本数（个）	平均值	标准差	变异系数（%）	范围
有效土层厚（cm）	5 629	68.6	24.96	36.36	10.0～180.0
耕层厚度（cm）	5 629	22.1	5.93	26.77	5.0～40.0
耕层容重（g/cm³）	5 626	1.31	0.18	13.40	0.80～1.80
有机质（g/kg）	5 483	31.3	13.79	44.03	6.9～75.3
全氮（g/kg）	5 540	1.717	0.63	36.45	0.145～3.807
有效磷（mg/kg）	5 563	25.3	28.13	111.02	0.8～203.7
速效钾（mg/kg）	5 437	142	78.92	55.66	27～390
缓效钾（mg/kg）	5 583	325	202.57	62.35	48～1 548
有效铜（mg/kg）	2 743	4.41	5.21	117.96	0.04～32.92
有效锌（mg/kg）	2 720	2.49	2.42	97.32	0.05～21.67
有效铁（mg/kg）	2 745	102.06	104.75	102.64	0.10～479.22
有效锰（mg/kg）	2 568	35.73	28.96	81.06	0.20～168.55
有效硼（mg/kg）	2 452	0.49	0.38	77.45	0.07～3.20
有效钼（mg/kg）	1 204	0.765	0.71	93.48	0.020～2.510
有效硫（mg/kg）	2 445	60.09	52.58	87.50	4.13～395.30
有效硅（mg/kg）	1 923	207.96	109.10	52.46	30.80～496.26

耕层质地

	砂土	砂壤土	轻壤土	中壤土	重壤土	黏土
样本数	294	1 413	914	1 657	636	715
占比（%）	5.22	25.10	16.24	29.44	11.30	12.70

土壤 pH

	≤4.5	(4.5～5.5]	(5.5～6.5]	(6.5～7.5]	(7.5～8.5]	>8.5
样本数	228	2 047	1 816	1 098	431	9
占比（%）	4.05	36.37	32.26	19.51	7.66	0.16

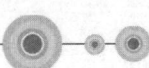
黄棕壤耕地土壤主要理化性状

项目名称	样本数（个）	平均值	标准差	变异系数（%）	范围
有效土层厚（cm）	3 036	69.6	24.70	35.49	10.0~180.0
耕层厚度（cm）	3 036	21.4	5.70	26.60	7.0~40.0
耕层容重（g/cm³）	3 036	1.39	0.18	13.05	0.80~1.79
有机质（g/kg）	2 938	28.6	13.80	48.25	6.8~75.2
全氮（g/kg）	2 982	1.626	0.70	42.93	0.147~3.780
有效磷（mg/kg）	3 009	26.2	26.62	101.63	0.8~194.8
速效钾（mg/kg）	2 980	141	74.67	53.11	27~387
缓效钾（mg/kg）	2 977	466	310.50	66.57	48~1 612
有效铜（mg/kg）	2 455	3.69	4.71	127.81	0.10~31.80
有效锌（mg/kg）	2 430	2.26	2.51	111.26	0.10~22.17
有效铁（mg/kg）	2 456	81.17	94.95	116.97	1.60~480.03
有效锰（mg/kg）	2 333	28.09	18.16	64.65	1.22~165.60
有效硼（mg/kg）	2 326	0.52	0.38	72.04	0.07~2.57
有效钼（mg/kg）	531	0.890	0.79	89.01	0.030~2.510
有效硫（mg/kg）	2 283	49.26	46.05	93.48	4.00~399.22
有效硅（mg/kg）	2 272	197.33	88.25	44.72	26.44~497.19

耕层质地

	砂土	砂壤土	轻壤土	中壤土	重壤土	黏土
样本数	77	419	692	1 029	471	348
占比（%）	2.54	13.80	22.79	33.89	15.51	11.46

土壤pH

	≤4.5	(4.5~5.5]	(5.5~6.5]	(6.5~7.5]	(7.5~8.5]	>8.5
样本数	42	861	1 133	730	266	4
占比（%）	1.38	28.36	37.32	24.04	8.76	0.13

黄褐土耕地土壤主要理化性状

项目名称	样本数（个）	平均值	标准差	变异系数（%）	范　围
有效土层厚（cm）	358	51.7	25.76	49.80	12.0~100.0
耕层厚度（cm）	358	19.1	3.18	16.63	10.0~30.0
耕层容重（g/cm³）	358	1.39	0.13	9.47	1.00~1.73
有机质（g/kg）	349	20.3	9.20	45.33	7.0~57.5
全氮（g/kg）	358	1.177	0.43	36.50	0.237~3.338
有效磷（mg/kg）	357	21.3	22.68	106.52	1.2~180.0
速效钾（mg/kg）	352	148	65.59	44.20	28~350
缓效钾（mg/kg）	318	891	326.10	36.59	50~1 609
有效铜（mg/kg）	92	1.71	1.18	68.89	0.11~6.85
有效锌（mg/kg）	88	1.55	1.18	76.08	0.24~6.89
有效铁（mg/kg）	90	40.89	42.80	104.66	5.17~304.54
有效锰（mg/kg）	85	22.80	16.09	70.55	5.62~81.08
有效硼（mg/kg）	90	0.42	0.31	74.01	0.10~2.11
有效钼（mg/kg）	56	0.192	0.08	43.92	0.030~0.373
有效硫（mg/kg）	94	25.78	19.74	76.60	4.75~110.69
有效硅（mg/kg）	65	242.16	82.62	34.12	77.90~387.50

耕层质地

	砂土	砂壤土	轻壤土	中壤土	重壤土	黏土
样本数	0	55	26	148	58	71
占比（%）	0.00	15.36	7.26	41.34	16.20	19.83

土壤 pH

	≤4.5	(4.5~5.5]	(5.5~6.5]	(6.5~7.5]	(7.5~8.5]	>8.5
样本数	2	15	87	142	111	1
占比（%）	0.56	4.19	24.30	39.66	31.01	0.28

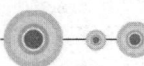

棕壤耕地土壤主要理化性状

项目名称	样本数（个）	平均值	标准差	变异系数（%）	范围
有效土层厚（cm）	395	70.0	27.18	38.83	10.0~100.0
耕层厚度（cm）	395	19.4	6.54	33.77	9.0~40.0
耕层容重（g/cm³）	395	1.34	0.19	14.05	0.80~1.73
有机质（g/kg）	381	35.7	16.81	47.06	7.3~74.9
全氮（g/kg）	372	1.927	0.82	42.80	0.146~3.790
有效磷（mg/kg）	394	28.1	25.92	92.10	1.3~178.9
速效钾（mg/kg）	386	164	84.16	51.44	28~384
缓效钾（mg/kg）	394	381	249.85	65.54	48~1 428
有效铜（mg/kg）	321	6.55	7.60	116.17	0.25~33.07
有效锌（mg/kg）	324	2.55	2.63	103.19	0.14~21.27
有效铁（mg/kg）	323	140.63	141.24	100.43	2.80~480.16
有效锰（mg/kg）	309	29.90	24.40	81.62	1.51~155.00
有效硼（mg/kg）	309	0.60	0.39	65.30	0.10~2.40
有效钼（mg/kg）	215	0.760	0.75	98.98	0.030~2.500
有效硫（mg/kg）	297	53.39	60.76	113.81	4.70~402.77
有效硅（mg/kg）	296	218.23	117.29	53.75	27.67~491.14

耕层质地

	砂土		砂壤土		轻壤土		中壤土		重壤土		黏土	
	样本数	占比（%）	样本数	占比（%）	样本数	占比（%）	样本数	占比（%）	样本数	占比（%）	样本数	占比（%）
	80	20.25	98	24.81	57	14.43	80	20.25	57	14.43	23	5.82

土壤 pH

	≤4.5		(4.5~5.5]		(5.5~6.5]		(6.5~7.5]		(7.5~8.5]		>8.5	
	样本数	占比（%）	样本数	占比（%）	样本数	占比（%）	样本数	占比（%）	样本数	占比（%）	样本数	占比（%）
	4	1.01	114	28.86	158	40.00	65	16.46	53	13.42	1	0.25

暗棕壤耕地土壤主要理化性状

项目名称	样本数（个）	平均值	标准差	变异系数（%）	范围
有效土层厚（cm）	16	72.5	23.90	32.97	39.0~100.0
耕层厚度（cm）	16	15.9	5.91	37.14	9.0~25.0
耕层容重（g/cm³）	16	1.45	0.13	9.23	1.15~1.56
有机质（g/kg）	15	29.3	17.16	58.65	8.2~58.6
全氮（g/kg）	15	1.254	0.81	64.58	0.227~2.530
有效磷（mg/kg）	16	24.6	23.64	96.08	5.1~71.9
速效钾（mg/kg）	16	154	84.89	54.97	56~342
缓效钾（mg/kg）	16	486	341.56	70.34	126~1 218
有效铜（mg/kg）	13	7.63	8.21	107.59	0.75~22.56
有效锌（mg/kg）	13	2.58	2.65	103.01	0.66~10.50
有效铁（mg/kg）	13	155.72	158.02	101.48	9.87~473.16
有效锰（mg/kg）	13	25.55	11.21	43.88	9.23~50.80
有效硼（mg/kg）	13	0.61	0.24	39.69	0.38~1.05
有效钼（mg/kg）	8	0.820	0.56	68.72	0.130~1.460
有效硫（mg/kg）	13	65.85	101.51	154.14	4.20~381.67
有效硅（mg/kg）	12	216.14	149.35	69.10	72.12~488.86

耕层质地

	砂土	砂壤土	轻壤土	中壤土	重壤土	黏土
样本数	4	2	7	3	5	0
占比（%）	25.00	12.50	43.75	18.75	31.25	0.00

土壤 pH

	≤4.5	(4.5~5.5]	(5.5~6.5]	(6.5~7.5]	(7.5~8.5]	>8.5
样本数	0	3	7	4	2	0
占比（%）	0.00	18.75	43.75	25.00	12.50	0.00

燥红土耕地土壤主要理化性状

项目名称	样本数（个）	平均值	标准差	变异系数（%）	范围
有效土层厚（cm）	79	88.2	14.01	15.88	50.0~100.0
耕层厚度（cm）	77	16.8	2.12	12.67	14.0~20.0
耕层容重（g/cm³）	79	1.43	0.06	4.07	1.23~1.73
有机质（g/kg）	74	25.4	14.18	55.90	8.4~72.1
全氮（g/kg）	79	1.377	0.67	49.03	0.510~3.240
有效磷（mg/kg）	79	23.2	19.44	83.88	2.5~135.8
速效钾（mg/kg）	78	142	78.19	55.17	36~338
缓效钾（mg/kg）	79	425	249.09	58.67	52~1076
有效铜（mg/kg）	68	12.60	6.76	53.62	0.52~28.67
有效锌（mg/kg）	71	2.14	1.99	93.05	0.17~11.20
有效铁（mg/kg）	71	242.05	140.91	58.22	9.35~476.14
有效锰（mg/kg）	71	31.19	25.42	81.51	3.90~119.00
有效硼（mg/kg）	71	0.47	0.29	62.23	0.12~1.48
有效钼（mg/kg）	71	0.987	0.78	79.08	0.100~2.390
有效硫（mg/kg）	69	81.64	90.96	111.42	5.20~334.27
有效硅（mg/kg）	69	279.25	131.94	47.25	60.52~496.34

耕层质地

	砂土		砂壤土		轻壤土		中壤土		重壤土		黏土	
	样本数	占比（%）	样本数	占比（%）	样本数	占比（%）	样本数	占比（%）	样本数	占比（%）	样本数	占比（%）
	2	2.53	1	1.27	6	7.59	3	3.80	36	45.57	31	39.24

土壤 pH

	≤4.5		(4.5~5.5]		(5.5~6.5]		(6.5~7.5]		(7.5~8.5]		>8.5	
	样本数	占比（%）	样本数	占比（%）	样本数	占比（%）	样本数	占比（%）	样本数	占比（%）	样本数	占比（%）
	0	0.00	5	6.33	15	18.99	21	26.58	33	41.77	5	6.33

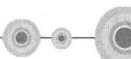

褐土耕地土壤主要理化性状

项目名称	样本数（个）	平均值	标准差	变异系数（%）	范　围
有效土层厚（cm）	561	41.7	24.26	58.21	10.0~150.0
耕层厚度（cm）	566	19.0	6.13	32.34	5.0~30.0
耕层容重（g/cm³）	566	1.28	0.11	8.65	0.98~1.71
有机质（g/kg）	555	18.3	8.44	46.23	6.8~68.2
全氮（g/kg）	566	1.052	0.43	40.85	0.220~2.890
有效磷（mg/kg）	566	21.6	15.03	69.72	3.1~94.0
速效钾（mg/kg）	558	187	74.55	39.92	56~389
缓效钾（mg/kg）	557	874	314.59	35.99	434~1 614
有效铜（mg/kg）	517	0.85	0.50	58.43	0.10~3.17
有效锌（mg/kg）	517	0.94	0.61	64.61	0.22~4.41
有效铁（mg/kg）	517	9.71	12.06	124.20	3.10~223.00
有效锰（mg/kg）	517	8.62	5.28	61.25	2.70~78.92
有效硼（mg/kg）	516	0.52	0.32	61.21	0.20~1.60
有效钼（mg/kg）	515	0.153	0.10	66.36	0.020~0.880
有效硫（mg/kg）	512	20.34	9.11	44.77	4.88~74.00
有效硅（mg/kg）	511	129.81	62.68	48.28	54.59~276.68

耕层质地

	砂土	砂壤土	轻壤土	中壤土	重壤土	黏土
样本数	146	65	32	225	32	66
占比（%）	25.80	11.48	5.65	39.75	5.65	11.66

土壤pH

	≤4.5	(4.5~5.5]	(5.5~6.5]	(6.5~7.5]	(7.5~8.5]	>8.5
样本数	0	4	28	75	412	47
占比（%）	0.00	0.71	4.95	13.25	72.79	8.30

灰褐土耕地土壤主要理化性状

项目名称	样本数（个）	平均值	标准差	变异系数（%）	范　围
有效土层厚（cm）	17	66.8	26.56	39.78	25.0~100.0
耕层厚度（cm）	17	21.9	4.03	18.41	15.0~30.0
耕层容重（g/cm³）	17	1.24	0.10	7.72	1.07~1.41
有机质（g/kg）	17	28.3	10.55	37.32	8.8~51.8
全氮（g/kg）	17	1.514	0.46	30.42	0.697~2.531
有效磷（mg/kg）	17	30.0	11.93	39.76	7.9~56.3
速效钾（mg/kg）	17	196	84.79	43.26	91~341
缓效钾（mg/kg）	17	896	314.48	35.09	560~1 351
有效铜（mg/kg）	17	0.86	0.18	20.83	0.58~1.25
有效锌（mg/kg）	17	1.32	0.30	22.34	1.04~2.17
有效铁（mg/kg）	17	8.76	4.93	56.27	3.50~16.92
有效锰（mg/kg）	17	8.64	3.54	40.95	5.30~15.34
有效硼（mg/kg）	17	0.56	0.19	33.06	0.39~1.13
有效钼（mg/kg）	17	0.457	0.26	57.15	0.194~0.870
有效硫（mg/kg）	17	14.81	5.57	37.59	7.24~28.32
有效硅（mg/kg）	17	134.73	74.15	55.04	77.00~253.00

耕层质地

	砂土	砂壤土	轻壤土	中壤土	重壤土	黏土
样本数	0	0	1	7	6	4
占比（%）	0.00	0.00	5.88	41.18	35.29	23.53

土壤pH

	≤4.5	(4.5~5.5]	(5.5~6.5]	(6.5~7.5]	(7.5~8.5]	>8.5
样本数	0	0	1	9	7	0
占比（%）	0.00	0.00	5.88	52.94	41.18	0.00

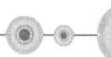

黑土耕地土壤主要理化性状

项目名称	样本数（个）	平均值	标准差	变异系数（%）	范 围
有效土层厚（cm）	25	45.4	11.01	24.27	14.0～50.0
耕层厚度（cm）	25	28.6	3.84	13.45	14.0～30.0
耕层容重（g/cm³）	25	1.29	0.05	3.50	1.21～1.39
有机质（g/kg）	25	34.4	10.98	31.89	13.4～54.0
全氮（g/kg）	25	1.893	0.48	25.47	0.990～2.876
有效磷（mg/kg）	25	28.2	16.75	59.35	8.3～64.5
速效钾（mg/kg）	25	173	62.99	36.44	74～285
缓效钾（mg/kg）	25	727	301.30	41.44	554～1 504
有效铜（mg/kg）	25	1.01	0.30	29.21	0.66～1.67
有效锌（mg/kg）	25	1.59	0.65	40.74	0.36～2.47
有效铁（mg/kg）	25	13.47	3.33	24.76	3.60～16.52
有效锰（mg/kg）	25	11.45	2.63	22.99	7.30～15.18
有效硼（mg/kg）	25	0.80	0.21	26.64	0.50～1.28
有效钼（mg/kg）	25	0.776	0.19	24.99	0.120～0.980
有效硫（mg/kg）	25	20.03	5.79	28.88	7.46～32.00
有效硅（mg/kg）	25	223.24	65.85	29.50	61.00～276.00

耕层质地

	砂土		砂壤土		轻壤土		中壤土		重壤土		黏土	
	样本数	占比（%）	样本数	占比（%）	样本数	占比（%）	样本数	占比（%）	样本数	占比（%）	样本数	占比（%）
	0	0.00	0	0.00	0	0.00	25	100.00	0	0.00	0	0.00

土壤 pH

	≤4.5		（4.5～5.5]		（5.5～6.5]		（6.5～7.5]		（7.5～8.5]		＞8.5	
	样本数	占比（%）	样本数	占比（%）	样本数	占比（%）	样本数	占比（%）	样本数	占比（%）	样本数	占比（%）
	0	0.00	0	0.00	0	0.00	25	100.00	0	0.00	0	0.00

黑钙土耕地土壤主要理化性状

项目名称	样本数（个）	平均值	标准差	变异系数（%）	范围
有效土层厚 (cm)	20	44.5	24.12	54.15	15.0～130.0
耕层厚度 (cm)	20	26.6	4.89	18.35	15.0～30.0
耕层容重 (g/cm³)	20	1.30	0.03	2.64	1.24～1.35
有机质 (g/kg)	20	32.4	10.45	32.23	13.4～52.3
全氮 (g/kg)	20	1.887	0.62	32.97	0.310～2.815
有效磷 (mg/kg)	20	35.0	16.08	45.89	8.6～68.0
速效钾 (mg/kg)	20	168	63.39	37.65	84～326
缓效钾 (mg/kg)	20	622	184.32	29.63	453～1 388
有效铜 (mg/kg)	20	0.95	0.27	28.29	0.64～1.45
有效锌 (mg/kg)	20	1.54	0.59	38.03	0.62～2.62
有效铁 (mg/kg)	20	14.71	1.68	11.39	9.11～16.85
有效锰 (mg/kg)	20	12.03	2.51	20.87	6.85～15.07
有效硼 (mg/kg)	20	0.80	0.24	29.79	0.37～1.32
有效钼 (mg/kg)	20	0.862	0.08	9.74	0.670～1.020
有效硫 (mg/kg)	20	16.63	7.66	46.06	5.21～29.76
有效硅 (mg/kg)	20	240.94	38.64	16.04	100.70～276.00

耕层质地

	砂土	砂壤土	轻壤土	中壤土	重壤土	黏土
样本数	0	0	0	20	0	0
占比（%）	0.00	0.00	0.00	100.00	0.00	0.00

土壤 pH

	≤4.5	(4.5～5.5]	(5.5～6.5]	(6.5～7.5]	(7.5～8.5]	>8.5
样本数	0	0	0	1	19	0
占比（%）	0.00	0.00	0.00	5.00	95.00	0.00

黑垆土耕地土壤主要理化性状

项目名称	样本数（个）	平均值	标准差	变异系数（%）	范围
有效土层厚（cm）	113	39.5	12.56	31.78	10.0~50.0
耕层厚度（cm）	113	22.1	7.46	33.83	10.0~30.0
耕层容重（g/cm³）	113	1.25	0.07	5.25	1.17~1.35
有机质（g/kg）	113	19.5	7.30	37.54	6.8~39.0
全氮（g/kg）	113	1.213	0.43	35.70	0.435~2.277
有效磷（mg/kg）	113	28.8	18.07	62.71	6.6~67.4
速效钾（mg/kg）	113	167	67.15	40.16	67~389
缓效钾（mg/kg）	113	621	171.16	27.57	312~1 563
有效铜（mg/kg）	113	0.86	0.41	48.23	0.23~2.00
有效锌（mg/kg）	113	1.51	0.72	47.36	0.26~2.63
有效铁（mg/kg）	113	12.46	3.58	28.77	3.17~16.97
有效锰（mg/kg）	113	8.35	3.22	38.57	3.10~15.85
有效硼（mg/kg）	113	0.87	0.36	40.93	0.26~1.67
有效钼（mg/kg）	113	0.577	0.36	62.60	0.080~1.080
有效硫（mg/kg）	113	16.73	6.05	36.15	5.69~29.18
有效硅（mg/kg）	113	167.48	81.40	48.60	61.00~276.00

耕层质地

	砂土	砂壤土	轻壤土	中壤土	重壤土	黏土
占比（%）	36.28	0.00	0.00	63.72	0.00	0.00
样本数	41	0	0	72	0	0

土壤 pH

	≤4.5	(4.5~5.5]	(5.5~6.5]	(6.5~7.5]	(7.5~8.5]	>8.5
占比（%）	0.00	0.00	0.00	0.88	92.92	6.19
样本数	0	0	0	1	105	7

黄绵土耕地土壤主要理化性状

项目名称	样本数（个）	平均值	标准差	变异系数（%）	范 围
有效土层厚（cm）	25	75.1	40.24	53.56	14.0~150.0
耕层厚度（cm）	25	23.4	6.79	29.08	14.0~30.0
耕层容重（g/cm³）	25	1.25	0.06	5.19	1.17~1.39
有机质（g/kg）	25	16.6	3.69	22.20	10.3~27.3
全氮（g/kg）	25	1.065	0.35	33.25	0.533~1.940
有效磷（mg/kg）	25	21.2	8.46	39.84	10.7~44.3
速效钾（mg/kg）	25	172	46.43	27.07	83~300
缓效钾（mg/kg）	19	688	205.67	29.91	464~1 206
有效铜（mg/kg）	22	0.74	0.35	47.57	0.33~1.96
有效锌（mg/kg）	21	1.40	0.81	58.07	0.61~3.99
有效铁（mg/kg）	22	12.90	6.51	50.51	6.15~39.40
有效锰（mg/kg）	21	10.25	7.72	75.29	3.90~39.00
有效硼（mg/kg）	19	0.75	0.31	41.21	0.40~1.58
有效钼（mg/kg）	19	0.485	0.35	72.43	0.094~1.020
有效硫（mg/kg）	19	14.51	4.89	33.73	5.96~24.73
有效硅（mg/kg）	19	154.18	71.72	46.52	61.00~273.00

耕层质地

	砂土	砂壤土	轻壤土	中壤土	重壤土	黏土
样本数	5	0	0	16	4	0
占比（%）	20.00	0.00	0.00	64.00	16.00	0.00

土壤 pH

	≤4.5	(4.5~5.5]	(5.5~6.5]	(6.5~7.5]	(7.5~8.5]	>8.5
样本数	0	0	0	1	21	3
占比（%）	0.00	0.00	0.00	4.00	84.00	12.00

红黏土耕地土壤主要理化性状

项目名称	样本数（个）	平均值	标准差	变异系数（%）	范　围
有效土层厚（cm）	23	57.8	45.47	78.64	15.0~150.0
耕层厚度（cm）	23	19.5	4.33	22.16	15.0~30.0
耕层容重（g/cm³）	23	1.33	0.18	13.31	1.05~1.66
有机质（g/kg）	22	18.1	6.46	35.73	9.5~37.1
全氮（g/kg）	23	1.078	0.40	36.76	0.365~2.190
有效磷（mg/kg）	23	20.6	14.85	72.15	8.6~61.2
速效钾（mg/kg）	23	215	68.14	31.71	71~324
缓效钾（mg/kg）	23	692	233.77	33.78	450~1 239
有效铜（mg/kg）	23	0.79	0.36	45.78	0.26~1.50
有效锌（mg/kg）	23	0.67	0.25	36.39	0.38~1.28
有效铁（mg/kg）	23	7.52	3.20	42.50	3.10~13.38
有效锰（mg/kg）	23	7.21	2.82	39.20	2.70~15.24
有效硼（mg/kg）	23	0.49	0.23	46.55	0.26~1.30
有效钼（mg/kg）	22	0.276	0.23	82.06	0.100~0.790
有效硫（mg/kg）	23	20.59	6.71	32.58	7.53~32.55
有效硅（mg/kg）	23	117.58	46.14	39.24	61.00~241.00

耕层质地

	砂土	砂壤土	轻壤土	中壤土	重壤土	黏土
样本数	4	0	0	9	2	8
占比（%）	17.39	0.00	0.00	39.13	8.70	34.78

土壤 pH

	≤4.5	(4.5~5.5]	(5.5~6.5]	(6.5~7.5]	(7.5~8.5]	>8.5
样本数	0	0	0	0	23	0
占比（%）	0.00	0.00	0.00	0.00	100.00	0.00

新积土耕地土壤主要理化性状

项目名称	样本数（个）	平均值	标准差	变异系数（%）	范围
有效土层厚（cm）	270	55.0	28.96	52.62	10.0~180.0
耕层厚度（cm）	270	20.2	5.14	25.41	10.0~40.0
耕层容重（g/cm³）	270	1.26	0.14	10.94	1.06~1.68
有机质（g/kg）	266	20.8	11.79	56.76	7.5~65.6
全氮（g/kg）	263	1.250	0.58	46.13	0.190~3.560
有效磷（mg/kg）	265	32.4	34.67	106.97	1.4~170.0
速效钾（mg/kg）	265	137	71.30	51.94	29~379
缓效钾（mg/kg）	252	639	369.61	57.86	52~1 605
有效铜（mg/kg）	97	4.77	7.30	153.23	0.14~32.54
有效锌（mg/kg）	97	2.53	2.84	111.88	0.40~14.30
有效铁（mg/kg）	97	87.40	109.50	125.28	3.17~438.81
有效锰（mg/kg）	96	21.76	26.54	121.95	1.11~158.36
有效硼（mg/kg）	94	0.57	0.32	55.49	0.10~1.60
有效钼（mg/kg）	94	0.463	0.61	132.49	0.020~2.450
有效硫（mg/kg）	90	66.80	91.76	137.35	5.38~391.53
有效硅（mg/kg）	93	162.03	114.85	70.88	26.63~475.47

耕层质地

	砂土		砂壤土		轻壤土		中壤土		重壤土		黏土	
	样本数	占比（%）	样本数	占比（%）	样本数	占比（%）	样本数	占比（%）	样本数	占比（%）	样本数	占比（%）
	49	18.15	92	34.07	38	14.07	56	20.74	6	2.22	29	10.74

土壤 pH

	≤4.5		(4.5~5.5]		(5.5~6.5]		(6.5~7.5]		(7.5~8.5]		>8.5	
	样本数	占比（%）	样本数	占比（%）	样本数	占比（%）	样本数	占比（%）	样本数	占比（%）	样本数	占比（%）
	2	0.74	34	12.59	49	18.15	72	26.67	105	38.89	8	2.96

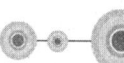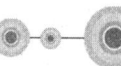

石灰（岩）土耕地土壤主要理化性状

项目名称	样本数（个）	平均值	标准差	变异系数（%）	范　围
有效土层厚（cm）	2 111	72.7	25.25	34.75	10.0~180.0
耕层厚度（cm）	2 111	22.0	6.71	30.47	8.0~40.0
耕层容重（g/cm³）	2 111	1.36	0.17	12.21	0.85~1.76
有机质（g/kg）	2 073	30.5	12.93	42.40	6.8~75.1
全氮（g/kg）	2 047	1.655	0.65	39.51	0.148~3.738
有效磷（mg/kg）	2 105	24.7	24.45	99.16	1.0~190.6
速效钾（mg/kg）	2 058	151	74.65	49.59	27~388
缓效钾（mg/kg）	2 102	396	246.98	62.39	48~1 603
有效铜（mg/kg）	1 279	4.28	5.44	127.13	0.04~33.08
有效锌（mg/kg）	1 268	2.21	2.13	96.28	0.05~22.17
有效铁（mg/kg）	1 270	89.63	105.79	118.04	0.10~479.06
有效锰（mg/kg）	1 213	32.39	25.65	79.20	0.30~164.20
有效硼（mg/kg）	1 205	0.44	0.32	72.66	0.07~3.00
有效钼（mg/kg）	534	0.810	0.72	89.02	0.020~2.510
有效硫（mg/kg）	1 192	55.15	59.46	107.82	4.07~395.52
有效硅（mg/kg）	1 022	228.00	110.89	48.64	25.36~497.20

耕层质地

	砂土	砂壤土	轻壤土	中壤土	重壤土	黏土
样本数	135	369	518	560	285	244
占比（%）	6.40	17.48	24.54	26.53	13.50	11.56

土壤pH

	≤4.5	(4.5~5.5]	(5.5~6.5]	(6.5~7.5]	(7.5~8.5]	>8.5
样本数	8	194	315	627	953	14
占比（%）	0.38	9.19	14.92	29.70	45.14	0.66

火山灰土耕地土壤主要理化性状

项目名称	样本数（个）	平均值	标准差	变异系数（%）	范围
有效土层厚（cm）	4	100.0	0.00	0.00	100.0~100.0
耕层厚度（cm）	4	17.0	0.00	0.00	17.0~17.0
耕层容重（g/cm³）	4	1.45	0.00	0.00	1.45~1.45
有机质（g/kg）	4	54.9	6.79	12.37	47.9~63.9
全氮（g/kg）	4	2.535	0.21	8.21	2.300~2.720
有效磷（mg/kg）	4	23.1	13.40	58.09	7.0~37.6
速效钾（mg/kg）	4	158	28.32	17.92	134~193
缓效钾（mg/kg）	4	383	32.34	8.45	346~424
有效铜（mg/kg）	4	10.10	6.43	63.65	3.43~16.41
有效锌（mg/kg）	4	1.78	1.42	79.58	0.34~3.16
有效铁（mg/kg）	4	205.58	69.64	33.87	122.02~290.66
有效锰（mg/kg）	4	14.30	15.65	109.46	2.20~37.30
有效硼（mg/kg）	4	0.23	0.16	67.82	0.12~0.46
有效钼（mg/kg）	4	1.103	0.51	46.12	0.450~1.690
有效硫（mg/kg）	4	282.60	65.74	23.26	188.80~341.17
有效硅（mg/kg）	4	240.38	34.88	14.51	203.51~283.12

耕层质地

	砂土	砂壤土	轻壤土	中壤土	重壤土	黏土
样本数	0	0	0	0	4	0
占比（%）	0.00	0.00	0.00	0.00	100.00	0.00

土壤pH

	≤4.5	(4.5~5.5]	(5.5~6.5]	(6.5~7.5]	(7.5~8.5]	>8.5
样本数	0	4	0	0	0	0
占比（%）	0.00	100.00	0.00	0.00	0.00	0.00

紫色土耕地土壤主要理化性状

项目名称	样本数（个）	平均值	标准差	变异系数（%）	范　围
有效土层厚（cm）	6 803	59.6	24.70	41.43	14.0~185.0
耕层厚度（cm）	6 793	22.3	5.95	26.66	10.0~40.0
耕层容重（g/cm³）	6 800	1.35	0.14	10.70	0.83~1.80
有机质（g/kg）	6 657	19.4	10.30	53.12	6.7~75.3
全氮（g/kg）	6 647	1.187	0.50	42.03	0.145~3.800
有效磷（mg/kg）	6 742	27.7	32.37	116.68	0.8~204.0
速效钾（mg/kg）	6 718	130	68.29	52.53	27~388
缓效钾（mg/kg）	6 793	436	211.31	48.44	48~1 587
有效铜（mg/kg）	1 712	6.25	6.95	111.09	0.10~33.13
有效锌（mg/kg）	1 721	2.11	2.06	97.48	0.10~22.17
有效铁（mg/kg）	1 723	141.64	135.09	95.38	0.69~479.76
有效锰（mg/kg）	1 681	32.25	25.88	80.24	0.30~173.00
有效硼（mg/kg）	1 679	0.46	0.37	80.35	0.07~2.98
有效钼（mg/kg）	1 180	0.802	0.76	95.40	0.020~2.510
有效硫（mg/kg）	1 512	55.69	65.95	118.44	4.00~403.74
有效硅（mg/kg）	1 448	230.73	119.30	51.71	25.53~497.43

耕层质地

	砂土		砂壤土		轻壤土		中壤土		重壤土		黏土	
	样本数	占比（%）	样本数	占比（%）	样本数	占比（%）	样本数	占比（%）	样本数	占比（%）	样本数	占比（%）
	438	6.44	1 689	24.83	1 099	16.15	2 208	32.46	960	14.11	409	6.01

土壤pH

	≤4.5		(4.5~5.5]		(5.5~6.5]		(6.5~7.5]		(7.5~8.5]		>8.5	
	样本数	占比（%）	样本数	占比（%）	样本数	占比（%）	样本数	占比（%）	样本数	占比（%）	样本数	占比（%）
	153	2.25	1 578	23.20	1 429	21.01	1 077	15.83	2 408	35.40	158	2.32

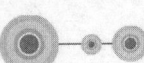
粗骨土耕地土壤主要理化性状

项目名称	样本数（个）	平均值	标准差	变异系数（%）	范　围
有效土层厚（cm）	73	62.4	12.28	19.69	40.0~75.0
耕层厚度（cm）	73	19.3	2.97	15.42	15.7~31.0
耕层容重（g/cm³）	73	1.27	0.14	10.72	0.96~1.50
有机质（g/kg）	72	34.5	14.57	42.28	10.7~73.7
全氮（g/kg）	72	1.807	0.57	31.70	0.730~3.519
有效磷（mg/kg）	71	23.8	29.51	124.05	2.9~185.7
速效钾（mg/kg）	70	145	73.62	50.88	28~334
缓效钾（mg/kg）	72	294	190.83	64.93	54~793
有效铜（mg/kg）	34	2.83	2.26	79.74	0.09~9.39
有效锌（mg/kg）	35	1.92	1.54	80.47	0.47~7.06
有效铁（mg/kg）	35	63.25	68.46	108.25	8.60~343.87
有效锰（mg/kg）	27	38.98	31.99	82.07	5.34~110.30
有效硼（mg/kg）	31	0.39	0.16	41.73	0.21~0.88
有效钼（mg/kg）	8	0.119	0.11	94.62	0.040~0.380
有效硫（mg/kg）	31	51.55	32.90	63.81	4.70~146.50
有效硅（mg/kg）	11	171.81	104.51	60.83	62.61~381.98

耕层质地

	砂土		砂壤土		轻壤土		中壤土		重壤土		黏土	
	样本数	占比（%）	样本数	占比（%）	样本数	占比（%）	样本数	占比（%）	样本数	占比（%）	样本数	占比（%）
	22	30.14	38	52.05	6	8.22	2	2.74	3	4.11	2	2.74

土壤 pH

	≤4.5		(4.5~5.5]		(5.5~6.5]		(6.5~7.5]		(7.5~8.5]		>8.5	
	样本数	占比（%）	样本数	占比（%）	样本数	占比（%）	样本数	占比（%）	样本数	占比（%）	样本数	占比（%）
	1	1.37	29	39.73	13	17.81	13	17.81	17	23.29	0	0.00

石质土耕地土壤主要理化性状

项目名称	样本数（个）	平均值	标准差	变异系数（%）	范　围
有效土层厚（cm）	5	94.8	38.89	41.03	40.0～150.0
耕层厚度（cm）	5	18.6	2.61	14.02	15.0～22.0
耕层容重（g/cm³）	5	1.27	0.04	3.45	1.21～1.33
有机质（g/kg）	5	13.8	0.54	3.94	13.1～14.5
全氮（g/kg）	5	1.228	0.41	33.24	0.710～1.680
有效磷（mg/kg）	5	14.1	3.23	22.92	11.3～19.2
速效钾（mg/kg）	5	209	102.77	49.22	83～344
缓效钾（mg/kg）	5	621	153.96	24.81	450～846
有效铜（mg/kg）	5	0.77	0.10	13.64	0.70～0.95
有效锌（mg/kg）	5	0.89	0.21	23.01	0.69～1.22
有效铁（mg/kg）	5	8.18	3.06	37.45	3.17～10.75
有效锰（mg/kg）	5	8.79	1.41	16.07	6.75～10.30
有效硼（mg/kg）	5	0.61	0.13	20.49	0.52～0.80
有效钼（mg/kg）	5	0.358	0.16	43.81	0.241～0.621
有效硫（mg/kg）	5	14.06	3.39	24.07	9.27～17.79
有效硅（mg/kg）	5	120.10	26.29	21.89	85.00～158.40

耕层质地

砂土		砂壤土		轻壤土		中壤土		重壤土		黏土	
样本数	占比（%）	样本数	占比（%）	样本数	占比（%）	样本数	占比（%）	样本数	占比（%）	样本数	占比（%）
0	0.00	0	0.00	0	0.00	1	20.00	4	80.00	0	0.00

土壤 pH

≤4.5		(4.5～5.5]		(5.5～6.5]		(6.5～7.5]		(7.5～8.5]		>8.5	
样本数	占比（%）	样本数	占比（%）	样本数	占比（%）	样本数	占比（%）	样本数	占比（%）	样本数	占比（%）
0	0.00	0	0.00	0	0.00	0	0.00	5	100.00	0	0.00

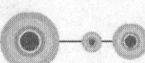

草甸土耕地土壤主要理化性状

项目名称	样本数（个）	平均值	标准差	变异系数（%）	范　围
有效土层厚 (cm)	7	75.1	23.40	31.14	51.0~100.0
耕层厚度 (cm)	7	20.0	5.00	25.00	15.0~30.0
耕层容重 (g/cm³)	7	1.12	0.19	17.11	0.95~1.41
有机质 (g/kg)	7	32.5	7.99	24.56	23.1~46.9
全氮 (g/kg)	7	2.137	0.56	26.02	1.426~2.890
有效磷 (mg/kg)	7	30.8	27.59	89.70	7.8~90.2
速效钾 (mg/kg)	7	202	77.36	38.32	100~339
缓效钾 (mg/kg)	7	418	93.92	22.47	333~580
有效铜 (mg/kg)	6	2.75	0.56	20.47	1.90~3.55
有效锌 (mg/kg)	6	2.72	0.27	9.96	2.34~2.98
有效铁 (mg/kg)	6	48.84	7.55	15.47	40.37~59.11
有效锰 (mg/kg)	6	27.46	4.67	17.02	20.75~34.28
有效硼 (mg/kg)	6	1.26	0.39	31.03	0.84~1.84
有效钼 (mg/kg)	0	—	—	—	—
有效硫 (mg/kg)	6	94.75	26.77	28.25	63.46~132.04
有效硅 (mg/kg)	6	141.52	8.04	5.68	132.28~155.43

耕层质地

	砂土	砂壤土	轻壤土	中壤土	重壤土	黏土
样本数	0	0	0	7	0	0
占比 (%)	0.00	0.00	0.00	100.00	0.00	0.00

土壤 pH

	≤4.5	(4.5~5.5]	(5.5~6.5]	(6.5~7.5]	(7.5~8.5]	>8.5
样本数	0	2	5	0	0	0
占比 (%)	0.00	28.57	71.43	0.00	0.00	0.00

潮土耕地土壤主要理化性状

项目名称	样本数（个）	平均值	标准差	变异系数（%）	范 围
有效土层厚（cm）	466	64.9	29.33	45.19	10.0～152.0
耕层厚度（cm）	466	22.5	6.32	28.07	7.0～40.0
耕层容重（g/cm³）	466	1.31	0.16	12.02	0.89～1.73
有机质（g/kg）	459	22.0	10.61	48.16	6.8～64.2
全氮（g/kg）	462	1.333	0.60	44.79	0.155～3.765
有效磷（mg/kg）	459	32.7	33.35	101.89	1.2～185.4
速效钾（mg/kg）	454	124	71.55	57.48	27～379
缓效钾（mg/kg）	458	455	283.34	62.27	52～1590
有效铜（mg/kg）	204	2.23	1.69	75.86	0.08～12.73
有效锌（mg/kg）	203	1.71	1.14	66.21	0.06～8.82
有效铁（mg/kg）	203	78.58	74.21	94.44	0.10～326.00
有效锰（mg/kg）	198	27.56	24.34	88.31	0.30～174.00
有效硼（mg/kg）	198	0.39	0.23	59.74	0.08～1.73
有效钼（mg/kg）	88	0.239	0.26	107.59	0.030～1.330
有效硫（mg/kg）	181	45.84	40.09	87.46	6.64～302.70
有效硅（mg/kg）	153	160.94	74.75	46.45	40.50～391.14

耕层质地

	砂土	砂壤土	轻壤土	中壤土	重壤土	黏土
样本数	66	115	101	128	23	33
占比（%）	14.16	24.68	21.67	27.47	4.94	7.08

土壤 pH

	≤4.5	(4.5～5.5]	(5.5～6.5]	(6.5～7.5]	(7.5～8.5]	>8.5
样本数	6	84	115	88	167	6
占比（%）	1.29	18.03	24.68	18.88	35.84	1.29

山地草甸土耕地土壤主要理化性状

项目名称	样本数（个）	平均值	标准差	变异系数（%）	范 围
有效土层厚（cm）	6	36.7	5.16	14.08	30.0～40.0
耕层厚度（cm）	6	20.0	6.32	31.62	15.0～30.0
耕层容重（g/cm³）	6	1.21	0.14	11.17	1.02～1.40
有机质（g/kg）	6	27.2	18.16	66.74	8.8～59.4
全氮（g/kg）	6	1.371	0.57	41.66	0.563～2.030
有效磷（mg/kg）	6	16.6	10.17	61.36	8.0～32.1
速效钾（mg/kg）	6	201	84.77	42.20	128～347
缓效钾（mg/kg）	6	665	186.60	28.04	573～1 045
有效铜（mg/kg）	6	0.63	0.24	37.96	0.33～1.02
有效锌（mg/kg）	6	0.67	0.49	73.45	0.26～1.61
有效铁（mg/kg）	6	8.47	5.27	62.24	4.49～17.96
有效锰（mg/kg）	6	5.73	1.91	33.23	3.90～8.36
有效硼（mg/kg）	6	0.52	0.39	75.33	0.25～1.30
有效钼（mg/kg）	5	0.152	0.05	30.29	0.100～0.200
有效硫（mg/kg）	5	16.25	3.87	23.82	10.05～19.24
有效硅（mg/kg）	5	94.66	28.76	30.38	69.10～127.00

耕层质地

	砂土	砂壤土	轻壤土	中壤土	重壤土	黏土
样本数	4	0	0	1	1	0
占比（%）	66.67	0.00	0.00	16.67	16.67	0.00

土壤pH

	≤4.5	(4.5～5.5]	(5.5～6.5]	(6.5～7.5]	(7.5～8.5]	>8.5
样本数	0	0	0	2	4	0
占比（%）	0.00	0.00	0.00	33.33	66.67	0.00

沼泽土耕地土壤主要理化性状

项目名称	样本数（个）	平均值	标准差	变异系数（%）	范　围
有效土层厚（cm）	9	79.7	23.12	29.03	25.0～100.0
耕层厚度（cm）	9	21.6	3.97	18.36	15.8～27.0
耕层容重（g/cm³）	9	1.06	0.12	11.52	0.85～1.31
有机质（g/kg）	9	45.5	16.19	35.60	17.0～64.4
全氮（g/kg）	9	2.263	0.53	23.38	1.140～3.150
有效磷（mg/kg）	9	22.1	16.46	74.65	5.6～60.9
速效钾（mg/kg）	8	188	91.01	48.35	82～326
缓效钾（mg/kg）	9	270	199.08	73.76	115～775
有效铜（mg/kg）	4	5.38	5.10	94.80	2.36～13.01
有效锌（mg/kg）	5	1.56	1.60	102.53	0.25～4.25
有效铁（mg/kg）	5	174.43	189.18	108.46	21.00～471.83
有效锰（mg/kg）	4	20.06	3.47	17.30	17.80～25.22
有效硼（mg/kg）	4	0.36	0.17	45.84	0.16～0.55
有效钼（mg/kg）	3	0.133	0.06	43.30	0.100～0.200
有效硫（mg/kg）	4	43.30	48.75	112.59	10.70～115.51
有效硅（mg/kg）	4	156.64	76.06	48.55	107.97～269.78

耕层质地

	砂土	砂壤土	轻壤土	中壤土	重壤土	黏土
样本数	0	0	3	3	2	4
占比（%）	0.00	0.00	33.33	33.33	22.22	44.44

土壤pH

	≤4.5	(4.5～5.5]	(5.5～6.5]	(6.5～7.5]	(7.5～8.5]	>8.5
样本数	0	2	3	2	2	0
占比（%）	0.00	22.22	33.33	22.22	22.22	0.00

水稻土耕土壤主要理化性状

项目名称	样本数（个）	平均值	标准差	变异系数（%）	范　围
有效土层厚（cm）	12 794	70.9	28.73	40.54	10.0~185.0
耕层厚度（cm）	12 793	21.5	4.85	22.59	8.0~40.0
耕层容重（g/cm³）	12 792	1.28	0.16	12.76	0.80~1.80
有机质（g/kg）	12 603	29.8	12.78	42.88	6.7~75.2
全氮（g/kg）	12 533	1.690	0.66	38.94	0.144~3.812
有效磷（mg/kg）	12 629	21.0	25.37	120.61	0.8~203.8
速效钾（mg/kg）	12 554	117	63.99	54.64	27~389
缓效钾（mg/kg）	12 670	346	212.37	61.34	48~1 588
有效铜（mg/kg）	5 694	4.59	4.53	98.86	0.04~33.12
有效锌（mg/kg）	5 695	2.13	1.91	89.99	0.05~20.93
有效铁（mg/kg）	5 652	132.13	109.24	82.67	0.10~479.34
有效锰（mg/kg）	5 621	28.55	25.31	88.66	0.20~173.20
有效硼（mg/kg）	5 456	0.44	0.34	78.35	0.07~3.20
有效钼（mg/kg）	3 571	0.419	0.57	135.79	0.020~2.510
有效硫（mg/kg）	5 282	55.91	59.85	107.05	4.00~403.40
有效硅（mg/kg）	4 678	181.00	100.03	55.27	25.16~496.30

耕层质地

	砂土	砂壤土	轻壤土	中壤土	重壤土	黏土
样本数	156	2 006	1 633	4 339	2 919	1 742
占比（%）	1.22	15.68	12.76	33.91	22.81	13.61

土壤 pH

	≤4.5	(4.5~5.5]	(5.5~6.5]	(6.5~7.5]	(7.5~8.5]	>8.5
样本数	190	3 338	3 940	2 646	2 641	40
占比（%）	1.48	26.09	30.79	20.68	20.64	0.31

寒冻土耕地土壤主要理化性状

项目名称	样本数（个）	平均值	标准差	变异系数（%）	范　围
有效土层厚（cm）	4	42.0	0.00	0.00	42.0~42.0
耕层厚度（cm）	4	15.0	0.00	0.00	15.0~15.0
耕层容重（g/cm³）	4	1.51	0.00	0.00	1.51~1.51
有机质（g/kg）	4	34.5	12.09	35.06	18.1~43.7
全氮（g/kg）	4	1.758	0.50	28.69	1.010~2.080
有效磷（mg/kg）	4	40.2	21.54	53.64	19.6~67.2
速效钾（mg/kg）	4	148	123.33	83.47	72~332
缓效钾（mg/kg）	4	105	22.07	21.07	82~135
有效铜（mg/kg）	4	12.51	11.08	88.59	1.91~26.15
有效锌（mg/kg）	4	1.66	0.75	45.38	0.75~2.55
有效铁（mg/kg）	4	244.05	159.58	65.39	89.01~460.14
有效锰（mg/kg）	4	48.98	49.57	101.22	10.60~117.10
有效硼（mg/kg）	4	0.25	0.08	31.16	0.16~0.35
有效钼（mg/kg）	4	1.658	0.72	43.45	0.750~2.280
有效硫（mg/kg）	4	24.40	8.40	34.41	17.10~36.50
有效硅（mg/kg）	4	304.95	134.36	44.06	104.62~391.38

耕层质地

	砂土	砂壤土	轻壤土	中壤土	重壤土	黏土
样本数	0	1	3	0	0	4
占比（%）	0.00	25.00	75.00	0.00	0.00	100.00

土壤pH

	≤4.5	(4.5~5.5]	(5.5~6.5]	(6.5~7.5]	(7.5~8.5]	>8.5
样本数	0	0	0	0	0	0
占比（%）	0.00	0.00	0.00	0.00	0.00	0.00

二、亚 类

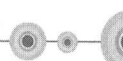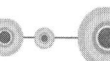

赤红壤—典型赤红壤耕地土壤主要理化性状

项目名称	样本数（个）	平均值	标准差	变异系数（%）	范　围
有效土层厚（cm）	50	86.1	25.62	29.76	30.0~145.0
耕层厚度（cm）	50	15.6	3.29	21.06	11.0~24.0
耕层容重（g/cm³）	50	1.43	0.09	6.43	1.14~1.64
有机质（g/kg）	50	23.0	11.86	51.55	7.3~62.8
全氮（g/kg）	50	1.357	0.63	46.23	0.210~3.160
有效磷（mg/kg）	50	22.7	20.38	89.62	4.5~80.7
速效钾（mg/kg）	47	105	88.10	84.27	28~346
缓效钾（mg/kg）	48	203	214.10	105.29	54~1 295
有效铜（mg/kg）	48	9.00	6.79	75.42	0.72~30.32
有效锌（mg/kg）	49	2.31	3.07	133.16	0.10~15.37
有效铁（mg/kg）	50	208.03	145.03	69.71	3.15~467.94
有效锰（mg/kg）	50	44.86	35.67	79.52	3.90~158.98
有效硼（mg/kg）	49	0.34	0.22	65.26	0.10~1.34
有效钼（mg/kg）	50	0.906	0.65	72.06	0.030~2.400
有效硫（mg/kg）	48	129.01	124.48	96.49	7.34~370.79
有效硅（mg/kg）	46	239.51	146.90	61.33	26.57~488.52

耕层质地

	砂土		砂壤土		轻壤土		中壤土		重壤土		黏土	
	样本数	占比（%）	样本数	占比（%）	样本数	占比（%）	样本数	占比（%）	样本数	占比（%）	样本数	占比（%）
	0	0.00	18	36.00	6	12.00	6	12.00	3	6.00	17	34.00

土壤 pH

	≤4.5		(4.5~5.5]		(5.5~6.5]		(6.5~7.5]		(7.5~8.5]		>8.5	
	样本数	占比（%）	样本数	占比（%）	样本数	占比（%）	样本数	占比（%）	样本数	占比（%）	样本数	占比（%）
	1	2.00	15	30.00	18	36.00	13	26.00	3	6.00	0	0.00

赤红壤—黄色赤红壤耕地土壤主要理化性状

项目名称	样本数（个）	平均值	标准差	变异系数（%）	范围
有效土层厚（cm）	14	38.0	17.79	46.83	31.0~80.0
耕层厚度（cm）	14	14.4	1.45	10.07	11.0~15.0
耕层容重（g/cm³）	14	1.47	0.00	0.00	1.47~1.47
有机质（g/kg）	14	24.0	10.43	43.43	11.2~43.4
全氮（g/kg）	14	1.416	0.42	29.55	0.890~2.350
有效磷（mg/kg）	14	16.4	9.66	58.73	5.8~38.5
速效钾（mg/kg）	14	88	55.80	63.31	34~250
缓效钾（mg/kg）	14	154	112.07	72.58	50~473
有效铜（mg/kg）	14	9.98	3.33	33.33	3.20~15.85
有效锌（mg/kg）	14	1.56	0.70	44.74	0.52~3.00
有效铁（mg/kg）	14	238.80	146.12	61.19	49.84~474.15
有效锰（mg/kg）	14	57.57	44.71	77.65	11.50~159.30
有效硼（mg/kg）	14	0.28	0.16	55.59	0.14~0.73
有效钼（mg/kg）	14	1.009	0.75	74.37	0.130~2.100
有效硫（mg/kg）	14	176.03	129.83	73.76	15.30~356.42
有效硅（mg/kg）	14	334.73	112.11	33.49	80.45~495.50

耕层质地

	砂土		砂壤土		轻壤土		中壤土		重壤土		黏土	
	样本数	占比（%）	样本数	占比（%）	样本数	占比（%）	样本数	占比（%）	样本数	占比（%）	样本数	占比（%）
	0	0.00	0	0.00	2	14.29	0	0.00	0	0.00	12	85.71

土壤pH

≤4.5		(4.5~5.5]		(5.5~6.5]		(6.5~7.5]		(7.5~8.5]		>8.5	
样本数	占比（%）	样本数	占比（%）	样本数	占比（%）	样本数	占比（%）	样本数	占比（%）	样本数	占比（%）
0	0.00	5	35.71	7	50.00	2	14.29	0	0.00	0	0.00

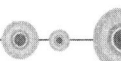
赤红壤—赤红壤性土耕地土壤主要理化性状

项目名称	样本数（个）	平均值	标准差	变异系数（%）	范围
有效土层厚（cm）	2	23.0	0.00	0.00	23.0～23.0
耕层厚度（cm）	2	13.0	0.00	0.00	13.0～13.0
耕层容重（g/cm³）	2	1.47	0.00	0.00	1.47～1.47
有机质（g/kg）	2	41.5	11.95	28.83	33.0～49.9
全氮（g/kg）	2	2.125	0.49	22.96	1.780～2.470
有效磷（mg/kg）	2	27.5	4.24	15.43	24.5～30.5
速效钾（mg/kg）	2	247	135.06	54.79	151～342
缓效钾（mg/kg）	2	145	64.14	44.13	100～191
有效铜（mg/kg）	2	7.39	4.16	56.40	4.44～10.33
有效锌（mg/kg）	2	1.66	0.37	22.64	1.39～1.92
有效铁（mg/kg）	2	201.13	204.81	101.83	56.30～345.95
有效锰（mg/kg）	2	9.10	0.42	4.66	8.80～9.40
有效硼（mg/kg）	2	0.37	0.21	57.33	0.22～0.52
有效钼（mg/kg）	2	0.595	0.47	79.62	0.260～0.930
有效硫（mg/kg）	2	126.61	139.17	109.92	28.20～225.01
有效硅（mg/kg）	2	293.39	243.67	83.05	121.09～465.69

耕层质地

	砂土	砂壤土	轻壤土	中壤土	重壤土	黏土
样本数	0	0	0	2	0	2
占比（%）	0.00	0.00	0.00	100.00	0.00	100.00

土壤pH

	≤4.5	(4.5～5.5]	(5.5～6.5]	(6.5～7.5]	(7.5～8.5]	>8.5
样本数	0	0	0	2	0	0
占比（%）	0.00	0.00	0.00	100.00	0.00	0.00

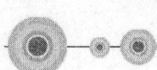

红壤—典型红壤耕地土壤主要理化性状

项目名称	样本数（个）	平均值	标准差	变异系数（%）	范围
有效土层厚（cm）	441	81.7	20.90	25.60	14.0~120.0
耕层厚度（cm）	441	19.0	3.66	19.28	10.0~35.0
耕层容重（g/cm³）	441	1.18	0.14	11.67	0.97~1.70
有机质（g/kg）	436	29.9	13.70	45.85	7.3~74.8
全氮（g/kg）	430	1.625	0.61	37.73	0.485~3.777
有效磷（mg/kg）	439	27.2	26.59	97.91	1.1~201.3
速效钾（mg/kg）	436	151	81.96	54.41	30~375
缓效钾（mg/kg）	432	273	183.42	67.29	48~1 459
有效铜（mg/kg）	381	9.32	8.05	86.33	0.05~33.10
有效锌（mg/kg）	383	1.96	1.53	77.96	0.06~11.57
有效铁（mg/kg）	379	205.25	137.66	67.07	0.10~475.10
有效锰（mg/kg）	378	36.72	31.61	86.06	0.20~169.10
有效硼（mg/kg）	377	0.39	0.24	63.15	0.07~1.50
有效钼（mg/kg）	362	0.912	0.76	83.40	0.020~2.490
有效硫（mg/kg）	365	65.25	77.97	119.50	4.00~402.39
有效硅（mg/kg）	359	234.75	129.25	55.06	36.92~495.28

耕层质地

	砂土	砂壤土	轻壤土	中壤土	重壤土	黏土
样本数	8	62	23	35	38	275
占比（%）	1.81	14.06	5.22	7.94	8.62	62.36

土壤pH

	≤4.5	(4.5~5.5]	(5.5~6.5]	(6.5~7.5]	(7.5~8.5]	>8.5
样本数	8	142	165	85	41	0
占比（%）	1.81	32.20	37.41	19.27	9.30	0.00

红壤—黄红壤耕地土壤主要理化性状

项目名称	样本数（个）	平均值	标准差	变异系数（%）	范　围
有效土层厚（cm）	867	77.3	29.43	38.09	11.0～155.3
耕层厚度（cm）	868	18.8	3.52	18.69	5.0～35.6
耕层容重（g/cm³）	868	1.16	0.13	11.20	0.89～1.78
有机质（g/kg）	859	32.7	14.13	43.20	6.9～74.9
全氮（g/kg）	844	1.784	0.68	38.18	0.146～3.800
有效磷（mg/kg）	859	27.0	25.75	95.48	0.9～202.8
速效钾（mg/kg）	852	144	85.06	59.14	28～389
缓效钾（mg/kg）	863	279	222.78	79.75	48～1 604
有效铜（mg/kg）	779	9.31	7.24	77.76	0.25～33.16
有效锌（mg/kg）	795	2.30	2.01	87.48	0.14～14.76
有效铁（mg/kg）	786	198.94	138.10	69.42	2.50～479.46
有效锰（mg/kg）	780	42.58	35.64	83.69	2.30～172.60
有效硼（mg/kg）	788	0.39	0.28	71.31	0.07～2.35
有效钼（mg/kg）	683	0.966	0.78	80.37	0.020～2.490
有效硫（mg/kg）	765	92.17	97.92	106.24	4.00～403.60
有效硅（mg/kg）	763	243.17	132.76	54.60	27.50～497.18

耕层质地

	砂土		砂壤土		轻壤土		中壤土		重壤土		黏土	
	样本数	占比（%）	样本数	占比（%）	样本数	占比（%）	样本数	占比（%）	样本数	占比（%）	样本数	占比（%）
	53	6.11	75	8.64	81	9.33	101	11.64	232	26.73	326	37.56

土壤 pH

	≤4.5		(4.5～5.5]		(5.5～6.5]		(6.5～7.5]		(7.5～8.5]		>8.5	
	样本数	占比（%）	样本数	占比（%）	样本数	占比（%）	样本数	占比（%）	样本数	占比（%）	样本数	占比（%）
	32	3.69	299	34.45	297	34.22	154	17.74	85	9.79	1	0.12

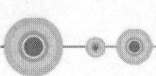

红壤—棕红壤耕地土壤主要理化性状

项目名称	样本数（个）	平均值	标准差	变异系数（%）	范围
有效土层厚（cm）	36	64.2	16.15	25.15	30.0~80.0
耕层厚度（cm）	36	20.9	3.07	14.69	16.0~32.0
耕层容重（g/cm³）	36	1.51	0.11	7.45	1.09~1.61
有机质（g/kg）	36	20.5	7.23	35.27	8.4~37.7
全氮（g/kg）	36	1.245	0.40	32.43	0.500~2.140
有效磷（mg/kg）	36	21.3	11.54	54.28	0.9~43.2
速效钾（mg/kg）	36	112	44.37	39.67	50~232
缓效钾（mg/kg）	36	372	140.22	37.70	95~741
有效铜（mg/kg）	36	1.79	1.33	74.03	0.63~6.30
有效锌（mg/kg）	36	1.35	0.31	23.26	0.76~2.23
有效铁（mg/kg）	36	42.59	40.42	94.90	12.28~159.24
有效锰（mg/kg）	36	24.79	6.42	25.90	17.38~48.44
有效硼（mg/kg）	36	0.42	0.14	33.47	0.14~0.73
有效钼（mg/kg）	0	—	—	—	—
有效硫（mg/kg）	36	38.42	17.77	46.24	20.49~90.63
有效硅（mg/kg）	36	209.48	49.81	23.78	78.72~261.76

耕层质地

	砂土	砂壤土	轻壤土	中壤土	重壤土	黏土
样本数	0	1	19	13	3	0
占比（%）	0.00	2.78	52.78	36.11	8.33	0.00

土壤 pH

	≤4.5	(4.5~5.5]	(5.5~6.5]	(6.5~7.5]	(7.5~8.5]	>8.5
样本数	1	14	12	8	1	0
占比（%）	2.78	38.89	33.33	22.22	2.78	0.00

红壤—山原红壤耕地土壤主要理化性状

项目名称	样本数（个）	平均值	标准差	变异系数（%）	范围
有效土层厚（cm）	913	90.7	17.17	18.93	25.0~150.0
耕层厚度（cm）	913	20.1	3.23	16.07	10.0~30.0
耕层容重（g/cm³）	913	1.12	0.09	7.64	1.10~1.69
有机质（g/kg）	895	34.4	13.33	38.76	7.4~74.9
全氮（g/kg）	903	1.760	0.64	36.21	0.147~3.800
有效磷（mg/kg）	913	26.8	20.96	78.14	1.0~155.0
速效钾（mg/kg）	906	159	84.72	53.37	28~350
缓效钾（mg/kg）	913	250	163.05	65.18	48~1 488
有效铜（mg/kg）	866	11.00	7.35	66.88	0.24~33.00
有效锌（mg/kg）	875	3.19	2.64	82.78	0.12~14.80
有效铁（mg/kg）	867	215.00	145.06	67.47	3.48~478.59
有效锰（mg/kg）	870	36.48	28.31	77.62	1.00~169.00
有效硼（mg/kg）	876	0.42	0.23	55.28	0.08~1.45
有效钼（mg/kg）	867	1.105	0.72	65.19	0.030~2.510
有效硫（mg/kg）	829	99.51	106.60	107.12	4.00~403.09
有效硅（mg/kg）	856	286.76	127.38	44.42	60.11~496.59

耕层质地

	砂土		砂壤土		轻壤土		中壤土		重壤土		黏土	
	样本数	占比（%）	样本数	占比（%）	样本数	占比（%）	样本数	占比（%）	样本数	占比（%）	样本数	占比（%）
	0	0.00	3	0.33	7	0.77	25	2.74	31	3.40	847	92.77

土壤pH

	≤4.5		(4.5~5.5]		(5.5~6.5]		(6.5~7.5]		(7.5~8.5]		>8.5	
	样本数	占比（%）	样本数	占比（%）	样本数	占比（%）	样本数	占比（%）	样本数	占比（%）	样本数	占比（%）
	13	1.42	228	24.97	333	36.47	239	26.18	100	10.95	0	0.00

红壤—红壤性土耕地土壤主要理化性状

项目名称	样本数（个）	平均值	标准差	变异系数（%）	范　围
有效土层厚 (cm)	153	55.7	18.53	33.24	13.0~100.0
耕层厚度 (cm)	153	20.0	4.98	24.86	10.0~30.0
耕层容重 (g/cm³)	153	1.20	0.16	13.51	0.98~1.71
有机质 (g/kg)	152	31.8	12.45	39.20	9.9~71.8
全氮 (g/kg)	153	1.676	0.59	35.47	0.430~3.510
有效磷 (mg/kg)	152	30.9	26.49	85.80	1.0~141.2
速效钾 (mg/kg)	150	147	86.77	59.22	31~347
缓效钾 (mg/kg)	147	234	146.87	62.74	51~1 178
有效铜 (mg/kg)	127	9.30	7.15	76.90	0.39~31.63
有效锌 (mg/kg)	129	2.84	2.08	73.44	0.09~13.30
有效铁 (mg/kg)	127	187.69	132.26	70.47	0.10~479.12
有效锰 (mg/kg)	126	44.26	33.83	76.43	0.30~153.80
有效硼 (mg/kg)	122	0.43	0.23	54.01	0.10~1.41
有效钼 (mg/kg)	111	1.062	0.79	74.07	0.050~2.490
有效硫 (mg/kg)	124	47.50	60.06	126.44	4.00~311.08
有效硅 (mg/kg)	114	261.99	152.44	58.18	36.67~497.30

耕层质地

	砂土	砂壤土	轻壤土	中壤土	重壤土	黏土
样本数	3	37	14	12	17	70
占比（%）	1.96	24.18	9.15	7.84	11.11	45.75

土壤 pH

	≤4.5	(4.5~5.5]	(5.5~6.5]	(6.5~7.5]	(7.5~8.5]	>8.5
样本数	0	57	55	33	8	0
占比（%）	0.00	37.25	35.95	21.57	5.23	0.00

黄壤—典型黄壤耕地土壤主要理化性状

项目名称	样本数（个）	平均值	标准差	变异系数（%）	范 围
有效土层厚 (cm)	4 865	70.6	24.79	35.09	10.0~180.0
耕层厚度 (cm)	4 865	21.8	5.67	25.97	8.0~40.0
耕层容重 (g/cm³)	4 862	1.31	0.18	13.60	0.80~1.80
有机质 (g/kg)	4 733	31.9	13.88	43.54	6.9~75.3
全氮 (g/kg)	4 787	1.739	0.62	35.79	0.145~3.807
有效磷 (mg/kg)	4 806	25.0	28.04	112.36	0.8~203.7
速效钾 (mg/kg)	4 689	145	79.96	55.19	27~390
缓效钾 (mg/kg)	4 820	317	197.94	62.37	48~1 548
有效铜 (mg/kg)	2 469	4.50	5.27	117.28	0.04~32.92
有效锌 (mg/kg)	2 454	2.51	2.49	99.18	0.05~21.67
有效铁 (mg/kg)	2 472	103.42	106.00	102.49	0.10~479.22
有效锰 (mg/kg)	2 309	35.94	28.75	80.00	0.20~168.55
有效硼 (mg/kg)	2 198	0.50	0.39	78.62	0.07~3.20
有效钼 (mg/kg)	1 108	0.764	0.72	93.68	0.020~2.510
有效硫 (mg/kg)	2 198	61.39	53.38	86.95	4.13~394.77
有效硅 (mg/kg)	1 705	211.24	109.77	51.96	31.87~496.26

耕层质地

	砂土	砂壤土	轻壤土	中壤土	重壤土	黏土
样本数	241	1 151	771	1 446	585	671
占比（%）	4.95	23.66	15.85	29.72	12.02	13.79

土壤 pH

	≤4.5	(4.5~5.5]	(5.5~6.5]	(6.5~7.5]	(7.5~8.5]	>8.5
样本数	211	1 752	1 602	946	345	9
占比（%）	4.34	36.01	32.93	19.45	7.09	0.18

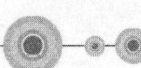

黄壤—漂洗黄壤耕地土壤主要理化性状

项目名称	样本数（个）	平均值	标准差	变异系数（%）	范　　围
有效土层厚（cm）	29	75.8	32.02	42.23	30.0～180.0
耕层厚度（cm）	29	20.7	4.52	21.81	10.0～30.0
耕层容重（g/cm³）	29	1.32	0.16	11.90	1.00～1.68
有机质（g/kg）	28	37.0	16.85	45.54	7.7～73.1
全氮（g/kg）	28	1.826	0.60	32.86	0.417～2.918
有效磷（mg/kg）	28	40.1	45.88	114.49	1.5～194.7
速效钾（mg/kg）	28	146	88.46	60.65	28～350
缓效钾（mg/kg）	29	299	165.60	55.29	49～729
有效铜（mg/kg）	15	3.09	1.88	61.07	0.19～5.43
有效锌（mg/kg）	14	2.06	1.46	70.81	0.56～5.17
有效铁（mg/kg）	15	61.68	47.31	76.70	1.40～158.61
有效锰（mg/kg）	14	26.71	14.52	54.36	5.00～59.70
有效硼（mg/kg）	14	0.49	0.23	47.33	0.11～0.83
有效钼（mg/kg）	5	0.259	0.20	78.71	0.064～0.570
有效硫（mg/kg）	9	37.27	25.13	67.41	7.76～75.50
有效硅（mg/kg）	6	163.63	98.48	60.18	56.72～276.87

耕层质地

	砂土		砂壤土		轻壤土		中壤土		重壤土		黏土	
	样本数	占比（%）	样本数	占比（%）	样本数	占比（%）	样本数	占比（%）	样本数	占比（%）	样本数	占比（%）
	4	13.79	6	20.69	7	24.14	9	31.03	1	3.45	2	6.90

土壤pH

	≤4.5		(4.5～5.5]		(5.5～6.5]		(6.5～7.5]		(7.5～8.5]		>8.5	
	样本数	占比（%）	样本数	占比（%）	样本数	占比（%）	样本数	占比（%）	样本数	占比（%）	样本数	占比（%）
	1	3.45	12	41.38	8	27.59	5	17.24	3	10.34	0	0.00

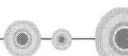

黄壤—黄壤性土耕地土壤主要理化性状

项目名称	样本数（个）	平均值	标准差	变异系数（%）	范 围
有效土层厚（cm）	735	55.1	21.29	38.63	20.0~180.0
耕层厚度（cm）	735	24.3	7.10	29.20	5.0~40.0
耕层容重（g/cm³）	735	1.33	0.16	12.01	0.90~1.77
有机质（g/kg）	722	27.3	12.24	44.82	7.6~75.2
全氮（g/kg）	725	1.571	0.63	40.23	0.150~3.797
有效磷（mg/kg）	729	27.3	27.68	101.38	0.8~190.9
速效钾（mg/kg）	720	121	67.97	56.03	27~371
缓效钾（mg/kg）	734	375	225.63	60.10	50~1 509
有效铜（mg/kg）	259	3.70	4.60	124.39	0.04~25.82
有效锌（mg/kg）	252	2.32	1.70	73.31	0.07~13.85
有效铁（mg/kg）	258	91.30	93.66	102.59	0.10~478.57
有效锰（mg/kg）	245	34.26	31.41	91.67	0.30~168.20
有效硼（mg/kg）	240	0.46	0.30	65.50	0.07~2.58
有效钼（mg/kg）	91	0.799	0.71	89.24	0.070~2.470
有效硫（mg/kg）	238	48.96	43.75	89.35	7.50~395.30
有效硅（mg/kg）	212	182.77	100.50	54.99	30.80~481.93

耕层质地

	砂土	砂壤土	轻壤土	中壤土	重壤土	黏土
样本数	49	256	136	202	50	42
占比（%）	6.67	34.83	18.50	27.48	6.80	5.71

土壤 pH

	≤4.5	(4.5~5.5]	(5.5~6.5]	(6.5~7.5]	(7.5~8.5]	>8.5
样本数	16	283	206	147	83	0
占比（%）	2.18	38.50	28.03	20.00	11.29	0.00

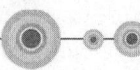

黄棕壤—典型黄棕壤耕地土壤主要理化性状

项目名称	样本数（个）	平均值	标准差	变异系数（%）	范围
有效土层厚（cm）	1 478	65.4	25.86	39.52	10.0～180.0
耕层厚度（cm）	1 478	22.4	5.78	25.83	7.0～40.0
耕层容重（g/cm³）	1 478	1.39	0.16	11.51	0.81～1.72
有机质（g/kg）	1 457	25.5	10.79	42.24	6.8～75.2
全氮（g/kg）	1 470	1.531	0.67	43.47	0.147～3.754
有效磷（mg/kg）	1 459	30.6	29.43	96.17	0.9～194.8
速效钾（mg/kg）	1 466	129	66.38	51.46	27～358
缓效钾（mg/kg）	1 442	507	311.78	61.48	58～1 612
有效铜（mg/kg）	1 221	2.13	1.06	49.77	0.28～7.34
有效锌（mg/kg）	1 218	1.69	0.67	39.64	0.31～6.79
有效铁（mg/kg）	1 220	53.23	36.82	69.18	5.60～364.76
有效锰（mg/kg）	1 218	27.49	13.34	48.53	1.23～85.00
有效硼（mg/kg）	1 221	0.55	0.41	75.26	0.07～2.46
有效钼（mg/kg）	85	0.184	0.10	56.69	0.035～0.500
有效硫（mg/kg）	1 199	45.94	33.03	71.90	4.94～164.61
有效硅（mg/kg）	1 182	182.71	61.83	33.84	47.06～404.08

耕层质地

砂土		砂壤土		轻壤土		中壤土		重壤土		黏土	
样本数	占比（%）	样本数	占比（%）	样本数	占比（%）	样本数	占比（%）	样本数	占比（%）	样本数	占比（%）
36	2.44	208	14.07	413	27.94	589	39.85	178	12.04	54	3.65

土壤pH

≤4.5		(4.5～5.5]		(5.5～6.5]		(6.5～7.5]		(7.5～8.5]		>8.5	
样本数	占比（%）	样本数	占比（%）	样本数	占比（%）	样本数	占比（%）	样本数	占比（%）	样本数	占比（%）
22	1.49	446	30.18	533	36.06	350	23.68	125	8.46	2	0.14

黄棕壤—暗黄棕壤耕地土壤主要理化性状

项目名称	样本数（个）	平均值	标准差	变异系数（%）	范　围
有效土层厚（cm）	1 084	80.8	21.34	26.40	25.0~140.0
耕层厚度（cm）	1 084	20.0	5.70	28.58	9.0~35.0
耕层容重（g/cm³）	1 084	1.37	0.21	15.47	0.80~1.79
有机质（g/kg）	1 027	35.2	15.99	45.48	6.9~75.1
全氮（g/kg）	1 045	1.875	0.70	37.14	0.199~3.780
有效磷（mg/kg）	1 078	22.3	22.39	100.34	0.8~182.0
速效钾（mg/kg）	1 045	164	83.09	50.51	27~387
缓效钾（mg/kg）	1 076	366	274.01	74.91	48~1 587
有效铜（mg/kg）	838	6.81	6.94	101.88	0.10~31.80
有效锌（mg/kg）	816	3.42	3.99	116.77	0.10~22.17
有效铁（mg/kg）	840	138.03	137.70	99.76	1.60~480.03
有效锰（mg/kg）	721	30.13	23.62	78.42	1.60~165.60
有效硼（mg/kg）	709	0.49	0.34	69.21	0.09~2.49
有效钼（mg/kg）	435	1.047	0.79	75.74	0.030~2.510
有效硫（mg/kg）	693	61.38	67.19	109.46	4.00~399.22
有效硅（mg/kg）	699	227.38	121.41	53.39	60.04~497.19

耕层质地

	砂土		砂壤土		轻壤土		中壤土		重壤土		黏土	
	样本数	占比（%）	样本数	占比（%）	样本数	占比（%）	样本数	占比（%）	样本数	占比（%）	样本数	占比（%）
	35	3.23	120	11.07	155	14.30	266	24.54	236	21.77	272	25.09

土壤 pH

	≤4.5		(4.5~5.5]		(5.5~6.5]		(6.5~7.5]		(7.5~8.5]		>8.5	
	样本数	占比（%）	样本数	占比（%）	样本数	占比（%）	样本数	占比（%）	样本数	占比（%）	样本数	占比（%）
	18	1.66	335	30.90	380	35.06	265	24.45	85	7.84	1	0.09

黄棕壤—黄棕壤性土耕地土壤主要理化性状

项目名称	样本数（个）	平均值	标准差	变异系数（%）	范　围
有效土层厚（cm）	474	56.9	16.67	29.32	14.0～120.0
耕层厚度（cm）	474	21.8	4.64	21.34	10.0～40.0
耕层容重（g/cm³）	474	1.43	0.16	11.26	0.99～1.62
有机质（g/kg）	454	23.5	11.30	48.01	6.8～72.3
全氮（g/kg）	467	1.365	0.63	46.18	0.150～3.310
有效磷（mg/kg）	472	21.4	24.09	112.54	0.9～168.1
速效钾（mg/kg）	469	124	65.61	53.09	27～350
缓效钾（mg/kg）	459	575	321.90	56.00	56～1 588
有效铜（mg/kg）	396	1.87	0.91	48.40	0.46～5.79
有效锌（mg/kg）	396	1.64	0.65	39.44	0.43～4.81
有效铁（mg/kg）	396	46.63	32.96	70.68	6.70～235.00
有效锰（mg/kg）	394	26.21	19.26	73.47	1.22～85.30
有效硼（mg/kg）	396	0.52	0.33	63.30	0.14～2.57
有效钼（mg/kg）	11	0.156	0.06	36.48	0.070～0.241
有效硫（mg/kg）	391	37.97	24.97	65.75	4.14～151.40
有效硅（mg/kg）	391	187.84	70.99	37.79	26.44～385.97

耕层质地

砂土		砂壤土		轻壤土		中壤土		重壤土		黏土	
样本数	占比（%）	样本数	占比（%）	样本数	占比（%）	样本数	占比（%）	样本数	占比（%）	样本数	占比（%）
6	1.27	91	19.20	124	26.16	174	36.71	57	12.03	22	4.64

土壤 pH

≤4.5		(4.5～5.5]		(5.5～6.5]		(6.5～7.5]		(7.5～8.5]		>8.5	
样本数	占比（%）	样本数	占比（%）	样本数	占比（%）	样本数	占比（%）	样本数	占比（%）	样本数	占比（%）
2	0.42	80	16.88	220	46.41	115	24.26	56	11.81	1	0.21

黄褐土—典型黄褐土耕地土壤主要理化性状

项目名称	样本数（个）	平均值	标准差	变异系数（%）	范围
有效土层厚（cm）	329	48.6	23.61	48.57	12.0～100.0
耕层厚度（cm）	329	19.1	3.30	17.23	10.0～30.0
耕层容重（g/cm³）	329	1.38	0.13	9.64	1.00～1.73
有机质（g/kg）	320	20.5	9.43	45.92	7.0～57.5
全氮（g/kg）	329	1.171	0.44	37.58	0.237～3.338
有效磷（mg/kg）	329	21.3	22.79	107.18	1.2～180.0
速效钾（mg/kg）	323	149	65.87	44.23	28～348
缓效钾（mg/kg）	289	930	312.33	33.58	50～1 609
有效铜（mg/kg）	85	1.68	1.08	64.30	0.11～5.50
有效锌（mg/kg）	81	1.50	0.98	65.59	0.24～6.89
有效铁（mg/kg）	83	42.04	44.33	105.46	5.17～304.54
有效锰（mg/kg）	78	23.10	16.52	71.52	5.62～81.08
有效硼（mg/kg）	83	0.43	0.31	72.34	0.10～2.11
有效钼（mg/kg）	49	0.199	0.08	42.53	0.030～0.373
有效硫（mg/kg）	87	26.57	19.94	75.02	7.00～110.69
有效硅（mg/kg）	59	238.85	80.24	33.59	77.90～387.50

耕层质地

	砂土	砂壤土	轻壤土	中壤土	重壤土	黏土
样本数	0	53	25	142	57	52
占比（%）	0.00	16.11	7.60	43.16	17.33	15.81

土壤pH

	≤4.5	(4.5～5.5]	(5.5～6.5]	(6.5～7.5]	(7.5～8.5]	>8.5
样本数	0	14	83	132	99	1
占比（%）	0.00	4.26	25.23	40.12	30.09	0.30

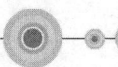 西南区耕地质量主要性状数据集

黄褐土—黄褐土性土耕地土壤主要理化性状

项目名称	样本数（个）	平均值	标准差	变异系数（%）	范围
有效土层厚（cm）	29	87.1	22.77	26.13	20.0~100.0
耕层厚度（cm）	29	19.3	1.40	7.22	15.0~21.0
耕层容重（g/cm³）	29	1.47	0.07	4.86	1.37~1.67
有机质（g/kg）	29	17.5	5.34	30.54	10.1~32.5
全氮（g/kg）	29	1.240	0.28	22.53	0.720~1.850
有效磷（mg/kg）	28	21.6	21.69	100.54	4.7~98.0
速效钾（mg/kg）	29	142	63.22	44.42	65~350
缓效钾（mg/kg）	29	504	172.05	34.15	183~967
有效铜（mg/kg）	7	2.18	2.15	98.55	0.56~6.85
有效锌（mg/kg）	7	2.10	2.61	124.34	0.51~6.63
有效铁（mg/kg）	7	27.24	8.31	30.52	19.60~42.90
有效锰（mg/kg）	7	19.49	10.31	52.89	7.20~30.91
有效硼（mg/kg）	7	0.21	0.09	42.92	0.12~0.39
有效钼（mg/kg）	7	0.143	0.07	47.60	0.051~0.270
有效硫（mg/kg）	7	15.88	14.91	93.91	4.75~47.30
有效硅（mg/kg）	6	274.62	106.33	38.72	115.10~376.69

耕层质地

	砂土		砂壤土		轻壤土		中壤土		重壤土		黏土	
	样本数	占比（%）	样本数	占比（%）	样本数	占比（%）	样本数	占比（%）	样本数	占比（%）	样本数	占比（%）
	0	0.00	2	6.90	1	3.45	6	20.69	1	3.45	19	65.52

土壤 pH

	≤4.5		(4.5~5.5]		(5.5~6.5]		(6.5~7.5]		(7.5~8.5]		>8.5	
	样本数	占比（%）	样本数	占比（%）	样本数	占比（%）	样本数	占比（%）	样本数	占比（%）	样本数	占比（%）
	2	6.90	1	3.45	4	13.79	10	34.48	12	41.38	0	0.00

48

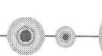

棕壤—典型棕壤耕地土壤主要理化性状

项目名称	样本数（个）	平均值	标准差	变异系数（%）	范　围
有效土层厚（cm）	369	70.6	26.88	38.06	10.0~100.0
耕层厚度（cm）	369	19.1	6.43	33.70	9.0~40.0
耕层容重（g/cm³）	369	1.35	0.19	14.30	0.80~1.73
有机质（g/kg）	355	35.9	17.09	47.54	7.3~74.9
全氮（g/kg）	346	1.931	0.83	43.19	0.146~3.790
有效磷（mg/kg）	368	28.0	25.97	92.90	1.3~178.9
速效钾（mg/kg）	360	165	85.60	51.85	28~384
缓效钾（mg/kg）	368	369	243.15	65.96	48~1 428
有效铜（mg/kg）	310	6.71	7.69	114.61	0.25~33.07
有效锌（mg/kg）	313	2.56	2.67	104.18	0.14~21.27
有效铁（mg/kg）	312	143.98	142.44	98.93	2.80~480.16
有效锰（mg/kg）	298	30.12	24.70	82.00	1.51~155.00
有效硼（mg/kg）	298	0.61	0.40	65.09	0.10~2.40
有效钼（mg/kg）	209	0.777	0.76	97.24	0.030~2.500
有效硫（mg/kg）	286	53.80	61.56	114.43	4.70~402.77
有效硅（mg/kg）	285	219.08	118.86	54.25	27.67~491.14

耕层质地

	砂土	砂壤土	轻壤土	中壤土	重壤土	黏土
样本数	78	89	49	76	55	22
占比（%）	21.14	24.12	13.28	20.60	14.91	5.96

土壤 pH

	≤4.5	(4.5~5.5]	(5.5~6.5]	(6.5~7.5]	(7.5~8.5]	>8.5
样本数	4	110	148	56	50	1
占比（%）	1.08	29.81	40.11	15.18	13.55	0.27

棕壤—棕壤性土耕地土壤主要理化性状

项目名称	样本数（个）	平均值	标准差	变异系数（%）	范　围
有效土层厚（cm）	26	61.0	30.24	49.61	14.0~100.0
耕层厚度（cm）	26	23.6	6.79	28.80	10.0~40.0
耕层容重（g/cm³）	26	1.31	0.12	9.23	1.00~1.58
有机质（g/kg）	26	32.6	12.22	37.47	7.6~69.5
全氮（g/kg）	26	1.862	0.69	37.29	0.580~3.430
有效磷（mg/kg）	26	30.7	25.46	82.88	2.5~101.0
速效钾（mg/kg）	26	143	58.06	40.57	34~249
缓效钾（mg/kg）	26	559	279.93	50.11	238~1 345
有效铜（mg/kg）	11	1.98	0.66	33.35	0.86~2.86
有效锌（mg/kg）	11	2.08	0.58	28.10	1.11~3.30
有效铁（mg/kg）	11	45.80	33.22	72.53	13.10~98.92
有效锰（mg/kg）	11	23.86	13.44	56.33	11.65~56.93
有效硼（mg/kg）	11	0.46	0.31	67.64	0.11~1.30
有效钼（mg/kg）	6	0.166	0.17	104.10	0.037~0.502
有效硫（mg/kg）	11	42.68	33.77	79.12	13.78~118.96
有效硅（mg/kg）	11	195.96	63.14	32.22	53.11~254.04

耕层质地

	砂土	砂壤土	轻壤土	中壤土	重壤土	黏土
样本数	2	9	8	4	2	1
占比（%）	7.69	34.62	30.77	15.38	7.69	3.85

土壤 pH

	≤4.5	(4.5~5.5]	(5.5~6.5]	(6.5~7.5]	(7.5~8.5]	>8.5
样本数	0	4	10	9	3	0
占比（%）	0.00	15.38	38.46	34.62	11.54	0.00

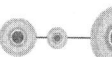

暗棕壤—典型暗棕壤耕地土壤主要理化性状

项目名称	样本数（个）	平均值	标准差	变异系数（%）	范围
有效土层厚（cm）	16	72.5	23.90	32.97	39.0～100.0
耕层厚度（cm）	16	15.9	5.91	37.14	9.0～25.0
耕层容重（g/cm³）	16	1.45	0.13	9.23	1.15～1.56
有机质（g/kg）	15	29.3	17.16	58.65	8.2～58.6
全氮（g/kg）	15	1.254	0.81	64.58	0.227～2.530
有效磷（mg/kg）	16	24.6	23.64	96.08	5.1～71.9
速效钾（mg/kg）	16	154	84.89	54.97	56～342
缓效钾（mg/kg）	16	486	341.56	70.34	126～1 218
有效铜（mg/kg）	13	7.63	8.21	107.59	0.75～22.56
有效锌（mg/kg）	13	2.58	2.65	103.01	0.66～10.50
有效铁（mg/kg）	13	155.72	158.02	101.48	9.87～473.16
有效锰（mg/kg）	13	25.55	11.21	43.88	9.23～50.80
有效硼（mg/kg）	13	0.61	0.24	39.69	0.38～1.05
有效钼（mg/kg）	8	0.820	0.56	68.72	0.130～1.460
有效硫（mg/kg）	13	65.85	101.51	154.14	4.20～381.67
有效硅（mg/kg）	12	216.14	149.35	69.10	72.12～488.86

耕层质地

	砂土	砂壤土	轻壤土	中壤土	重壤土	黏土
样本数	4	2	2	3	5	0
占比（%）	25.00	12.50	12.50	18.75	31.25	0.00

土壤 pH

	≤4.5	(4.5～5.5]	(5.5～6.5]	(6.5～7.5]	(7.5～8.5]	>8.5
样本数	0	3	7	4	2	0
占比（%）	0.00	18.75	43.75	25.00	12.50	0.00

燥红土—褐红土耕地土壤主要理化性状

项目名称	样本数（个）	平均值	标准差	变异系数（%）	范　围
有效土层厚（cm）	79	88.2	14.01	15.88	50.0～100.0
耕层厚度（cm）	77	16.8	2.12	12.67	14.0～20.0
耕层容重（g/cm³）	79	1.43	0.06	4.07	1.23～1.73
有机质（g/kg）	74	25.4	14.18	55.90	8.4～72.1
全氮（g/kg）	79	1.377	0.67	49.03	0.510～3.240
有效磷（mg/kg）	79	23.2	19.44	83.88	2.5～135.8
速效钾（mg/kg）	78	142	78.19	55.17	36～338
缓效钾（mg/kg）	79	425	249.09	58.67	52～1 076
有效铜（mg/kg）	68	12.60	6.76	53.62	0.52～28.67
有效锌（mg/kg）	71	2.14	1.99	93.05	0.17～11.20
有效铁（mg/kg）	71	242.05	140.91	58.22	9.35～476.14
有效锰（mg/kg）	71	31.19	25.42	81.51	3.90～119.00
有效硼（mg/kg）	71	0.47	0.29	62.23	0.12～1.48
有效钼（mg/kg）	71	0.987	0.78	79.08	0.100～2.390
有效硫（mg/kg）	69	81.64	90.96	111.42	5.20～334.27
有效硅（mg/kg）	69	279.25	131.94	47.25	60.52～496.34

耕层质地

砂土		砂壤土		轻壤土		中壤土		重壤土		黏土	
样本数	占比（%）	样本数	占比（%）	样本数	占比（%）	样本数	占比（%）	样本数	占比（%）	样本数	占比（%）
2	2.53	1	1.27	6	7.59	3	3.80	36	45.57	31	39.24

土壤 pH

≤4.5		(4.5～5.5]		(5.5～6.5]		(6.5～7.5]		(7.5～8.5]		>8.5	
样本数	占比（%）	样本数	占比（%）	样本数	占比（%）	样本数	占比（%）	样本数	占比（%）	样本数	占比（%）
0	0.00	5	6.33	15	18.99	21	26.58	33	41.77	5	6.33

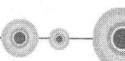

褐土—典型褐土耕地土壤主要理化性状

项目名称	样本数（个）	平均值	标准差	变异系数（%）	范 围
有效土层厚 (cm)	255	42.2	20.32	48.17	10.0~140.0
耕层厚度 (cm)	255	19.8	5.58	28.12	10.0~30.0
耕层容重 (g/cm³)	255	1.29	0.13	10.44	1.01~1.66
有机质 (g/kg)	249	18.5	8.92	48.15	7.0~52.7
全氮 (g/kg)	255	1.097	0.49	44.73	0.220~2.890
有效磷 (mg/kg)	255	23.2	16.08	69.41	3.1~79.9
速效钾 (mg/kg)	251	205	76.76	37.53	60~389
缓效钾 (mg/kg)	252	796	299.51	37.61	435~1 613
有效铜 (mg/kg)	238	0.82	0.46	55.79	0.12~2.60
有效锌 (mg/kg)	238	0.84	0.53	62.88	0.26~2.81
有效铁 (mg/kg)	238	8.19	7.37	89.95	3.10~80.84
有效锰 (mg/kg)	238	8.02	4.39	54.72	2.70~43.65
有效硼 (mg/kg)	238	0.51	0.31	61.98	0.20~1.60
有效钼 (mg/kg)	238	0.163	0.10	59.12	0.030~0.840
有效硫 (mg/kg)	236	19.71	8.20	41.60	4.88~74.00
有效硅 (mg/kg)	236	127.42	54.17	42.52	61.00~276.00

耕层质地

	砂土		砂壤土		轻壤土		中壤土		重壤土		黏土	
	样本数	占比（%）	样本数	占比（%）	样本数	占比（%）	样本数	占比（%）	样本数	占比（%）	样本数	占比（%）
	78	30.59	24	9.41	5	1.96	85	33.33	10	3.92	53	20.78

土壤 pH

	≤4.5		(4.5~5.5]		(5.5~6.5]		(6.5~7.5]		(7.5~8.5]		>8.5	
	样本数	占比（%）	样本数	占比（%）	样本数	占比（%）	样本数	占比（%）	样本数	占比（%）	样本数	占比（%）
	0	0.00	0	0.00	10	3.92	21	8.24	206	80.78	18	7.06

褐土—石灰性褐土耕地土壤主要理化性状

项目名称	样本数（个）	平均值	标准差	变异系数（%）	范 围
有效土层厚（cm）	193	40.1	30.48	76.06	10.0～150.0
耕层厚度（cm）	198	18.5	7.38	39.78	5.0～30.0
耕层容重（g/cm³）	198	1.29	0.07	5.16	1.09～1.45
有机质（g/kg）	194	19.3	7.60	39.43	7.3～64.9
全氮（g/kg）	198	1.026	0.36	35.11	0.230～2.160
有效磷（mg/kg）	198	21.8	13.98	64.21	3.5～63.9
速效钾（mg/kg）	198	179	69.89	39.07	79～389
缓效钾（mg/kg）	197	1 005	280.58	27.91	451～1 612
有效铜（mg/kg）	198	0.97	0.49	50.02	0.23～2.67
有效锌（mg/kg）	198	1.04	0.65	62.48	0.22～2.64
有效铁（mg/kg）	198	9.51	4.10	43.11	3.17～16.96
有效锰（mg/kg）	198	9.80	3.52	35.88	2.90～16.51
有效硼（mg/kg）	198	0.44	0.25	55.68	0.21～1.42
有效钼（mg/kg）	197	0.137	0.10	70.69	0.030～0.880
有效硫（mg/kg）	198	22.63	10.61	46.92	5.00～58.88
有效硅（mg/kg）	198	147.81	66.90	45.26	54.59～276.68

耕层质地

	砂土		砂壤土		轻壤土		中壤土		重壤土		黏土	
	样本数	占比（%）	样本数	占比（%）	样本数	占比（%）	样本数	占比（%）	样本数	占比（%）	样本数	占比（%）
	10	5.05	34	17.17	21	10.61	111	56.06	19	9.60	3	1.52

土壤 pH

	≤4.5		(4.5～5.5]		(5.5～6.5]		(6.5～7.5]		(7.5～8.5]		>8.5	
	样本数	占比（%）	样本数	占比（%）	样本数	占比（%）	样本数	占比（%）	样本数	占比（%）	样本数	占比（%）
	0	0.00	0	0.00	3	1.52	40	20.20	130	65.66	25	12.63

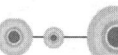
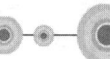

褐土—淋溶褐土耕地土壤主要理化性状

项目名称	样本数（个）	平均值	标准差	变异系数（%）	范围
有效土层厚（cm）	101	43.2	20.13	46.62	10.0~100.0
耕层厚度（cm）	101	17.4	4.54	26.07	10.0~30.0
耕层容重（g/cm³）	101	1.24	0.09	7.26	0.98~1.60
有机质（g/kg）	100	15.9	8.71	54.87	6.8~68.2
全氮（g/kg）	101	0.974	0.37	38.48	0.360~2.619
有效磷（mg/kg）	101	17.3	14.12	81.52	3.4~94.0
速效钾（mg/kg）	99	161	66.91	41.47	56~388
缓效钾（mg/kg）	97	766	304.00	39.69	434~1 614
有效铜（mg/kg）	80	0.64	0.56	86.50	0.10~3.17
有效锌（mg/kg）	80	1.00	0.68	68.34	0.30~4.41
有效铁（mg/kg）	80	14.52	26.67	183.70	3.17~223.00
有效锰（mg/kg）	80	7.46	9.35	125.34	2.70~78.92
有效硼（mg/kg）	79	0.72	0.38	53.65	0.26~1.60
有效钼（mg/kg）	79	0.161	0.12	75.41	0.020~0.870
有效硫（mg/kg）	77	16.52	5.19	31.43	9.67~32.96
有效硅（mg/kg）	76	88.65	54.23	61.17	61.00~271.00

耕层质地

	砂土	砂壤土	轻壤土	中壤土	重壤土	黏土
样本数	58	5	6	20	2	10
占比（%）	57.43	4.95	5.94	19.80	1.98	9.90

土壤 pH

	≤4.5	(4.5~5.5]	(5.5~6.5]	(6.5~7.5]	(7.5~8.5]	>8.5
样本数	0	4	13	8	72	4
占比（%）	0.00	3.96	12.87	7.92	71.29	3.96

褐土—褐土性土耕地土壤主要理化性状

项目名称	样本数（个）	平均值	标准差	变异系数（%）	范　围
有效土层厚度 (cm)	12	44.2	21.20	48.01	35.0~92.0
耕层厚度 (cm)	12	19.9	2.11	10.59	14.0~23.0
耕层容重 (g/cm³)	12	1.34	0.18	13.42	1.15~1.71
有机质 (g/kg)	12	15.8	4.29	27.08	10.0~22.9
全氮 (g/kg)	12	1.194	0.44	36.81	0.600~2.118
有效磷 (mg/kg)	12	19.7	9.81	49.69	5.6~39.7
速效钾 (mg/kg)	10	146	74.40	50.85	83~308
缓效钾 (mg/kg)	11	1 269	211.61	16.68	814~1 575
有效铜 (mg/kg)	1	1.61	—	—	—
有效锌 (mg/kg)	1	1.15	—	—	—
有效铁 (mg/kg)	1	27.23	—	—	—
有效锰 (mg/kg)	1	10.20	—	—	—
有效硼 (mg/kg)	1	0.64	—	—	—
有效钼 (mg/kg)	1	0.098	—	—	—
有效硫 (mg/kg)	1	11.70	—	—	—
有效硅 (mg/kg)	1	261.10	—	—	—

耕层质地

砂土		砂壤土		轻壤土		中壤土		重壤土		黏土	
样本数	占比 (%)	样本数	占比 (%)	样本数	占比 (%)	样本数	占比 (%)	样本数	占比 (%)	样本数	占比 (%)
0	0.00	2	16.67	0	0.00	9	75.00	1	8.33	0	0.00

土壤 pH

≤4.5		(4.5~5.5]		(5.5~6.5]		(6.5~7.5]		(7.5~8.5]		>8.5	
样本数	占比 (%)	样本数	占比 (%)	样本数	占比 (%)	样本数	占比 (%)	样本数	占比 (%)	样本数	占比 (%)
0	0.00	0	0.00	2	16.67	6	50.00	4	33.33	0	0.00

灰褐土—典型灰褐土耕地土壤主要理化性状

项目名称	样本数（个）	平均值	标准差	变异系数（%）	范围
有效土层厚（cm）	1	70.0	—	—	—
耕层厚度（cm）	1	20.0	—	—	—
耕层容重（g/cm³）	1	1.15	—	—	—
有机质（g/kg）	1	51.8	—	—	—
全氮（g/kg）	1	0.964	—	—	—
有效磷（mg/kg）	1	43.9	—	—	—
速效钾（mg/kg）	1	333	—	—	—
缓效钾（mg/kg）	1	1 351	—	—	—
有效铜（mg/kg）	1	0.84	—	—	—
有效锌（mg/kg）	1	1.23	—	—	—
有效铁（mg/kg）	1	3.50	—	—	—
有效锰（mg/kg）	1	7.00	—	—	—
有效硼（mg/kg）	1	0.60	—	—	—
有效钼（mg/kg）	1	0.239	—	—	—
有效硫（mg/kg）	1	10.24	—	—	—
有效硅（mg/kg）	1	77.00	—	—	—

耕层质地

	砂土	砂壤土	轻壤土	中壤土	重壤土	黏土
样本数	0	0	0	1	0	1
占比（%）	0.00	0.00	0.00	100.00	0.00	100.00

土壤 pH

	≤4.5	(4.5~5.5]	(5.5~6.5]	(6.5~7.5]	(7.5~8.5]	>8.5
样本数	0	0	0	1	0	0
占比（%）	0.00	0.00	0.00	100.00	0.00	0.00

57

灰褐土—淋溶灰褐土耕地土壤主要理化性状

项目名称	样本数（个）	平均值	标准差	变异系数（%）	范围
有效土层厚（cm）	3	33.3	14.43	43.30	25.0～50.0
耕层厚度（cm）	3	26.7	2.89	10.83	25.0～30.0
耕层容重（g/cm³）	3	1.30	0.04	3.12	1.26～1.34
有机质（g/kg）	3	26.0	5.89	22.64	19.4～30.7
全氮（g/kg）	3	1.473	0.28	18.90	1.155～1.671
有效磷（mg/kg）	3	18.7	14.02	75.07	7.9～34.5
速效钾（mg/kg）	3	130	27.15	20.92	113～161
缓效钾（mg/kg）	3	574	10.05	1.75	568～586
有效铜（mg/kg）	3	0.78	0.06	8.25	0.71～0.84
有效锌（mg/kg）	3	1.38	0.41	29.44	1.04～1.84
有效铁（mg/kg）	3	15.60	1.81	11.58	13.54～16.92
有效锰（mg/kg）	3	10.99	3.76	34.17	7.53～14.99
有效硼（mg/kg）	3	0.49	0.09	19.24	0.39～0.57
有效钼（mg/kg）	3	0.820	0.06	6.79	0.760～0.870
有效硫（mg/kg）	3	15.28	11.39	74.57	7.24～28.32
有效硅（mg/kg）	3	249.00	3.61	1.45	246.00～253.00

耕层质地

	砂土	砂壤土	轻壤土	中壤土	重壤土	黏土
占比（%）	0.00	0.00	0.00	100.00	0.00	0.00
样本数	0	0	0	3	0	0

土壤 pH

	≤4.5	(4.5～5.5]	(5.5～6.5]	(6.5～7.5]	(7.5～8.5]	>8.5
占比（%）	0.00	0.00	0.00	0.00	100.00	0.00
样本数	0	0	0	0	3	0

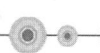

灰褐土—石灰性灰褐土耕地土壤主要理化性状

项目名称	样本数（个）	平均值	标准差	变异系数（%）	范　围
有效土层厚（cm）	13	74.2	23.77	32.03	25.0~100.0
耕层厚度（cm）	13	20.9	3.64	17.39	15.0~30.0
耕层容重（g/cm³）	13	1.23	0.10	8.28	1.07~1.41
有机质（g/kg）	13	27.0	9.67	35.83	8.8~40.6
全氮（g/kg）	13	1.566	0.49	31.38	0.697~2.531
有效磷（mg/kg）	13	31.5	10.31	32.67	21.6~56.3
速效钾（mg/kg）	13	201	82.32	41.00	91~341
缓效钾（mg/kg）	13	936	294.91	31.52	560~1 329
有效铜（mg/kg）	13	0.88	0.20	22.66	0.58~1.25
有效锌（mg/kg）	13	1.32	0.29	22.42	1.04~2.17
有效铁（mg/kg）	13	7.59	4.05	53.35	3.80~15.90
有效锰（mg/kg）	13	8.22	3.54	43.07	5.30~15.34
有效硼（mg/kg）	13	0.57	0.21	35.97	0.43~1.13
有效钼（mg/kg）	13	0.390	0.22	56.54	0.194~0.860
有效硫（mg/kg）	13	15.06	4.22	28.06	8.93~25.10
有效硅（mg/kg）	13	112.81	57.15	50.66	77.00~242.00

耕层质地

	砂土		砂壤土		轻壤土		中壤土		重壤土		黏土	
	样本数	占比（%）	样本数	占比（%）	样本数	占比（%）	样本数	占比（%）	样本数	占比（%）	样本数	占比（%）
	0	0.00	0	0.00	1	7.69	4	30.77	6	46.15	3	23.08

土壤pH

	≤4.5		(4.5~5.5]		(5.5~6.5]		(6.5~7.5]		(7.5~8.5]		>8.5	
	样本数	占比（%）	样本数	占比（%）	样本数	占比（%）	样本数	占比（%）	样本数	占比（%）	样本数	占比（%）
	0	0.00	0	0.00	1	7.69	8	61.54	4	30.77	0	0.00

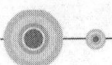

黑土——典型黑黑土耕地土壤主要理化性状

项目名称	样本数（个）	平均值	标准差	变异系数（%）	范　围
有效土层厚 (cm)	25	45.4	11.01	24.27	14.0~50.0
耕层厚度 (cm)	25	28.6	3.84	13.45	14.0~30.0
耕层容重 (g/cm³)	25	1.29	0.05	3.50	1.21~1.39
有机质 (g/kg)	25	34.4	10.98	31.89	13.4~54.0
全氮 (g/kg)	25	1.893	0.48	25.47	0.990~2.876
有效磷 (mg/kg)	25	28.2	16.75	59.35	8.3~64.5
速效钾 (mg/kg)	25	173	62.99	36.44	74~285
缓效钾 (mg/kg)	25	727	301.30	41.44	554~1 504
有效铜 (mg/kg)	25	1.01	0.30	29.21	0.66~1.67
有效锌 (mg/kg)	25	1.59	0.65	40.74	0.36~2.47
有效铁 (mg/kg)	25	13.47	3.33	24.76	3.60~16.52
有效锰 (mg/kg)	25	11.45	2.63	22.99	7.30~15.18
有效硼 (mg/kg)	25	0.80	0.21	26.64	0.50~1.28
有效钼 (mg/kg)	25	0.776	0.19	24.99	0.120~0.980
有效硫 (mg/kg)	25	20.03	5.79	28.88	7.46~32.00
有效硅 (mg/kg)	25	223.24	65.85	29.50	61.00~276.00

耕层质地

砂土		砂壤土		轻壤土		中壤土		重壤土		黏土	
样本数	占比（%）	样本数	占比（%）	样本数	占比（%）	样本数	占比（%）	样本数	占比（%）	样本数	占比（%）
0	0.00	0	0.00	0	0.00	25	100.00	0	0.00	0	0.00

土壤 pH

≤4.5		(4.5~5.5]		(5.5~6.5]		(6.5~7.5]		(7.5~8.5]		>8.5	
样本数	占比（%）	样本数	占比（%）	样本数	占比（%）	样本数	占比（%）	样本数	占比（%）	样本数	占比（%）
0	0.00	0	0.00	0	0.00	0	0.00	25	100.00	0	0.00

黑钙土—典型黑钙土耕地土壤主要理化性状

项目名称	样本数（个）	平均值	标准差	变异系数（%）	范围
有效土层厚（cm）	20	44.5	24.12	54.15	15.0~130.0
耕层厚度（cm）	20	26.6	4.89	18.35	15.0~30.0
耕层容重（g/cm³）	20	1.30	0.03	2.64	1.24~1.35
有机质（g/kg）	20	32.4	10.45	32.23	13.4~52.3
全氮（g/kg）	20	1.887	0.62	32.97	0.310~2.815
有效磷（mg/kg）	20	35.0	16.08	45.89	8.6~68.0
速效钾（mg/kg）	20	168	63.39	37.65	84~326
缓效钾（mg/kg）	20	622	184.32	29.63	453~1 388
有效铜（mg/kg）	20	0.95	0.27	28.29	0.64~1.45
有效锌（mg/kg）	20	1.54	0.59	38.03	0.62~2.62
有效铁（mg/kg）	20	14.71	1.68	11.39	9.11~16.85
有效锰（mg/kg）	20	12.03	2.51	20.87	6.85~15.07
有效硼（mg/kg）	20	0.80	0.24	29.79	0.37~1.32
有效钼（mg/kg）	20	0.862	0.08	9.74	0.670~1.020
有效硫（mg/kg）	20	16.63	7.66	46.06	5.21~29.76
有效硅（mg/kg）	20	240.94	38.64	16.04	100.70~276.00

耕层质地

	砂土		砂壤土		轻壤土		中壤土		重壤土		黏土	
	样本数	占比（%）	样本数	占比（%）	样本数	占比（%）	样本数	占比（%）	样本数	占比（%）	样本数	占比（%）
	0	0.00	0	0.00	0	0.00	20	100.00	0	0.00	0	0.00

土壤pH

	≤4.5		(4.5~5.5]		(5.5~6.5]		(6.5~7.5]		(7.5~8.5]		>8.5	
	样本数	占比（%）	样本数	占比（%）	样本数	占比（%）	样本数	占比（%）	样本数	占比（%）	样本数	占比（%）
	0	0.00	0	0.00	0	0.00	1	5.00	19	95.00	0	0.00

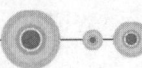

黑垆土—典型黑垆土耕土耕地土壤主要理化性状

项目名称	样本数（个）	平均值	标准差	变异系数（%）	范围
有效土层厚（cm）	22	38.2	6.08	15.93	15.0~40.0
耕层厚度（cm）	22	15.0	0.00	0.00	15.0~15.0
耕层容重（g/cm³）	22	1.17	0.00	0.00	1.17~1.17
有机质（g/kg）	22	14.1	4.38	31.14	6.8~23.8
全氮（g/kg）	22	0.893	0.27	30.60	0.435~1.524
有效磷（mg/kg）	22	10.8	3.23	30.01	6.6~19.1
速效钾（mg/kg）	22	152	47.01	30.98	67~225
缓效钾（mg/kg）	22	584	25.70	4.40	528~642
有效铜（mg/kg）	22	0.45	0.18	39.83	0.23~1.02
有效锌（mg/kg）	22	0.81	0.39	48.10	0.26~1.93
有效铁（mg/kg）	22	9.46	3.42	36.12	4.40~16.50
有效锰（mg/kg）	22	5.62	2.13	37.87	3.50~10.90
有效硼（mg/kg）	22	0.80	0.29	36.08	0.26~1.30
有效钼（mg/kg）	22	0.105	0.02	20.39	0.100~0.200
有效硫（mg/kg）	22	14.89	2.91	19.54	9.35~19.01
有效硅（mg/kg）	22	69.50	7.27	10.46	61.00~83.80

耕层质地

	砂土	砂壤土	轻壤土	中壤土	重壤土	黏土
样本数	22	0	0	0	0	0
占比（%）	100.00	0.00	0.00	0.00	0.00	0.00

土壤 pH

	≤4.5	(4.5~5.5]	(5.5~6.5]	(6.5~7.5]	(7.5~8.5]	>8.5
样本数	0	0	0	0	22	0
占比（%）	0.00	0.00	0.00	0.00	100.00	0.00

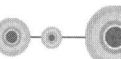

黑钙土—黑麻土耕地土壤主要理化性状

项目名称	样本数（个）	平均值	标准差	变异系数（%）	范　围
有效土层厚（cm）	91	39.8	13.68	34.34	10.0~50.0
耕层厚度（cm）	91	23.8	7.36	30.97	10.0~30.0
耕层容重（g/cm³）	91	1.27	0.06	4.58	1.17~1.35
有机质（g/kg）	91	20.8	7.28	35.09	7.6~39.0
全氮（g/kg）	91	1.290	0.43	33.34	0.486~2.277
有效磷（mg/kg）	91	33.2	17.46	52.64	6.8~67.4
速效钾（mg/kg）	91	171	70.88	41.46	67~389
缓效钾（mg/kg）	91	630	189.44	30.08	312~1 563
有效铜（mg/kg）	91	0.96	0.39	41.10	0.23~2.00
有效锌（mg/kg）	91	1.68	0.67	39.92	0.30~2.63
有效铁（mg/kg）	91	13.18	3.25	24.63	3.17~16.97
有效锰（mg/kg）	91	9.01	3.10	34.36	3.10~15.85
有效硼（mg/kg）	91	0.89	0.37	41.65	0.26~1.67
有效钼（mg/kg）	91	0.691	0.31	44.48	0.080~1.080
有效硫（mg/kg）	91	17.18	6.52	37.96	5.69~29.18
有效硅（mg/kg）	91	191.17	72.93	38.15	61.00~276.00

耕层质地

	砂土	砂壤土	轻壤土	中壤土	重壤土	黏土
样本数	19	0	0	72	0	0
占比（%）	20.88	0.00	0.00	79.12	0.00	0.00

土壤 pH

	≤4.5	(4.5~5.5]	(5.5~6.5]	(6.5~7.5]	(7.5~8.5]	>8.5
样本数	0	0	0	1	83	7
占比（%）	0.00	0.00	0.00	1.10	91.21	7.69

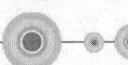

黄绵土—黄绵土耕地土壤主要理化性状

项目名称	样本数（个）	平均值	标准差	变异系数（%）	范　围
有效土层厚（cm）	25	75.1	40.24	53.56	14.0～150.0
耕层厚度（cm）	25	23.4	6.79	29.08	14.0～30.0
耕层容重（g/cm³）	25	1.25	0.06	5.19	1.17～1.39
有机质（g/kg）	25	16.6	3.69	22.20	10.3～27.3
全氮（g/kg）	25	1.065	0.35	33.25	0.533～1.940
有效磷（mg/kg）	25	21.2	8.46	39.84	10.7～44.3
速效钾（mg/kg）	25	172	46.43	27.07	83～300
缓效钾（mg/kg）	19	688	205.67	29.91	464～1 206
有效铜（mg/kg）	22	0.74	0.35	47.57	0.33～1.96
有效锌（mg/kg）	21	1.40	0.81	58.07	0.61～3.99
有效铁（mg/kg）	22	12.90	6.51	50.51	6.15～39.40
有效锰（mg/kg）	21	10.25	7.72	75.29	3.90～39.00
有效硼（mg/kg）	19	0.75	0.31	41.21	0.40～1.58
有效钼（mg/kg）	19	0.485	0.35	72.43	0.094～1.020
有效硫（mg/kg）	19	14.51	4.89	33.73	5.96～24.73
有效硅（mg/kg）	19	154.18	71.72	46.52	61.00～273.00

耕层质地

	砂土	砂壤土	轻壤土	中壤土	重壤土	黏土
样本数	5	0	0	16	4	0
占比（%）	20.00	0.00	0.00	64.00	16.00	0.00

土壤pH

	≤4.5	(4.5～5.5]	(5.5～6.5]	(6.5～7.5]	(7.5～8.5]	>8.5
样本数	0	0	0	1	21	3
占比（%）	0.00	0.00	0.00	4.00	84.00	12.00

红黏土—积钙红黏土耕地土壤主要理化性状

项目名称	样本数（个）	平均值	标准差	变异系数（%）	范 围
有效土层厚（cm）	23	57.8	45.47	78.64	15.0~150.0
耕层厚度（cm）	23	19.5	4.33	22.16	15.0~30.0
耕层容重（g/cm³）	23	1.33	0.18	13.31	1.05~1.66
有机质（g/kg）	22	18.1	6.46	35.73	9.5~37.1
全氮（g/kg）	23	1.078	0.40	36.76	0.365~2.190
有效磷（mg/kg）	23	20.6	14.85	72.15	8.6~61.2
速效钾（mg/kg）	23	215	68.14	31.71	71~324
缓效钾（mg/kg）	23	692	233.77	33.78	450~1 239
有效铜（mg/kg）	23	0.79	0.36	45.78	0.26~1.50
有效锌（mg/kg）	23	0.67	0.25	36.39	0.38~1.28
有效铁（mg/kg）	23	7.52	3.20	42.50	3.10~13.38
有效锰（mg/kg）	23	7.21	2.82	39.20	2.70~15.24
有效硼（mg/kg）	23	0.49	0.23	46.55	0.26~1.30
有效钼（mg/kg）	22	0.276	0.23	82.06	0.100~0.790
有效硫（mg/kg）	23	20.59	6.71	32.58	7.53~32.55
有效硅（mg/kg）	23	117.58	46.14	39.24	61.00~241.00

耕层质地

	砂土	砂壤土	轻壤土	中壤土	重壤土	黏土
样本数	4	0	0	9	2	8
占比（%）	17.39	0.00	0.00	39.13	8.70	34.78

土壤 pH

	≤4.5	(4.5~5.5]	(5.5~6.5]	(6.5~7.5]	(7.5~8.5]	>8.5
样本数	0	0	0	0	23	0
占比（%）	0.00	0.00	0.00	0.00	100.00	0.00

新积土——典型新积土耕地土壤主要理化性状

项目名称	样本数（个）	平均值	标准差	变异系数（%）	范　围
有效土层厚（cm）	48	44.4	23.11	52.08	10.0~100.0
耕层厚度（cm）	48	19.0	5.04	26.50	10.0~30.0
耕层容重（g/cm³）	48	1.29	0.11	8.46	1.07~1.51
有机质（g/kg）	47	19.3	9.10	47.07	7.5~49.2
全氮（g/kg）	48	1.178	0.45	38.48	0.307~2.453
有效磷（mg/kg）	47	27.8	32.07	115.51	2.1~170.0
速效钾（mg/kg）	47	146	89.00	60.86	29~379
缓效钾（mg/kg）	38	910	430.03	47.28	98~1 601
有效铜（mg/kg）	20	1.48	1.20	81.35	0.15~4.61
有效锌（mg/kg）	20	1.78	2.65	148.51	0.42~12.10
有效铁（mg/kg）	20	25.20	26.07	103.46	3.17~98.20
有效锰（mg/kg）	19	28.78	30.53	106.06	3.80~92.50
有效硼（mg/kg）	18	0.50	0.29	58.99	0.10~1.04
有效钼（mg/kg）	19	0.277	0.43	154.95	0.020~1.790
有效硫（mg/kg）	18	26.13	18.10	69.27	9.33~82.54
有效硅（mg/kg）	19	125.89	85.31	67.76	26.63~376.70

耕层质地

	砂土		砂壤土		轻壤土		中壤土		重壤土		黏土	
	样本数	占比（%）	样本数	占比（%）	样本数	占比（%）	样本数	占比（%）	样本数	占比（%）	样本数	占比（%）
	3	6.25	28	58.33	2	4.17	15	31.25	0	0.00	0	0.00

土壤pH

	≤4.5		(4.5~5.5]		(5.5~6.5]		(6.5~7.5]		(7.5~8.5]		>8.5	
	样本数	占比（%）	样本数	占比（%）	样本数	占比（%）	样本数	占比（%）	样本数	占比（%）	样本数	占比（%）
	0	0.00	6	12.50	7	14.58	18	37.50	9	18.75	8	16.67

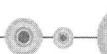

新积土—冲积土耕地土壤主要理化性状

项目名称	样本数（个）	平均值	标准差	变异系数（%）	范　围
有效土层厚（cm）	222	57.3	29.62	51.65	10.0~180.0
耕层厚度（cm）	222	20.5	5.14	25.06	10.0~40.0
耕层容重（g/cm³）	222	1.26	0.14	11.39	1.06~1.68
有机质（g/kg）	219	21.1	12.29	58.28	7.5~65.6
全氮（g/kg）	215	1.266	0.60	47.42	0.190~3.560
有效磷（mg/kg）	218	33.4	35.20	105.34	1.4~165.0
速效钾（mg/kg）	218	135	66.97	49.48	30~350
缓效钾（mg/kg）	214	591	336.83	57.02	52~1 605
有效铜（mg/kg）	77	5.62	7.96	141.69	0.14~32.54
有效锌（mg/kg）	77	2.73	2.87	105.01	0.40~14.30
有效铁（mg/kg）	77	103.56	117.01	112.99	3.30~438.81
有效锰（mg/kg）	77	20.03	25.38	126.73	1.11~158.36
有效硼（mg/kg）	76	0.59	0.32	54.60	0.18~1.60
有效钼（mg/kg）	75	0.510	0.65	126.59	0.045~2.450
有效硫（mg/kg）	72	76.97	99.76	129.60	5.38~391.53
有效硅（mg/kg）	74	171.31	120.01	70.06	61.00~475.47

耕层质地

	砂土	砂壤土	轻壤土	中壤土	重壤土	黏土
样本数	46	64	36	41	6	29
占比（%）	20.72	28.83	16.22	18.47	2.70	13.06

土壤 pH

	≤4.5	(4.5~5.5]	(5.5~6.5]	(6.5~7.5]	(7.5~8.5]	>8.5
样本数	2	28	42	54	96	0
占比（%）	0.90	12.61	18.92	24.32	43.24	0.00

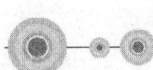

石灰（岩）土—红色石灰土耕地土壤主要理化性状

项目名称	样本数（个）	平均值	标准差	变异系数（%）	范　围
有效土层厚（cm）	151	64.9	22.42	34.53	27.0~156.0
耕层厚度（cm）	151	21.1	3.87	18.37	15.0~35.0
耕层容重（g/cm³）	151	1.35	0.14	10.09	1.00~1.67
有机质（g/kg）	149	27.6	12.73	46.10	7.3~70.6
全氮（g/kg）	145	1.462	0.53	35.96	0.186~3.190
有效磷（mg/kg）	151	25.3	26.03	102.75	1.1~179.6
速效钾（mg/kg）	147	148	75.05	50.68	35~377
缓效钾（mg/kg）	150	376	254.85	67.74	57~1 603
有效铜（mg/kg）	109	4.60	5.12	111.33	0.04~24.29
有效锌（mg/kg）	109	1.58	1.03	65.46	0.06~4.79
有效铁（mg/kg）	108	109.87	115.68	105.28	0.10~479.06
有效锰（mg/kg）	107	27.72	25.63	92.46	0.30~112.20
有效硼（mg/kg）	104	0.38	0.23	59.98	0.09~1.06
有效钼（mg/kg）	83	0.486	0.60	123.92	0.040~2.460
有效硫（mg/kg）	102	61.60	84.33	136.90	8.69~395.52
有效硅（mg/kg）	91	213.34	101.90	47.76	61.85~476.89

耕层质地

	砂土		砂壤土		轻壤土		中壤土		重壤土		黏土	
	样本数	占比（%）	样本数	占比（%）	样本数	占比（%）	样本数	占比（%）	样本数	占比（%）	样本数	占比（%）
	7	4.64	11	7.28	21	13.91	21	13.91	34	22.52	57	37.75

土壤pH

	≤4.5		(4.5~5.5]		(5.5~6.5]		(6.5~7.5]		(7.5~8.5]		>8.5	
	样本数	占比（%）	样本数	占比（%）	样本数	占比（%）	样本数	占比（%）	样本数	占比（%）	样本数	占比（%）
	0	0.00	13	8.61	14	9.27	45	29.80	78	51.66	1	0.66

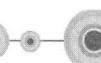

石灰（岩）土—黑色石灰土耕地土壤主要理化性状

项目名称	样本数（个）	平均值	标准差	变异系数（%）	范围
有效土层厚（cm）	119	67.5	21.91	32.46	25.0~160.0
耕层厚度（cm）	119	20.4	5.26	25.73	8.0~40.0
耕层容重（g/cm³）	119	1.32	0.15	11.46	0.94~1.70
有机质（g/kg）	118	33.0	13.56	41.07	10.2~68.7
全氮（g/kg）	118	1.860	0.66	35.53	0.410~3.729
有效磷（mg/kg）	119	30.7	27.02	87.91	2.2~148.1
速效钾（mg/kg）	117	154	82.13	53.40	27~348
缓效钾（mg/kg）	119	284	218.15	76.78	51~1 538
有效铜（mg/kg）	91	6.41	6.11	95.34	0.07~27.00
有效锌（mg/kg）	90	2.44	2.23	91.19	0.20~13.70
有效铁（mg/kg）	90	142.83	131.20	91.86	4.50~472.25
有效锰（mg/kg）	87	35.76	24.47	68.43	1.00~162.10
有效硼（mg/kg）	88	0.52	0.60	116.84	0.11~2.94
有效钼（mg/kg）	56	1.033	0.71	69.12	0.030~2.500
有效硫（mg/kg）	84	95.89	100.12	104.42	5.60~386.17
有效硅（mg/kg）	77	233.27	136.59	58.55	27.45~493.12

耕层质地

	砂土	砂壤土	轻壤土	中壤土	重壤土	黏土
样本数	3	14	67	17	6	12
占比（%）	2.52	11.76	56.30	14.29	5.04	10.08

土壤pH

	≤4.5	(4.5~5.5]	(5.5~6.5]	(6.5~7.5]	(7.5~8.5]	>8.5
样本数	2	12	23	46	34	2
占比（%）	1.68	10.08	19.33	38.66	28.57	1.68

石灰（岩）土—棕色石灰土耕地土壤主要理化性状

项目名称	样本数（个）	平均值	标准差	变异系数（%）	范围
有效土层厚（cm）	606	72.5	25.90	35.70	10.0~102.0
耕层厚度（cm）	606	21.3	5.48	25.73	10.0~40.0
耕层容重（g/cm³）	606	1.45	0.18	12.33	0.85~1.70
有机质（g/kg）	595	27.2	11.39	41.85	6.8~73.7
全氮（g/kg）	602	1.601	0.63	39.22	0.256~3.738
有效磷（mg/kg）	604	25.9	22.29	86.17	1.0~185.8
速效钾（mg/kg）	596	150	69.91	46.65	30~383
缓效钾（mg/kg）	604	496	283.87	57.26	48~1 562
有效铜（mg/kg）	560	1.85	1.20	64.64	0.34~12.24
有效锌（mg/kg）	555	2.22	2.11	95.29	0.55~22.17
有效铁（mg/kg）	558	44.52	37.63	84.52	6.70~239.43
有效锰（mg/kg）	541	27.46	19.85	72.30	1.30~156.00
有效硼（mg/kg）	542	0.46	0.29	63.09	0.07~2.15
有效钼（mg/kg）	73	0.306	0.30	98.06	0.020~1.340
有效硫（mg/kg）	545	41.13	31.05	75.49	4.07~162.27
有效硅（mg/kg）	529	190.82	78.60	41.19	25.36~497.20

耕层质地

	砂土	砂壤土	轻壤土	中壤土	重壤土	黏土
样本数	6	63	117	292	101	27
占比（%）	0.99	10.40	19.31	48.18	16.67	4.46

土壤 pH

	≤4.5	(4.5~5.5]	(5.5~6.5]	(6.5~7.5]	(7.5~8.5]	>8.5
样本数	3	44	96	207	251	5
占比（%）	0.50	7.26	15.84	34.16	41.42	0.83

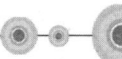

石灰（岩）土—黄色石灰土耕地土壤主要理化性状

项目名称	样本数（个）	平均值	标准差	变异系数（%）	范 围
有效土层厚（cm）	1 235	74.2	25.35	34.17	15.0~180.0
耕层厚度（cm）	1 235	22.6	7.54	33.31	10.0~40.0
耕层容重（g/cm³）	1 235	1.33	0.15	11.25	0.85~1.76
有机质（g/kg）	1 211	32.2	13.23	41.08	6.8~75.1
全氮（g/kg）	1 182	1.686	0.67	39.89	0.148~3.641
有效磷（mg/kg）	1 231	23.4	24.90	106.47	1.0~190.6
速效钾（mg/kg）	1 198	151	76.19	50.50	28~388
缓效钾（mg/kg）	1 229	360	211.86	58.85	48~1 507
有效铜（mg/kg）	519	6.46	6.89	106.76	0.06~33.08
有效锌（mg/kg）	514	2.29	2.27	99.12	0.05~22.05
有效铁（mg/kg）	514	125.03	127.75	102.18	1.80~475.79
有效锰（mg/kg）	478	38.41	30.02	78.17	1.30~164.20
有效硼（mg/kg）	471	0.42	0.29	69.49	0.07~3.00
有效钼（mg/kg）	322	0.969	0.74	76.13	0.024~2.510
有效硫（mg/kg）	461	62.87	63.56	101.09	4.80~376.92
有效硅（mg/kg）	325	291.37	122.75	42.13	50.48~497.20

耕层质地

	砂土		砂壤土		轻壤土		中壤土		重壤土		黏土	
	样本数	占比（%）	样本数	占比（%）	样本数	占比（%）	样本数	占比（%）	样本数	占比（%）	样本数	占比（%）
	119	9.64	281	22.75	313	25.34	230	18.62	144	11.66	148	11.98

土壤 pH

	≤4.5		(4.5~5.5]		(5.5~6.5]		(6.5~7.5]		(7.5~8.5]		>8.5	
	样本数	占比（%）	样本数	占比（%）	样本数	占比（%）	样本数	占比（%）	样本数	占比（%）	样本数	占比（%）
	3	0.24	125	10.12	182	14.74	329	26.64	590	47.77	6	0.49

火山灰土—典型火山灰土耕地土壤主要理化性状

项目名称	样本数(个)	平均值	标准差	变异系数(%)	范围
有效土层厚(cm)	4	100.0	0.00	0.00	100.0~100.0
耕层厚度(cm)	4	17.0	0.00	0.00	17.0~17.0
耕层容重(g/cm³)	4	1.45	0.00	0.00	1.45~1.45
有机质(g/kg)	4	54.9	6.79	12.37	47.9~63.9
全氮(g/kg)	4	2.535	0.21	8.21	2.300~2.720
有效磷(mg/kg)	4	23.1	13.40	58.09	7.0~37.6
速效钾(mg/kg)	4	158	28.32	17.92	134~193
缓效钾(mg/kg)	4	383	32.34	8.45	346~424
有效铜(mg/kg)	4	10.10	6.43	63.65	3.43~16.41
有效锌(mg/kg)	4	1.78	1.42	79.58	0.34~3.16
有效铁(mg/kg)	4	205.58	69.64	33.87	122.02~290.66
有效锰(mg/kg)	4	14.30	15.65	109.46	2.20~37.30
有效硼(mg/kg)	4	0.23	0.16	67.82	0.12~0.46
有效钼(mg/kg)	4	1.103	0.51	46.12	0.450~1.690
有效硫(mg/kg)	4	282.60	65.74	23.26	188.80~341.17
有效硅(mg/kg)	4	240.38	34.88	14.51	203.51~283.12

耕层质地

	砂土		砂壤土		轻壤土		中壤土		重壤土		黏土	
	样本数	占比(%)	样本数	占比(%)	样本数	占比(%)	样本数	占比(%)	样本数	占比(%)	样本数	占比(%)
	0	0.00	0	0.00	0	0.00	0	0.00	4	100.00	0	0.00

土壤pH

	≤4.5		(4.5~5.5]		(5.5~6.5]		(6.5~7.5]		(7.5~8.5]		>8.5	
	样本数	占比(%)	样本数	占比(%)	样本数	占比(%)	样本数	占比(%)	样本数	占比(%)	样本数	占比(%)
	0	0.00	4	100.00	0	0.00	0	0.00	0	0.00	0	0.00

紫色土—酸性紫色土耕地土壤主要理化性状

项目名称	样本数（个）	平均值	标准差	变异系数（%）	范　围
有效土层厚（cm）	1 314	63.5	23.62	37.22	15.0~160.0
耕层厚度（cm）	1 314	20.6	5.73	27.80	10.0~40.0
耕层容重（g/cm³）	1 313	1.35	0.12	9.12	0.84~1.74
有机质（g/kg）	1 295	26.4	13.88	52.55	6.9~75.3
全氮（g/kg）	1 288	1.443	0.63	43.93	0.145~3.769
有效磷（mg/kg）	1 285	31.8	33.92	106.56	1.1~197.9
速效钾（mg/kg）	1 299	132	75.26	57.16	27~377
缓效钾（mg/kg）	1 310	299	187.02	62.58	48~1 542
有效铜（mg/kg）	821	8.58	7.36	85.78	0.10~32.87
有效锌（mg/kg）	829	2.48	2.31	93.21	0.10~22.17
有效铁（mg/kg）	834	181.34	144.01	79.42	2.04~479.76
有效锰（mg/kg）	802	36.33	27.42	75.47	0.30~172.31
有效硼（mg/kg）	807	0.51	0.38	75.62	0.07~2.98
有效钼（mg/kg）	624	1.036	0.77	74.16	0.050~2.510
有效硫（mg/kg）	769	64.39	73.00	113.37	4.70~403.74
有效硅（mg/kg）	760	243.57	125.10	51.36	25.53~497.43

耕层质地

	砂土		砂壤土		轻壤土		中壤土		重壤土		黏土
样本数	占比（%）	样本数	占比（%）	样本数	占比（%）	样本数	占比（%）	样本数	占比（%）	样本数	占比（%）
71	5.40	742	56.47	183	13.93	199	15.14	89	6.77	30	2.28

土壤 pH

	≤4.5		（4.5~5.5]		（5.5~6.5]		（6.5~7.5]		（7.5~8.5]		>8.5
样本数	占比（%）	样本数	占比（%）	样本数	占比（%）	样本数	占比（%）	样本数	占比（%）	样本数	占比（%）
71	5.40	520	39.57	421	32.04	185	14.08	114	8.68	3	0.23

紫色土—中性紫色土耕地土壤主要理化性状

项目名称	样本数（个）	平均值	标准差	变异系数（%）	范 围
有效土层厚（cm）	3 113	56.5	25.21	44.58	15.0~153.6
耕层厚度（cm）	3 111	23.4	6.57	28.10	10.0~40.0
耕层容重（g/cm³）	3 112	1.33	0.14	10.79	0.83~1.80
有机质（g/kg）	3 032	17.9	8.82	49.38	6.8~73.8
全氮（g/kg）	3 068	1.093	0.45	41.45	0.150~3.800
有效磷（mg/kg）	3 085	31.2	34.57	110.86	0.8~204.0
速效钾（mg/kg）	3 069	119	64.83	54.34	27~385
缓效钾（mg/kg）	3 109	427	188.11	44.04	52~1 432
有效铜（mg/kg）	497	5.42	6.89	127.02	0.23~33.13
有效锌（mg/kg）	499	1.84	1.76	95.88	0.12~14.97
有效铁（mg/kg）	497	134.42	125.52	93.38	3.70~479.75
有效锰（mg/kg）	489	32.23	22.91	71.07	1.60~167.10
有效硼（mg/kg）	483	0.41	0.36	85.93	0.07~2.20
有效钼（mg/kg）	301	0.687	0.72	104.55	0.025~2.480
有效硫（mg/kg）	381	49.92	62.49	125.16	4.38~397.65
有效硅（mg/kg）	344	225.26	123.69	54.91	31.90~497.29

耕层质地

	砂土	砂壤土	轻壤土	中壤土	重壤土	黏土
样本数	287	622	542	1 007	519	136
占比（%）	9.22	19.98	17.41	32.35	16.67	4.37

土壤 pH

	≤4.5	(4.5~5.5]	(5.5~6.5]	(6.5~7.5]	(7.5~8.5]	>8.5
样本数	69	896	833	609	664	42
占比（%）	2.22	28.78	26.76	19.56	21.33	1.35

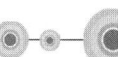

紫色土—石灰性紫色土耕地土壤主要理化性状

项目名称	样本数（个）	平均值	标准差	变异系数（%）	范围
有效土层厚（cm）	2 376	61.5	24.14	39.22	14.0~185.0
耕层厚度（cm）	2 368	21.9	4.84	22.13	10.0~40.0
耕层容重（g/cm³）	2 375	1.37	0.15	11.09	0.84~1.80
有机质（g/kg）	2 330	17.5	7.79	44.61	6.7~75.1
全氮（g/kg）	2 291	1.169	0.42	35.57	0.148~3.620
有效磷（mg/kg）	2 372	21.1	27.06	128.55	0.9~197.8
速效钾（mg/kg）	2 350	143	66.30	46.35	27~388
缓效钾（mg/kg）	2 374	524	209.69	40.03	50~1 587
有效铜（mg/kg）	394	2.45	3.25	132.38	0.12~22.05
有效锌（mg/kg）	393	1.68	1.67	99.27	0.11~22.03
有效铁（mg/kg）	392	66.31	84.15	126.90	0.69~479.17
有效锰（mg/kg）	390	23.91	24.14	100.98	0.30~173.00
有效硼（mg/kg）	389	0.43	0.35	82.55	0.07~1.81
有效钼（mg/kg）	255	0.364	0.56	154.39	0.020~2.510
有效硫（mg/kg）	362	43.25	49.07	113.44	4.00~378.83
有效硅（mg/kg）	344	207.84	95.89	46.13	42.60~480.90

耕层质地

	砂土	砂壤土	轻壤土	中壤土	重壤土	黏土
样本数	80	325	374	1 002	352	243
占比（%）	3.37	13.68	15.74	42.17	14.81	10.23

土壤 pH

	≤4.5	(4.5~5.5]	(5.5~6.5]	(6.5~7.5]	(7.5~8.5]	>8.5
样本数	13	162	175	283	1 630	113
占比（%）	0.55	6.82	7.37	11.91	68.60	4.76

粗骨土——酸性粗骨土耕地土壤主要理化性状

项目名称	样本数（个）	平均值	标准差	变异系数（%）	范　围
有效土层厚（cm）	45	62.2	12.61	20.28	40.0~75.0
耕层厚度（cm）	45	19.3	3.26	16.95	15.7~31.0
耕层容重（g/cm³）	45	1.27	0.16	12.45	0.96~1.50
有机质（g/kg）	45	32.2	13.67	42.38	10.7~70.4
全氮（g/kg）	44	1.754	0.55	31.47	0.865~3.339
有效磷（mg/kg）	43	26.2	31.47	119.89	2.9~185.7
速效钾（mg/kg）	44	147	75.45	51.40	44~333
缓效钾（mg/kg）	44	238	144.80	60.84	54~717
有效铜（mg/kg）	24	2.71	2.20	81.11	0.42~9.39
有效锌（mg/kg）	25	1.62	1.01	62.29	0.47~4.58
有效铁（mg/kg）	25	68.03	73.27	107.71	8.60~343.87
有效锰（mg/kg）	20	36.26	27.65	76.26	9.00~107.30
有效硼（mg/kg）	22	0.38	0.15	40.70	0.21~0.87
有效钼（mg/kg）	6	0.122	0.13	104.53	0.040~0.380
有效硫（mg/kg）	22	54.61	32.79	60.04	12.46~146.50
有效硅（mg/kg）	8	130.17	55.50	42.63	62.61~228.54

耕层质地

	砂土	砂壤土	轻壤土	中壤土	重壤土	黏土
样本数	14	20	4	2	3	2
占比（%）	31.11	44.44	8.89	4.44	6.67	4.44

土壤 pH

	≤4.5	(4.5~5.5]	(5.5~6.5]	(6.5~7.5]	(7.5~8.5]	>8.5
样本数	1	29	13	1	1	0
占比（%）	2.22	64.44	28.89	2.22	2.22	0.00

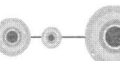

粗骨土—钙质粗骨土耕地土壤主要理化性状

项目名称	样本数（个）	平均值	标准差	变异系数（%）	范　围
有效土层厚（cm）	28	62.8	11.96	19.05	45.0~75.0
耕层厚度（cm）	28	19.4	2.49	12.89	15.8~24.0
耕层容重（g/cm³）	28	1.27	0.09	7.35	1.10~1.44
有机质（g/kg）	27	38.2	15.52	40.66	14.3~73.7
全氮（g/kg）	28	1.890	0.61	32.00	0.730~3.519
有效磷（mg/kg）	28	20.0	26.34	131.54	3.9~143.5
速效钾（mg/kg）	26	141	71.74	50.83	28~334
缓效钾（mg/kg）	28	382	221.96	58.14	58~793
有效铜（mg/kg）	10	3.11	2.48	79.89	0.09~6.33
有效锌（mg/kg）	10	2.66	2.33	87.66	0.47~7.06
有效铁（mg/kg）	10	51.29	56.28	109.73	9.44~188.60
有效锰（mg/kg）	7	46.77	43.81	93.67	5.34~110.30
有效硼（mg/kg）	9	0.41	0.19	45.89	0.27~0.88
有效钼（mg/kg）	2	0.110	0.08	77.14	0.050~0.170
有效硫（mg/kg）	9	44.09	33.88	76.84	4.70~118.60
有效硅（mg/kg）	3	282.84	135.67	47.97	128.22~381.98

耕层质地

	砂土	砂壤土	轻壤土	中壤土	重壤土	黏土
样本数	8	18	2	0	0	0
占比（%）	28.57	64.29	7.14	0.00	0.00	0.00

土壤 pH

	≤4.5	(4.5~5.5]	(5.5~6.5]	(6.5~7.5]	(7.5~8.5]	>8.5
样本数	0	0	0	12	16	0
占比（%）	0.00	0.00	0.00	42.86	57.14	0.00

石质土—中性石质土耕地土壤主要理化性状

项目名称	样本数（个）	平均值	标准差	变异系数（%）	范 围
有效土层厚（cm）	5	94.8	38.89	41.03	40.0~150.0
耕层厚度（cm）	5	18.6	2.61	14.02	15.0~22.0
耕层容重（g/cm³）	5	1.27	0.04	3.45	1.21~1.33
有机质（g/kg）	5	13.8	0.54	3.94	13.1~14.5
全氮（g/kg）	5	1.228	0.41	33.24	0.710~1.680
有效磷（mg/kg）	5	14.1	3.23	22.92	11.3~19.2
速效钾（mg/kg）	5	209	102.77	49.22	83~344
缓效钾（mg/kg）	5	621	153.96	24.81	450~846
有效铜（mg/kg）	5	0.77	0.10	13.64	0.70~0.95
有效锌（mg/kg）	5	0.89	0.21	23.01	0.69~1.22
有效铁（mg/kg）	5	8.18	3.06	37.45	3.17~10.75
有效锰（mg/kg）	5	8.79	1.41	16.07	6.75~10.30
有效硼（mg/kg）	5	0.61	0.13	20.49	0.52~0.80
有效钼（mg/kg）	5	0.358	0.16	43.81	0.241~0.621
有效硫（mg/kg）	5	14.06	3.39	24.07	9.27~17.79
有效硅（mg/kg）	5	120.10	26.29	21.89	85.00~158.40

耕层质地

砂土		砂壤土		轻壤土		中壤土		重壤土		黏土	
样本数	占比（%）	样本数	占比（%）	样本数	占比（%）	样本数	占比（%）	样本数	占比（%）	样本数	占比（%）
0	0.00	0	0.00	0	0.00	1	20.00	4	80.00	0	0.00

土壤 pH

≤4.5		(4.5~5.5]		(5.5~6.5]		(6.5~7.5]		(7.5~8.5]		>8.5	
样本数	占比（%）	样本数	占比（%）	样本数	占比（%）	样本数	占比（%）	样本数	占比（%）	样本数	占比（%）
0	0.00	0	0.00	0	0.00	0	0.00	5	100.00	0	0.00

草甸土—典型草甸土耕地土壤主要理化性状

项目名称	样本数（个）	平均值	标准差	变异系数（%）	范　围
有效土层厚（cm）	7	75.1	23.40	31.14	51.0～100.0
耕层厚度（cm）	7	20.0	5.00	25.00	15.0～30.0
耕层容重（g/cm³）	7	1.12	0.19	17.11	0.95～1.41
有机质（g/kg）	7	32.5	7.99	24.56	23.1～46.9
全氮（g/kg）	7	2.137	0.56	26.02	1.426～2.890
有效磷（mg/kg）	7	30.8	27.59	89.70	7.8～90.2
速效钾（mg/kg）	7	202	77.36	38.32	100～339
缓效钾（mg/kg）	7	418	93.92	22.47	333～580
有效铜（mg/kg）	6	2.75	0.56	20.47	1.90～3.55
有效锌（mg/kg）	6	2.72	0.27	9.96	2.34～2.98
有效铁（mg/kg）	6	48.84	7.55	15.47	40.37～59.11
有效锰（mg/kg）	6	27.46	4.67	17.02	20.75～34.28
有效硼（mg/kg）	6	1.26	0.39	31.03	0.84～1.84
有效钼（mg/kg）	0	—	—	—	—
有效硫（mg/kg）	6	94.75	26.77	28.25	63.46～132.04
有效硅（mg/kg）	6	141.52	8.04	5.68	132.28～155.43

耕层质地

砂土		砂壤土		轻壤土		中壤土		重壤土		黏土	
样本数	占比（%）	样本数	占比（%）	样本数	占比（%）	样本数	占比（%）	样本数	占比（%）	样本数	占比（%）
0	0.00	0	0.00	0	0.00	7	100.00	0	0.00	0	0.00

土壤pH

≤4.5		(4.5～5.5]		(5.5～6.5]		(6.5～7.5]		(7.5～8.5]		>8.5	
样本数	占比（%）	样本数	占比（%）	样本数	占比（%）	样本数	占比（%）	样本数	占比（%）	样本数	占比（%）
0	0.00	2	28.57	5	71.43	0	0.00	0	0.00	0	0.00

潮土—典型潮土耕地土壤主要理化性状

项目名称	样本数（个）	平均值	标准差	变异系数（%）	范　围
有效土层厚（cm）	148	65.1	34.14	52.41	10.0~152.0
耕层厚度（cm）	148	20.0	4.66	23.24	7.0~30.0
耕层容重（g/cm³）	148	1.28	0.17	13.29	0.91~1.59
有机质（g/kg）	146	24.1	10.78	44.83	6.8~59.7
全氮（g/kg）	148	1.501	0.67	44.71	0.370~3.765
有效磷（mg/kg）	147	34.2	32.41	94.70	1.6~185.4
速效钾（mg/kg）	143	146	79.13	54.18	38~379
缓效钾（mg/kg）	141	532	351.19	66.06	71~1 590
有效铜（mg/kg）	94	2.29	1.65	72.28	0.47~12.73
有效锌（mg/kg）	94	1.63	1.11	68.10	0.39~7.56
有效铁（mg/kg）	94	82.55	73.57	89.12	3.98~289.00
有效锰（mg/kg）	94	24.98	18.29	73.23	1.37~112.20
有效硼（mg/kg）	94	0.42	0.25	59.54	0.14~1.73
有效钼（mg/kg）	51	0.272	0.29	105.59	0.080~1.330
有效硫（mg/kg）	94	51.81	47.84	92.34	9.55~302.70
有效硅（mg/kg）	94	149.24	52.40	35.11	50.84~326.30

耕层质地

	砂土		砂壤土		轻壤土		中壤土		重壤土		黏土	
	样本数	占比（%）	样本数	占比（%）	样本数	占比（%）	样本数	占比（%）	样本数	占比（%）	样本数	占比（%）
	25	16.89	27	18.24	37	25.00	37	25.00	5	3.38	17	11.49

土壤pH

	≤4.5		(4.5~5.5]		(5.5~6.5]		(6.5~7.5]		(7.5~8.5]		>8.5	
	样本数	占比（%）	样本数	占比（%）	样本数	占比（%）	样本数	占比（%）	样本数	占比（%）	样本数	占比（%）
	4	2.70	27	18.24	48	32.43	27	18.24	41	27.70	1	0.68

潮土—灰潮土耕地土壤主要理化性状

项目名称	样本数（个）	平均值	标准差	变异系数（%）	范围
有效土层厚（cm）	299	66.4	26.88	40.49	15.0~151.0
耕层厚度（cm）	299	23.6	6.73	28.53	7.0~40.0
耕层容重（g/cm³）	299	1.33	0.15	11.44	0.89~1.73
有机质（g/kg）	294	21.2	10.66	50.31	6.8~64.2
全氮（g/kg）	295	1.249	0.55	44.23	0.155~3.100
有效磷（mg/kg）	293	32.5	34.61	106.66	1.2~183.8
速效钾（mg/kg）	292	115	65.88	57.08	27~361
缓效钾（mg/kg）	298	388	194.70	50.13	52~1 369
有效铜（mg/kg）	106	2.23	1.73	77.34	0.08~10.60
有效锌（mg/kg）	105	1.80	1.17	65.27	0.06~8.82
有效铁（mg/kg）	105	76.54	75.62	98.80	0.10~326.00
有效锰（mg/kg）	100	29.94	28.90	96.51	0.30~174.00
有效硼（mg/kg）	101	0.36	0.22	60.11	0.08~1.00
有效钼（mg/kg）	34	0.194	0.21	108.76	0.030~0.980
有效硫（mg/kg）	86	39.66	28.49	71.84	6.64~180.00
有效硅（mg/kg）	57	180.58	99.88	55.31	40.50~391.14

耕层质地

	砂土	砂壤土	轻壤土	中壤土	重壤土	黏土
样本数	34	88	55	90	16	16
占比（%）	11.37	29.43	18.39	30.10	5.35	5.35

土壤 pH

	≤4.5	(4.5~5.5]	(5.5~6.5]	(6.5~7.5]	(7.5~8.5]	>8.5
样本数	2	54	59	54	125	5
占比（%）	0.67	18.06	19.73	18.06	41.81	1.67

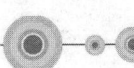

潮土—湿潮土耕地土壤主要理化性状

项目名称	样本数（个）	平均值	标准差	变异系数（%）	范围
有效土层厚（cm）	19	40.0	7.26	18.16	20.0～50.0
耕层厚度（cm）	19	24.7	5.39	21.80	15.0～30.0
耕层容重（g/cm³）	19	1.28	0.06	4.66	1.20～1.41
有机质（g/kg）	19	19.4	4.92	25.43	12.7～33.6
全氮（g/kg）	19	1.314	0.34	25.58	0.850～2.170
有效磷（mg/kg）	19	25.4	16.16	63.55	3.9～65.0
速效钾（mg/kg）	19	101	60.45	59.73	31～231
缓效钾（mg/kg）	19	932	307.15	32.96	472～1 535
有效铜（mg/kg）	4	0.63	0.67	106.29	0.15～1.59
有效锌（mg/kg）	4	1.48	0.49	32.99	1.12～2.20
有效铁（mg/kg）	4	39.15	45.93	117.34	10.76～107.43
有效锰（mg/kg）	4	28.62	23.65	82.62	6.54～61.97
有效硼（mg/kg）	3	0.39	0.04	10.98	0.37～0.44
有效钼（mg/kg）	3	0.176	0.02	12.13	0.155～0.198
有效硫（mg/kg）	1	16.70	—	—	—
有效硅（mg/kg）	2	151.43	16.94	11.18	139.45～163.40

耕层质地

砂土		砂壤土		轻壤土		中壤土		重壤土		黏土	
样本数	占比（%）	样本数	占比（%）	样本数	占比（%）	样本数	占比（%）	样本数	占比（%）	样本数	占比（%）
7	36.84	0	0.00	9	47.37	1	5.26	2	10.53	0	0.00

土壤 pH

≤4.5		(4.5～5.5]		(5.5～6.5]		(6.5～7.5]		(7.5～8.5]		>8.5	
样本数	占比（%）	样本数	占比（%）	样本数	占比（%）	样本数	占比（%）	样本数	占比（%）	样本数	占比（%）
0	0.00	3	15.79	8	42.11	7	36.84	1	5.26	0	0.00

山地草甸土—典型山地草甸土耕地土壤主要理化性状

项目名称	样本数（个）	平均值	标准差	变异系数（%）	范围
有效土层厚（cm）	5	38.0	4.47	11.77	30.0～40.0
耕层厚度（cm）	5	19.0	6.52	34.31	15.0～30.0
耕层容重（g/cm³）	5	1.19	0.14	11.48	1.02～1.40
有机质（g/kg）	5	20.8	10.09	48.56	8.8～35.1
全氮（g/kg）	5	1.251	0.55	43.78	0.563～2.030
有效磷（mg/kg）	5	17.3	11.21	64.90	8.0～32.1
速效钾（mg/kg）	5	172	51.02	29.72	128～245
缓效钾（mg/kg）	5	590	18.89	3.20	573～617
有效铜（mg/kg）	5	0.60	0.26	42.62	0.33～1.02
有效锌（mg/kg）	5	0.70	0.54	77.57	0.26～1.61
有效铁（mg/kg）	5	6.57	2.77	42.21	4.49～10.80
有效锰（mg/kg）	5	5.21	1.57	30.16	3.90～6.99
有效硼（mg/kg）	5	0.57	0.41	72.08	0.31～1.30
有效钼（mg/kg）	5	0.152	0.05	30.29	0.100～0.200
有效硫（mg/kg）	5	16.25	3.87	23.82	10.05～19.24
有效硅（mg/kg）	5	94.66	28.76	30.38	69.10～127.00

耕层质地

	砂土	砂壤土	轻壤土	中壤土	重壤土	黏土
样本数	4	0	0	1	0	0
占比（%）	80.00	0.00	0.00	20.00	0.00	0.00

土壤pH

	≤4.5	（4.5～5.5]	（5.5～6.5]	（6.5～7.5]	（7.5～8.5]	＞8.5
样本数	0	0	0	1	4	0
占比（%）	0.00	0.00	0.00	20.00	80.00	0.00

山地草甸土——山地灌丛草甸土耕地土壤主要理化性状

项目名称	样本数（个）	平均值	标准差	变异系数（%）	范围
有效土层厚（cm）	1	30.0	—	—	—
耕层厚度（cm）	1	25.0	—	—	—
耕层容重（g/cm³）	1	1.33	—	—	—
有机质（g/kg）	1	59.4	—	—	—
全氮（g/kg）	1	1.970	—	—	—
有效磷（mg/kg）	1	13.1	—	—	—
速效钾（mg/kg）	1	347	—	—	—
缓效钾（mg/kg）	1	1 045	—	—	—
有效铜（mg/kg）	1	0.76	—	—	—
有效锌（mg/kg）	1	0.52	—	—	—
有效铁（mg/kg）	1	17.96	—	—	—
有效锰（mg/kg）	1	8.36	—	—	—
有效硼（mg/kg）	1	0.25	—	—	—
有效钼（mg/kg）	0	—	—	—	—
有效硫（mg/kg）	0	—	—	—	—
有效硅（mg/kg）	0	—	—	—	—

耕层质地

砂土		砂壤土		轻壤土		中壤土		重壤土		黏土	
样本数	占比（%）	样本数	占比（%）	样本数	占比（%）	样本数	占比（%）	样本数	占比（%）	样本数	占比（%）
0	0.00	0	0.00	0	0.00	0	0.00	1	100.00	0	0.00

土壤 pH

≤4.5		(4.5～5.5]		(5.5～6.5]		(6.5～7.5]		(7.5～8.5]		>8.5	
样本数	占比（%）	样本数	占比（%）	样本数	占比（%）	样本数	占比（%）	样本数	占比（%）	样本数	占比（%）
0	0.00	0	0.00	0	0.00	1	100.00	0	0.00	0	0.00

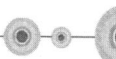

沼泽土—腐泥沼泽土耕地土壤主要理化性状

项目名称	样本数（个）	平均值	标准差	变异系数（%）	范围
有效土层厚（cm）	1	25.0	—	—	—
耕层厚度（cm）	1	17.0	—	—	—
耕层容重（g/cm³）	1	1.02	—	—	—
有机质（g/kg）	1	24.6	—	—	—
全氮（g/kg）	1	1.998	—	—	—
有效磷（mg/kg）	1	60.9	—	—	—
速效钾（mg/kg）	1	82	—	—	—
缓效钾（mg/kg）	1	158	—	—	—
有效铜（mg/kg）	1	2.36	—	—	—
有效锌（mg/kg）	1	1.23	—	—	—
有效铁（mg/kg）	1	65.86	—	—	—
有效锰（mg/kg）	1	25.22	—	—	—
有效硼（mg/kg）	1	0.16	—	—	—
有效钼（mg/kg）	0	—	—	—	—
有效硫（mg/kg）	1	115.51	—	—	—
有效硅（mg/kg）	1	117.11	—	—	—

耕层质地

	砂土		砂壤土		轻壤土		中壤土		重壤土		黏土	
	样本数	占比（%）	样本数	占比（%）	样本数	占比（%）	样本数	占比（%）	样本数	占比（%）	样本数	占比（%）
	0	0.00	0	0.00	0	0.00	1	100.00	0	0.00	0	0.00

土壤 pH

	≤4.5		(4.5~5.5]		(5.5~6.5]		(6.5~7.5]		(7.5~8.5]		>8.5	
	样本数	占比（%）	样本数	占比（%）	样本数	占比（%）	样本数	占比（%）	样本数	占比（%）	样本数	占比（%）
	0	0.00	0	0.00	1	100.00	0	0.00	0	0.00	0	0.00

沼泽土—泥炭沼泽土耕地土壤主要理化性状

项目名称	样本数（个）	平均值	标准差	变异系数（%）	范　围
有效土层厚（cm）	8	86.5	11.44	13.22	75.0～100.0
耕层厚度（cm）	8	22.2	3.82	17.18	15.8～27.0
耕层容重（g/cm³）	8	1.07	0.13	12.16	0.85～1.31
有机质（g/kg）	8	48.1	15.15	31.50	17.0～64.4
全氮（g/kg）	8	2.296	0.56	24.20	1.140～3.150
有效磷（mg/kg）	8	17.2	8.20	47.69	5.6～27.1
速效钾（mg/kg）	7	203	86.68	42.61	94～326
缓效钾（mg/kg）	8	284	208.04	73.29	115～775
有效铜（mg/kg）	3	6.39	5.74	89.84	2.94～13.01
有效锌（mg/kg）	4	1.64	1.83	111.78	0.25～4.25
有效铁（mg/kg）	4	201.57	206.90	102.64	21.00～471.83
有效锰（mg/kg）	3	18.33	0.50	2.75	17.80～18.80
有效硼（mg/kg）	3	0.43	0.12	26.82	0.32～0.55
有效钼（mg/kg）	3	0.133	0.06	43.30	0.100～0.200
有效硫（mg/kg）	3	19.23	9.46	49.17	10.70～29.40
有效硅（mg/kg）	3	169.82	87.38	51.45	107.97～269.78

耕层质地

	砂土	砂壤土	轻壤土	中壤土	重壤土	黏土
样本数	0	0	0	2	2	4
占比（%）	0.00	0.00	0.00	25.00	25.00	50.00

土壤 pH

	≤4.5	(4.5～5.5]	(5.5～6.5]	(6.5～7.5]	(7.5～8.5]	>8.5
样本数	0	2	2	2	2	0
占比（%）	0.00	25.00	25.00	25.00	25.00	0.00

水稻土—潴育水稻土耕地土壤主要理化性状

项目名称	样本数（个）	平均值	标准差	变异系数（%）	范围
有效土层厚（cm）	6 001	73.3	29.44	40.18	11.0~185.0
耕层厚度（cm）	6 001	21.0	4.86	23.16	8.0~40.0
耕层容重（g/cm³）	6 001	1.28	0.16	12.85	0.81~1.80
有机质（g/kg）	5 910	31.0	12.88	41.50	6.8~75.2
全氮（g/kg）	5 852	1.757	0.67	38.15	0.145~3.812
有效磷（mg/kg）	5 928	22.4	25.38	113.18	0.8~203.8
速效钾（mg/kg）	5 874	115	64.24	55.67	27~388
缓效钾（mg/kg）	5 932	322	203.67	63.21	48~1 588
有效铜（mg/kg）	3 413	4.90	4.79	97.87	0.04~33.12
有效锌（mg/kg）	3 415	2.15	1.85	85.89	0.05~17.20
有效铁（mg/kg）	3 391	139.69	112.33	80.41	0.10~479.34
有效锰（mg/kg）	3 384	28.76	25.53	88.76	0.20~173.20
有效硼（mg/kg）	3 299	0.44	0.34	78.56	0.07~3.20
有效钼（mg/kg）	2 173	0.466	0.61	130.44	0.020~2.510
有效硫（mg/kg）	3 227	59.16	63.34	107.06	4.00~400.37
有效硅（mg/kg）	2 959	188.05	103.99	55.30	25.24~496.30

耕层质地

	砂土	砂壤土	轻壤土	中壤土	重壤土	黏土
样本数	60	981	608	1 857	1 626	869
占比（%）	1.00	16.35	10.13	30.94	27.10	14.48

土壤 pH

	≤4.5	(4.5~5.5]	(5.5~6.5]	(6.5~7.5]	(7.5~8.5]	>8.5
样本数	85	1 573	1 939	1 376	1 017	11
占比（%）	1.42	26.21	32.31	22.93	16.95	0.18

水稻土—淹育水稻土耕地土壤主要理化性状

项目名称	样本数（个）	平均值	标准差	变异系数（%）	范围
有效土层厚（cm）	2 163	66.9	25.83	38.63	10.0～185.0
耕层厚度（cm）	2 164	21.9	5.45	24.89	8.0～40.0
耕层容重（g/cm³）	2 164	1.29	0.16	12.29	0.82～1.80
有机质（g/kg）	2 143	28.1	12.29	43.77	6.9～75.1
全氮（g/kg）	2 138	1.596	0.62	38.91	0.144～3.760
有效磷（mg/kg）	2 133	21.3	26.43	123.87	0.8～198.0
速效钾（mg/kg）	2 121	119	65.66	55.31	27～374
缓效钾（mg/kg）	2 138	367	228.63	62.36	48～1 585
有效铜（mg/kg）	1 024	4.77	5.11	107.12	0.04～31.25
有效锌（mg/kg）	1 031	1.91	1.53	80.14	0.06～14.04
有效铁（mg/kg）	1 026	123.31	109.29	88.64	0.10～475.47
有效锰（mg/kg）	1 012	30.14	24.87	82.52	0.30～170.20
有效硼（mg/kg）	991	0.44	0.34	77.46	0.07～3.20
有效钼（mg/kg）	581	0.479	0.62	128.70	0.020～2.470
有效硫（mg/kg）	923	52.14	58.48	112.15	4.10～403.40
有效硅（mg/kg）	818	180.82	102.18	56.51	25.16～493.77

耕层质地

砂土		砂壤土		轻壤土		中壤土		重壤土		黏土	
样本数	占比（%）	样本数	占比（%）	样本数	占比（%）	样本数	占比（%）	样本数	占比（%）	样本数	占比（%）
55	2.54	405	18.72	429	19.82	618	28.56	299	13.82	358	16.54

土壤 pH

≤4.5		(4.5～5.5]		(5.5～6.5]		(6.5～7.5]		(7.5～8.5]		>8.5	
样本数	占比（%）	样本数	占比（%）	样本数	占比（%）	样本数	占比（%）	样本数	占比（%）	样本数	占比（%）
24	1.11	629	29.07	682	31.52	398	18.39	428	19.78	3	0.14

水稻土—渗育水稻土耕地土壤主要理化性状

项目名称	样本数（个）	平均值	标准差	变异系数（%）	范 围
有效土层厚（cm）	3 807	69.4	27.60	39.78	16.0～185.0
耕层厚度（cm）	3 806	22.1	4.38	19.80	10.0～40.0
耕层容重（g/cm³）	3 805	1.29	0.16	12.17	0.80～1.80
有机质（g/kg）	3 751	28.0	12.34	44.13	6.7～74.9
全氮（g/kg）	3 748	1.577	0.62	39.10	0.145～3.731
有效磷（mg/kg）	3 754	18.9	24.42	128.95	0.8～202.0
速效钾（mg/kg）	3 756	119	62.55	52.67	27～384
缓效钾（mg/kg）	3 790	380	208.50	54.91	50～1 453
有效铜（mg/kg）	789	3.46	2.58	74.59	0.04～19.87
有效锌（mg/kg）	780	2.35	2.62	111.39	0.06～20.93
有效铁（mg/kg）	778	115.90	96.50	83.26	0.10～456.00
有效锰（mg/kg）	768	25.54	25.10	98.31	0.20～172.90
有效硼（mg/kg）	715	0.46	0.38	82.72	0.07～3.20
有效钼（mg/kg）	521	0.224	0.31	139.83	0.020～2.340
有效硫（mg/kg）	686	47.75	49.58	103.84	4.23～379.86
有效硅（mg/kg）	515	154.68	82.12	53.09	28.85～485.68

耕层质地

	砂土		砂壤土		轻壤土		中壤土		重壤土		黏土	
样本数	占比（%）	样本数	占比（%）	样本数	占比（%）	样本数	占比（%）	样本数	占比（%）	样本数	占比（%）	
36	0.95	533	14.00	518	13.61	1 651	43.37	740	19.44	329	8.64	

土壤 pH

	≤4.5		(4.5～5.5]		(5.5～6.5]		(6.5～7.5]		(7.5～8.5]		>8.5	
样本数	占比（%）	样本数	占比（%）	样本数	占比（%）	样本数	占比（%）	样本数	占比（%）	样本数	占比（%）	
68	1.79	902	23.69	1 042	27.37	724	19.02	1 046	27.48	25	0.66	

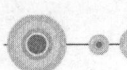

水稻土—潜育水稻土耕地土壤主要理化性状

项目名称	样本数（个）	平均值	标准差	变异系数（%）	范　围
有效土层厚（cm）	621	72.5	35.67	49.22	10.0~180.0
耕层厚度（cm）	621	21.2	4.84	22.76	10.0~40.0
耕层容重（g/cm³）	620	1.23	0.19	15.39	0.80~1.71
有机质（g/kg）	604	33.8	13.17	39.00	7.4~74.7
全氮（g/kg）	602	1.999	0.70	34.78	0.229~3.768
有效磷（mg/kg）	614	18.2	21.81	120.17	0.9~201.0
速效钾（mg/kg）	607	116	63.78	55.02	28~389
缓效钾（mg/kg）	612	319	223.73	70.04	48~1 576
有效铜（mg/kg）	395	3.79	3.32	87.49	0.05~27.47
有效锌（mg/kg）	397	2.04	1.73	84.64	0.05~12.89
有效铁（mg/kg）	387	126.55	101.46	80.18	0.10~467.51
有效锰（mg/kg）	390	29.24	25.68	87.84	0.20~172.80
有效硼（mg/kg）	386	0.41	0.28	69.87	0.07~2.12
有效钼（mg/kg）	263	0.299	0.41	138.16	0.020~2.330
有效硫（mg/kg）	380	50.32	44.91	89.25	4.07~293.52
有效硅（mg/kg）	347	162.62	74.35	45.72	25.87~477.89

耕层质地

	砂土	砂壤土	轻壤土	中壤土	重壤土	黏土
样本数	5	65	61	148	203	139
占比（%）	0.81	10.47	9.82	23.83	32.69	22.38

土壤 pH

	≤4.5	(4.5~5.5]	(5.5~6.5]	(6.5~7.5]	(7.5~8.5]	>8.5
样本数	2	163	213	113	129	1
占比（%）	0.32	26.25	34.30	18.20	20.77	0.16

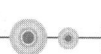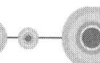

水稻土—脱潜水稻土耕地土壤主要理化性状

项目名称	样本数（个）	平均值	标准差	变异系数（%）	范　围
有效土层厚（cm）	49	80.1	22.68	28.31	43.0~128.0
耕层厚度（cm）	49	21.5	3.46	16.08	16.0~30.0
耕层容重（g/cm³）	49	1.21	0.17	13.70	0.90~1.61
有机质（g/kg）	46	37.5	12.62	33.70	12.3~74.8
全氮（g/kg）	46	2.174	0.64	29.41	0.860~3.540
有效磷（mg/kg）	49	19.5	13.77	70.76	2.5~68.7
速效钾（mg/kg）	46	130	61.58	47.51	29~251
缓效钾（mg/kg）	48	386	262.61	68.06	91~1 203
有效铜（mg/kg）	12	4.12	2.56	62.15	0.19~8.73
有效锌（mg/kg）	11	1.58	0.98	61.87	0.33~3.18
有效铁（mg/kg）	12	90.56	86.31	95.31	7.10~244.52
有效锰（mg/kg）	10	33.63	21.91	65.14	7.43~83.40
有效硼（mg/kg）	10	0.39	0.12	31.54	0.24~0.62
有效钼（mg/kg）	7	0.290	0.22	74.73	0.050~0.670
有效硫（mg/kg）	10	48.36	34.77	71.91	6.00~120.70
有效硅（mg/kg）	4	188.51	191.44	101.55	75.06~474.56

耕层质地

	砂土	砂壤土	轻壤土	中壤土	重壤土	黏土
样本数	0	15	2	19	8	5
占比（%）	0.00	30.61	4.08	38.78	16.33	10.20

土壤 pH

	≤4.5	(4.5~5.5]	(5.5~6.5]	(6.5~7.5]	(7.5~8.5]	>8.5
样本数	1	6	21	16	5	0
占比（%）	2.04	12.24	42.86	32.65	10.20	0.00

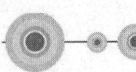
水稻土—漂洗水稻土耕地土壤主要理化性状

项目名称	样本数（个）	平均值	标准差	变异系数（%）	范　围
有效土层厚（cm）	151	61.0	26.68	43.73	10.0～150.0
耕层厚度（cm）	150	20.6	4.93	23.92	10.0～40.0
耕层容重（g/cm³）	151	1.25	0.19	15.43	0.85～1.70
有机质（g/kg）	147	33.4	13.93	41.77	7.5～71.4
全氮（g/kg）	145	1.879	0.71	38.00	0.700～3.760
有效磷（mg/kg）	149	26.9	40.61	151.19	0.9～200.2
速效钾（mg/kg）	148	122	66.09	54.18	29～345
缓效钾（mg/kg）	148	255	179.09	70.33	52～1 240
有效铜（mg/kg）	60	3.62	2.79	77.10	0.04～16.65
有效锌（mg/kg）	60	2.00	1.47	73.42	0.05～6.85
有效铁（mg/kg）	58	109.42	101.10	92.39	0.10～357.63
有效锰（mg/kg）	56	23.04	16.23	70.45	0.30～79.50
有效硼（mg/kg）	54	0.45	0.31	67.83	0.09～1.90
有效钼（mg/kg）	25	0.262	0.39	147.21	0.040～1.802
有效硫（mg/kg）	55	70.34	67.67	96.21	13.70～380.41
有效硅（mg/kg）	34	154.84	66.45	42.91	29.87～287.19

耕层质地

	砂土		砂壤土		轻壤土		中壤土		重壤土		黏土	
	样本数	占比（%）	样本数	占比（%）	样本数	占比（%）	样本数	占比（%）	样本数	占比（%）	样本数	占比（%）
	0	0.00	7	4.64	14	9.27	45	29.80	43	28.48	42	27.81

土壤 pH

	≤4.5		(4.5～5.5]		(5.5～6.5]		(6.5～7.5]		(7.5～8.5]		>8.5	
	样本数	占比（%）	样本数	占比（%）	样本数	占比（%）	样本数	占比（%）	样本数	占比（%）	样本数	占比（%）
	10	6.62	64	42.38	42	27.81	19	12.58	16	10.60	0	0.00

水稻土—盐渍水稻土耕地土壤主要理化性状

项目名称	样本数（个）	平均值	标准差	变异系数（%）	范　围
有效土层厚（cm）	2	50.0	14.14	28.28	40.0~60.0
耕层厚度（cm）	2	25.0	7.07	28.28	20.0~30.0
耕层容重（g/cm³）	2	1.06	0.14	13.63	0.96~1.16
有机质（g/kg）	2	35.0	24.96	71.22	17.4~52.7
全氮（g/kg）	2	1.950	1.41	72.52	0.950~2.950
有效磷（mg/kg）	2	8.0	1.98	24.75	6.6~9.4
速效钾（mg/kg）	2	83	53.03	64.28	45~120
缓效钾（mg/kg）	2	151	27.58	18.32	131~170
有效铜（mg/kg）	1	2.92	—	—	—
有效锌（mg/kg）	1	2.98	—	—	—
有效铁（mg/kg）	0	—	—	—	—
有效锰（mg/kg）	1	10.90	—	—	—
有效硼（mg/kg）	1	0.29	—	—	—
有效钼（mg/kg）	1	0.170	—	—	—
有效硫（mg/kg）	1	35.98	—	—	—
有效硅（mg/kg）	1	224.89	—	—	—

耕层质地

	砂土	砂壤土	轻壤土	中壤土	重壤土	黏土
样本数	0	0	1	1	0	0
占比（%）	0.00	0.00	50.00	50.00	0.00	0.00

土壤 pH

	≤4.5	(4.5~5.5]	(5.5~6.5]	(6.5~7.5]	(7.5~8.5]	>8.5
样本数	0	1	1	0	0	0
占比（%）	0.00	50.00	50.00	0.00	0.00	0.00

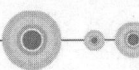

寒冻土—寒冻土耕地土壤主要理化性状

项目名称	样本数（个）	平均值	标准差	变异系数（%）	范围
有效土层厚（cm）	4	42.0	0.00	0.00	42.0～42.0
耕层厚度（cm）	4	15.0	0.00	0.00	15.0～15.0
耕层容重（g/cm³）	4	1.51	0.00	0.00	1.51～1.51
有机质（g/kg）	4	34.5	12.09	35.06	18.1～43.7
全氮（g/kg）	4	1.758	0.50	28.69	1.010～2.080
有效磷（mg/kg）	4	40.2	21.54	53.64	19.6～67.2
速效钾（mg/kg）	4	148	123.33	83.47	72～332
缓效钾（mg/kg）	4	105	22.07	21.07	82～135
有效铜（mg/kg）	4	12.51	11.08	88.59	1.91～26.15
有效锌（mg/kg）	4	1.66	0.75	45.38	0.75～2.55
有效铁（mg/kg）	4	244.05	159.58	65.39	89.01～460.14
有效锰（mg/kg）	4	48.98	49.57	101.22	10.60～117.10
有效硼（mg/kg）	4	0.25	0.08	31.16	0.16～0.35
有效钼（mg/kg）	4	1.658	0.72	43.45	0.750～2.280
有效硫（mg/kg）	4	24.40	8.40	34.41	17.10～36.50
有效硅（mg/kg）	4	304.95	134.36	44.06	104.62～391.38

耕层质地

	砂土		砂壤土		轻壤土		中壤土		重壤土		黏土	
	样本数	占比（%）	样本数	占比（%）	样本数	占比（%）	样本数	占比（%）	样本数	占比（%）	样本数	占比（%）
	0	0.00	0	0.00	0	0.00	0	0.00	0	0.00	4	100.00

土壤 pH

	≤4.5		(4.5～5.5]		(5.5～6.5]		(6.5～7.5]		(7.5～8.5]		>8.5	
	样本数	占比（%）	样本数	占比（%）	样本数	占比（%）	样本数	占比（%）	样本数	占比（%）	样本数	占比（%）
	0	0.00	1	25.00	3	75.00	0	0.00	0	0.00	0	0.00

三、土 属

□□□□□□□□□ □□□□□□□□

赤红壤—典型赤红壤—红泥质赤红壤耕地土壤主要理化性状

项目名称	样本数（个）	平均值	标准差	变异系数（%）	范围
有效土层厚（cm）	7	61.4	36.25	59.02	30.0~100.0
耕层厚度（cm）	7	18.4	2.30	12.48	16.0~22.0
耕层容重（g/cm³）	7	1.25	0.09	7.47	1.14~1.42
有机质（g/kg）	7	33.4	13.57	40.60	18.2~53.3
全氮（g/kg）	7	2.024	0.46	22.88	1.580~2.720
有效磷（mg/kg）	7	25.7	26.97	104.99	4.5~80.7
速效钾（mg/kg）	7	90	66.56	73.95	43~237
缓效钾（mg/kg）	7	113	42.22	37.51	60~188
有效铜（mg/kg）	7	3.10	1.67	53.71	1.63~6.32
有效锌（mg/kg）	6	7.05	5.31	75.26	1.46~15.37
有效铁（mg/kg）	7	67.46	110.04	163.12	3.15~313.75
有效锰（mg/kg）	7	80.31	49.41	61.53	30.45~158.98
有效硼（mg/kg）	6	0.22	0.09	43.61	0.13~0.33
有效钼（mg/kg）	7	0.281	0.36	128.75	0.030~0.990
有效硫（mg/kg）	7	29.32	30.21	103.06	7.34~91.82
有效硅（mg/kg）	5	67.66	62.65	92.60	26.57~172.06

耕层质地

	砂土		砂壤土		轻壤土		中壤土		重壤土		黏土	
	样本数	占比（%）	样本数	占比（%）	样本数	占比（%）	样本数	占比（%）	样本数	占比（%）	样本数	占比（%）
	0	0.00	1	14.29	0	0.00	2	28.57	3	42.86	2	28.57

土壤pH

	≤4.5		(4.5~5.5]		(5.5~6.5]		(6.5~7.5]		(7.5~8.5]		>8.5	
	样本数	占比（%）	样本数	占比（%）	样本数	占比（%）	样本数	占比（%）	样本数	占比（%）	样本数	占比（%）
	0	0.00	1	14.29	0	0.00	3	42.86	2	28.57	0	0.00

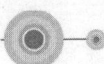
赤红壤—典型赤红壤—暗泥质赤红壤耕地土壤主要理化性状

项目名称	样本数（个）	平均值	标准差	变异系数（%）	范 围
有效土层厚（cm）	3	85.0	51.96	61.13	55.0~145.0
耕层厚度（cm）	3	21.3	2.31	10.83	20.0~24.0
耕层容重（g/cm³）	3	1.53	0.10	6.43	1.47~1.64
有机质（g/kg）	3	15.1	4.54	30.09	11.9~20.3
全氮（g/kg）	3	0.667	0.46	68.25	0.210~1.120
有效磷（mg/kg）	3	14.9	15.81	106.33	5.0~33.1
速效钾（mg/kg）	3	183	132.30	72.43	41~303
缓效钾（mg/kg）	3	224	172.05	76.70	124~423
有效铜（mg/kg）	3	5.80	1.95	33.62	4.17~7.96
有效锌（mg/kg）	3	1.68	0.68	40.55	0.95~2.30
有效铁（mg/kg）	3	233.11	191.41	82.11	16.40~379.09
有效锰（mg/kg）	3	58.17	37.98	65.30	15.60~88.60
有效硼（mg/kg）	3	0.40	0.35	85.61	0.17~0.80
有效钼（mg/kg）	3	0.617	0.52	83.73	0.060~1.080
有效硫（mg/kg）	3	133.95	97.30	72.64	28.29~219.85
有效硅（mg/kg）	2	255.29	51.15	20.04	219.12~291.46

耕层质地

	砂土		砂壤土		轻壤土		中壤土		重壤土		黏土	
	样本数	占比（%）	样本数	占比（%）	样本数	占比（%）	样本数	占比（%）	样本数	占比（%）	样本数	占比（%）
	0	0.00	1	33.33	1	33.33	1	33.33	0	0.00	2	66.67

土壤 pH

	≤4.5		(4.5~5.5]		(5.5~6.5]		(6.5~7.5]		(7.5~8.5]		>8.5	
	样本数	占比（%）	样本数	占比（%）	样本数	占比（%）	样本数	占比（%）	样本数	占比（%）	样本数	占比（%）
	0	0.00	1	33.33	1	33.33	0	0.00	1	33.33	0	0.00

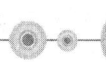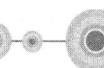

赤红壤—典型赤红壤—麻砂质赤红壤耕地土壤主要理化性状

项目名称	样本数（个）	平均值	标准差	变异系数（%）	范　围
有效土层厚（cm）	4	90.0	0.00	0.00	90.0～90.0
耕层厚度（cm）	4	21.0	0.00	0.00	21.0～21.0
耕层容重（g/cm³）	4	1.47	0.00	0.00	1.47～1.47
有机质（g/kg）	4	22.5	8.29	36.87	14.0～32.1
全氮（g/kg）	4	1.514	0.49	32.08	0.840～1.900
有效磷（mg/kg）	4	9.4	3.93	41.92	5.3～13.4
速效钾（mg/kg）	4	138	145.50	105.25	28～346
缓效钾（mg/kg）	4	161	95.71	59.63	61～283
有效铜（mg/kg）	4	12.20	5.61	45.98	3.81～15.56
有效锌（mg/kg）	4	2.32	1.59	68.74	0.35～4.00
有效铁（mg/kg）	4	312.11	103.13	33.04	190.74～416.07
有效锰（mg/kg）	4	43.47	20.39	46.90	13.20～56.48
有效硼（mg/kg）	4	0.38	0.11	27.62	0.29～0.52
有效钼（mg/kg）	4	1.127	0.70	62.49	0.330～1.980
有效硫（mg/kg）	4	226.33	116.09	51.29	83.30～343.82
有效硅（mg/kg）	4	345.87	175.12	50.63	106.31～482.94

耕层质地

	砂土		砂壤土		轻壤土		中壤土		重壤土		黏土	
	样本数	占比（%）	样本数	占比（%）	样本数	占比（%）	样本数	占比（%）	样本数	占比（%）	样本数	占比（%）
	0	0.00	1	25.00	4	100.00	0	0.00	0	0.00	0	0.00

土壤 pH

	≤4.5		(4.5～5.5]		(5.5～6.5]		(6.5～7.5]		(7.5～8.5]		>8.5	
	样本数	占比（%）	样本数	占比（%）	样本数	占比（%）	样本数	占比（%）	样本数	占比（%）	样本数	占比（%）
	0	0.00	1	25.00	2	50.00	1	25.00	0	0.00	0	0.00

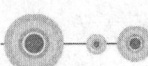

赤红壤—典型赤红壤—硅质赤红壤耕地土壤主要理化性状

项目名称	样本数（个）	平均值	标准差	变异系数（%）	范　　围
有效土层厚（cm）	6	88.3	28.58	32.35	30.0~100.0
耕层厚度（cm）	6	13.2	2.14	16.23	11.0~16.0
耕层容重（g/cm³）	6	1.40	0.09	6.31	1.30~1.50
有机质（g/kg）	6	12.8	2.98	23.26	9.9~16.5
全氮（g/kg）	6	0.825	0.44	53.56	0.280~1.370
有效磷（mg/kg）	6	51.7	22.29	43.12	17.9~80.7
速效钾（mg/kg）	4	38	6.76	18.02	30~46
缓效钾（mg/kg）	4	102	86.73	85.03	54~232
有效铜（mg/kg）	6	2.00	1.51	75.46	0.72~4.16
有效锌（mg/kg）	6	1.08	0.59	54.76	0.45~1.94
有效铁（mg/kg）	6	50.22	47.41	94.41	10.80~143.00
有效锰（mg/kg）	6	22.02	21.44	97.36	3.90~52.20
有效硼（mg/kg）	6	0.36	0.19	53.83	0.12~0.68
有效钼（mg/kg）	6	0.268	0.13	47.57	0.100~0.470
有效硫（mg/kg）	6	39.51	32.81	83.04	8.16~97.62
有效硅（mg/kg）	6	82.36	17.89	21.72	52.82~108.55

耕层质地

砂土		砂壤土		轻壤土		中壤土		重壤土		黏土	
样本数	占比（%）	样本数	占比（%）	样本数	占比（%）	样本数	占比（%）	样本数	占比（%）	样本数	占比（%）
0	0.00	1	16.67	2	33.33	3	50.00	0	0.00	0	0.00

土壤 pH

≤4.5		(4.5~5.5]		(5.5~6.5]		(6.5~7.5]		(7.5~8.5]		>8.5	
样本数	占比（%）	样本数	占比（%）	样本数	占比（%）	样本数	占比（%）	样本数	占比（%）	样本数	占比（%）
1	16.67	2	33.33	2	33.33	1	16.67	0	0.00	0	0.00

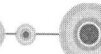

赤红壤—典型赤红壤—泥质赤红壤耕地土壤主要理化性状

项目名称	样本数（个）	平均值	标准差	变异系数（%）	范围
有效土层厚（cm）	21	100.0	0.00	0.00	100.0~100.0
耕层厚度（cm）	21	13.0	0.00	0.00	13.0~13.0
耕层容重（g/cm³）	21	1.47	0.00	0.00	1.47~1.47
有机质（g/kg）	21	22.8	11.65	51.14	7.3~62.8
全氮（g/kg）	21	1.365	0.49	35.97	0.780~3.150
有效磷（mg/kg）	21	21.1	17.19	81.50	6.3~71.8
速效钾（mg/kg）	21	103	69.96	68.04	28~258
缓效钾（mg/kg）	21	282	293.39	104.09	61~1 295
有效铜（mg/kg）	21	11.85	6.69	56.43	4.21~30.32
有效锌（mg/kg）	21	1.94	2.60	133.89	0.10~9.73
有效铁（mg/kg）	21	275.46	113.24	41.11	27.72~467.94
有效锰（mg/kg）	21	39.97	31.65	79.19	4.60~120.20
有效硼（mg/kg）	21	0.28	0.14	48.99	0.10~0.59
有效钼（mg/kg）	21	1.148	0.63	55.24	0.110~2.400
有效硫（mg/kg）	20	144.97	134.14	92.52	8.78~364.02
有效硅（mg/kg）	20	316.26	125.25	39.60	146.78~488.52

耕层质地

	砂土	砂壤土	轻壤土	中壤土	重壤土	黏土
样本数	0	10	0	0	0	11
占比（%）	0.00	47.62	0.00	0.00	0.00	52.38

土壤 pH

	≤4.5	(4.5~5.5]	(5.5~6.5]	(6.5~7.5]	(7.5~8.5]	>8.5
样本数	0	5	10	6	0	0
占比（%）	0.00	23.81	47.62	28.57	0.00	0.00

赤红壤—典型赤红壤—紫土质赤红壤耕地土壤主要理化性状

项目名称	样本数（个）	平均值	标准差	变异系数（%）	范围
有效土层厚（cm）	7	67.9	21.96	32.36	55.0~100.0
耕层厚度（cm）	7	17.0	0.00	0.00	17.0~17.0
耕层容重（g/cm³）	7	1.47	0.00	0.00	1.47~1.47
有机质（g/kg）	7	22.2	9.21	41.39	9.3~32.3
全氮（g/kg）	7	1.068	0.39	36.15	0.660~1.690
有效磷（mg/kg）	7	13.6	4.70	34.46	9.8~23.3
速效钾（mg/kg）	6	97	120.20	123.70	32~341
缓效钾（mg/kg）	7	140	56.06	40.11	97~261
有效铜（mg/kg）	6	12.60	7.47	59.31	3.22~20.27
有效锌（mg/kg）	7	0.84	0.65	77.76	0.13~1.75
有效铁（mg/kg）	7	226.18	137.40	60.75	64.57~437.91
有效锰（mg/kg）	7	46.87	33.15	70.73	6.30~99.40
有效硼（mg/kg）	7	0.54	0.40	72.78	0.22~1.34
有效钼（mg/kg）	7	1.147	0.52	45.58	0.580~1.880
有效硫（mg/kg）	6	249.07	96.96	38.93	81.00~370.79
有效硅（mg/kg）	7	252.97	99.24	39.23	129.07~432.03

耕层质地

砂土		砂壤土		轻壤土		中壤土		重壤土		黏土	
样本数	占比（%）	样本数	占比（%）	样本数	占比（%）	样本数	占比（%）	样本数	占比（%）	样本数	占比（%）
0	0.00	7	100.00	0	0.00	0	0.00	0	0.00	0	0.00

土壤pH

≤4.5		(4.5~5.5]		(5.5~6.5]		(6.5~7.5]		(7.5~8.5]		>8.5	
样本数	占比（%）	样本数	占比（%）	样本数	占比（%）	样本数	占比（%）	样本数	占比（%）	样本数	占比（%）
0	0.00	3	42.86	2	28.57	2	28.57	0	0.00	0	0.00

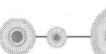

赤红壤—典型赤红壤—灰泥质赤红壤耕地土壤主要理化性状

项目名称	样本数（个）	平均值	标准差	变异系数（%）	范围
有效土层厚（cm）	2	77.5	31.82	41.06	55.0～100.0
耕层厚度（cm）	2	17.0	0.00	0.00	17.0～17.0
耕层容重（g/cm³）	2	1.47	0.00	0.00	1.47～1.47
有机质（g/kg）	2	35.0	20.08	57.38	20.8～49.2
全氮（g/kg）	2	2.260	1.27	56.32	1.360～3.160
有效磷（mg/kg）	2	13.4	10.89	81.26	5.7～21.1
速效钾（mg/kg）	2	146	125.16	86.02	57～234
缓效钾（mg/kg）	2	176	165.46	94.01	59～293
有效铜（mg/kg）	1	7.50	—	—	—
有效锌（mg/kg）	2	1.63	0.12	7.40	1.54～1.71
有效铁（mg/kg）	2	156.18	188.83	120.90	22.66～289.70
有效锰（mg/kg）	2	16.50	6.36	38.57	12.00～21.00
有效硼（mg/kg）	2	0.31	0.11	36.50	0.23～0.39
有效钼（mg/kg）	2	1.600	0.27	16.79	1.410～1.790
有效硫（mg/kg）	2	24.50	11.03	45.02	16.70～32.30
有效硅（mg/kg）	2	97.53	32.24	33.06	74.73～120.32

耕层质地

	砂土		砂壤土		轻壤土		中壤土		重壤土		黏土	
	样本数	占比（%）	样本数	占比（%）	样本数	占比（%）	样本数	占比（%）	样本数	占比（%）	样本数	占比（%）
	0	0.00	0	0.00	0	0.00	0	0.00	0	0.00	2	100.00

土壤 pH

≤4.5		(4.5～5.5]		(5.5～6.5]		(6.5～7.5]		(7.5～8.5]		>8.5	
样本数	占比（%）	样本数	占比（%）	样本数	占比（%）	样本数	占比（%）	样本数	占比（%）	样本数	占比（%）
0	0.00	2	100.00	0	0.00	0	0.00	0	0.00	0	0.00

赤红壤—黄色赤红壤—麻砂质黄色赤红壤耕地土壤主要理化性状

项目名称	样本数（个）	平均值	标准差	变异系数（%）	范　围
有效土层厚（cm）	2	80.0	0.00	0.00	80.0~80.0
耕层厚度（cm）	2	11.0	0.00	0.00	11.0~11.0
耕层容重（g/cm³）	2	1.47	0.00	0.00	1.47~1.47
有机质（g/kg）	2	28.4	11.74	41.33	20.1~36.7
全氮（g/kg）	2	1.280	0.38	29.83	1.010~1.550
有效磷（mg/kg）	2	26.2	17.39	66.39	13.9~38.5
速效钾（mg/kg）	2	85	43.84	51.58	54~116
缓效钾（mg/kg）	2	352	171.83	48.88	230~473
有效铜（mg/kg）	2	10.58	1.22	11.50	9.72~11.44
有效锌（mg/kg）	2	1.44	1.30	90.35	0.52~2.36
有效铁（mg/kg）	2	266.16	49.91	18.75	230.86~301.45
有效锰（mg/kg）	2	40.85	27.22	66.64	21.60~60.10
有效硼（mg/kg）	2	0.19	0.07	37.22	0.14~0.24
有效钼（mg/kg）	2	0.820	0.75	91.41	0.290~1.350
有效硫（mg/kg）	2	240.78	112.79	46.84	161.02~320.53
有效硅（mg/kg）	2	368.41	103.79	28.17	295.02~441.80

耕层质地

	砂土		砂壤土		轻壤土		中壤土		重壤土		黏土	
	样本数	占比（%）	样本数	占比（%）	样本数	占比（%）	样本数	占比（%）	样本数	占比（%）	样本数	占比（%）
	0	0.00	0	0.00	2	100.00	0	0.00	0	0.00	0	0.00

土壤 pH

	≤4.5		(4.5~5.5]		(5.5~6.5]		(6.5~7.5]		(7.5~8.5]		>8.5	
	样本数	占比（%）	样本数	占比（%）	样本数	占比（%）	样本数	占比（%）	样本数	占比（%）	样本数	占比（%）
	0	0.00	1	50.00	1	50.00	0	0.00	0	0.00	0	0.00

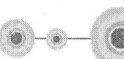

赤红壤—黄色赤红壤—泥质黄色赤红壤耕地土壤主要理化性状

项目名称	样本数（个）	平均值	标准差	变异系数（%）	范　围
有效土层厚（cm）	12	31.0	0.00	0.00	31.0~31.0
耕层厚度（cm）	12	15.0	0.00	0.00	15.0~15.0
耕层容重（g/cm³）	12	1.47	0.00	0.00	1.47~1.47
有机质（g/kg）	12	23.3	10.58	45.44	11.2~43.4
全氮（g/kg）	12	1.438	0.44	30.28	0.890~2.350
有效磷（mg/kg）	12	14.8	7.91	53.38	5.8~27.2
速效钾（mg/kg）	12	89	59.19	66.76	34~250
缓效钾（mg/kg）	12	122	62.59	51.50	50~269
有效铜（mg/kg）	12	9.88	3.59	36.31	3.20~15.85
有效锌（mg/kg）	12	1.58	0.64	40.94	0.62~3.00
有效铁（mg/kg）	12	234.25	157.63	67.29	49.84~474.15
有效锰（mg/kg）	12	60.36	47.28	78.33	11.50~159.30
有效硼（mg/kg）	12	0.30	0.16	55.08	0.14~0.73
有效钼（mg/kg）	12	1.041	0.78	74.87	0.130~2.100
有效硫（mg/kg）	12	165.24	133.70	80.91	15.30~356.42
有效硅（mg/kg）	12	329.12	116.76	35.48	80.45~495.50

耕层质地

	砂土	砂壤土	轻壤土	中壤土	重壤土	黏土
样本数	0	0	0	0	0	12
占比（%）	0.00	0.00	0.00	0.00	0.00	100.00

土壤 pH

	≤4.5	(4.5~5.5]	(5.5~6.5]	(6.5~7.5]	(7.5~8.5]	>8.5
样本数	0	4	6	2	0	0
占比（%）	0.00	33.33	50.00	16.67	0.00	0.00

赤红壤—赤红壤性土—砂泥质赤红壤性土耕地土壤主要理化性状

项目名称	样本数（个）	平均值	标准差	变异系数（%）	范围
有效土层厚（cm）	2	23.0	0.00	0.00	23.0～23.0
耕层厚度（cm）	2	13.0	0.00	0.00	13.0～13.0
耕层容重（g/cm³）	2	1.47	0.00	0.00	1.47～1.47
有机质（g/kg）	2	41.5	11.95	28.83	33.0～49.9
全氮（g/kg）	2	2.125	0.49	22.96	1.780～2.470
有效磷（mg/kg）	2	27.5	4.24	15.43	24.5～30.5
速效钾（mg/kg）	2	247	135.06	54.79	151～342
缓效钾（mg/kg）	2	145	64.14	44.13	100～191
有效铜（mg/kg）	2	7.39	4.16	56.40	4.44～10.33
有效锌（mg/kg）	2	1.66	0.37	22.64	1.39～1.92
有效铁（mg/kg）	2	201.13	204.81	101.83	56.30～345.95
有效锰（mg/kg）	2	9.10	0.42	4.66	8.80～9.40
有效硼（mg/kg）	2	0.37	0.21	57.33	0.22～0.52
有效钼（mg/kg）	2	0.595	0.47	79.62	0.260～0.930
有效硫（mg/kg）	2	126.61	139.17	109.92	28.20～225.01
有效硅（mg/kg）	2	293.39	243.67	83.05	121.09～465.69

耕层质地

	砂土		砂壤土		轻壤土		中壤土		重壤土		黏土	
	样本数	占比（%）	样本数	占比（%）	样本数	占比（%）	样本数	占比（%）	样本数	占比（%）	样本数	占比（%）
	0	0.00	0	0.00	0	0.00	0	0.00	0	0.00	2	100.00

土壤 pH

	≤4.5		(4.5～5.5]		(5.5～6.5]		(6.5～7.5]		(7.5～8.5]		>8.5	
	样本数	占比（%）	样本数	占比（%）	样本数	占比（%）	样本数	占比（%）	样本数	占比（%）	样本数	占比（%）
	0	0.00	0	0.00	0	0.00	2	100.00	0	0.00	0	0.00

红壤—典型红壤—红泥质红壤耕地土壤主要理化性状

项目名称	样本数（个）	平均值	标准差	变异系数（%）	范围
有效土层厚（cm）	168	96.8	12.33	12.74	20.0~106.0
耕层厚度（cm）	168	18.0	1.75	9.72	14.0~24.0
耕层容重（g/cm³）	168	1.12	0.08	7.14	0.97~1.60
有机质（g/kg）	163	34.2	15.39	44.96	10.1~74.8
全氮（g/kg）	161	1.727	0.70	40.69	0.485~3.777
有效磷（mg/kg）	168	25.7	22.84	88.74	1.7~123.0
速效钾（mg/kg）	167	155	84.34	54.36	32~355
缓效钾（mg/kg）	167	266	155.28	58.35	48~977
有效铜（mg/kg）	165	10.61	8.37	78.89	0.23~33.10
有效锌（mg/kg）	166	2.06	1.51	73.28	0.28~11.15
有效铁（mg/kg）	165	239.55	145.34	60.67	5.54~473.93
有效锰（mg/kg）	167	32.30	30.32	93.87	1.60~169.10
有效硼（mg/kg）	166	0.37	0.26	70.56	0.09~1.50
有效钼（mg/kg）	166	1.022	0.78	76.22	0.030~2.490
有效硫（mg/kg）	162	55.69	62.42	112.09	4.00~390.54
有效硅（mg/kg）	164	260.26	131.26	50.44	36.92~493.54

耕层质地

	砂土	砂壤土	轻壤土	中壤土	重壤土	黏土
样本数	0	1	6	6	8	147
占比（%）	0.00	0.60	3.57	3.57	4.76	87.50

土壤 pH

	≤4.5	(4.5~5.5]	(5.5~6.5]	(6.5~7.5]	(7.5~8.5]	>8.5
样本数	1	37	53	41	36	0
占比（%）	0.60	22.02	31.55	24.40	21.43	0.00

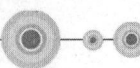

红壤—典型红壤—暗泥质红壤耕地土壤主要理化性状

项目名称	样本数（个）	平均值	标准差	变异系数（%）	范围
有效土层厚（cm）	64	78.4	13.59	17.33	70.0~100.0
耕层厚度（cm）	64	19.3	0.45	2.35	19.0~20.0
耕层容重（g/cm³）	64	1.10	0.00	0.00	1.10~1.10
有机质（g/kg）	64	31.4	11.85	37.68	14.0~71.8
全氮（g/kg）	62	1.763	0.55	31.26	0.530~3.630
有效磷（mg/kg）	64	27.1	22.16	81.91	5.0~155.0
速效钾（mg/kg）	64	182	82.13	45.23	55~345
缓效钾（mg/kg）	64	297	269.97	90.91	48~1 459
有效铜（mg/kg）	64	13.35	6.93	51.90	0.85~31.41
有效锌（mg/kg）	64	1.71	1.48	86.70	0.15~9.34
有效铁（mg/kg）	64	228.94	127.19	55.56	3.25~474.86
有效锰（mg/kg）	63	46.61	30.66	65.78	7.20~148.90
有效硼（mg/kg）	64	0.39	0.18	46.87	0.10~0.94
有效钼（mg/kg）	64	1.259	0.74	58.73	0.160~2.400
有效硫（mg/kg）	62	125.63	127.07	101.15	6.84~402.39
有效硅（mg/kg）	64	288.02	125.44	43.55	63.85~489.63

耕层质地

	砂土	砂壤土	轻壤土	中壤土	重壤土	黏土
样本数	0	0	1	0	0	63
占比（%）	0.00	0.00	1.56	0.00	0.00	98.44

土壤 pH

	≤4.5	(4.5~5.5]	(5.5~6.5]	(6.5~7.5]	(7.5~8.5]	>8.5
样本数	0	15	31	15	3	0
占比（%）	0.00	23.44	48.44	23.44	4.69	0.00

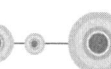

红壤—典型红壤—麻砂质红壤耕地土壤主要理化性状

项目名称	样本数（个）	平均值	标准差	变异系数（%）	范　围
有效土层厚（cm）	12	90.0	0.00	0.00	90.0~90.0
耕层厚度（cm）	12	15.1	0.29	1.91	15.0~16.0
耕层容重（g/cm³）	12	1.10	0.00	0.00	1.10~1.10
有机质（g/kg）	12	42.0	16.70	39.72	20.7~68.0
全氮（g/kg）	10	2.023	0.65	32.35	1.160~3.170
有效磷（mg/kg）	12	31.4	32.41	103.15	5.8~127.2
速效钾（mg/kg）	12	172	87.44	50.70	61~342
缓效钾（mg/kg）	12	337	150.06	44.58	223~784
有效铜（mg/kg）	12	15.75	9.66	61.32	0.97~27.76
有效锌（mg/kg）	12	2.27	1.67	73.36	0.55~6.82
有效铁（mg/kg）	12	200.60	90.30	45.01	11.57~297.57
有效锰（mg/kg）	12	27.35	16.03	58.61	2.20~57.30
有效硼（mg/kg）	12	0.60	0.38	64.25	0.13~1.19
有效钼（mg/kg）	12	1.153	0.59	51.03	0.240~1.990
有效硫（mg/kg）	10	54.85	31.14	56.77	9.31~110.30
有效硅（mg/kg）	12	239.05	144.79	60.57	69.65~495.28

耕层质地

	砂土		砂壤土		轻壤土		中壤土		重壤土		黏土	
	样本数	占比（%）	样本数	占比（%）	样本数	占比（%）	样本数	占比（%）	样本数	占比（%）	样本数	占比（%）
	0	0.00	0	0.00	1	8.33	0	0.00	0	0.00	11	91.67

土壤 pH

	≤4.5		（4.5~5.5]		（5.5~6.5]		（6.5~7.5]		（7.5~8.5]		>8.5	
	样本数	占比（%）	样本数	占比（%）	样本数	占比（%）	样本数	占比（%）	样本数	占比（%）	样本数	占比（%）
	0	0.00	2	16.67	6	50.00	2	16.67	2	16.67	0	0.00

红壤—典型红壤—硅质红壤耕地土壤主要理化性状

项目名称	样本数（个）	平均值	标准差	变异系数（%）	范围
有效土层厚（cm）	13	51.8	20.41	39.36	15.0～78.0
耕层厚度（cm）	13	21.9	6.37	29.09	13.0～35.0
耕层容重（g/cm³）	13	1.26	0.14	11.52	1.09～1.59
有机质（g/kg）	13	21.2	6.76	31.83	8.7～33.4
全氮（g/kg）	13	1.271	0.37	29.44	0.640～1.980
有效磷（mg/kg）	13	49.5	33.32	67.29	12.0～131.5
速效钾（mg/kg）	13	148	74.82	50.53	44～277
缓效钾（mg/kg）	10	245	182.91	74.55	76～546
有效铜（mg/kg）	5	1.81	0.66	36.46	1.14～2.86
有效锌（mg/kg）	5	2.69	1.25	46.40	1.62～4.80
有效铁（mg/kg）	4	35.83	10.52	29.37	25.24～49.14
有效锰（mg/kg）	5	27.23	15.47	56.80	15.50～53.38
有效硼（mg/kg）	5	0.26	0.12	46.75	0.13～0.42
有效钼（mg/kg）	5	0.295	0.45	151.24	0.050～1.090
有效硫（mg/kg）	5	32.13	26.79	83.39	9.78～64.94
有效硅（mg/kg）	4	99.72	81.87	82.10	39.71～215.66

耕层质地

砂土		砂壤土		轻壤土		中壤土		重壤土		黏土	
样本数	占比（%）	样本数	占比（%）	样本数	占比（%）	样本数	占比（%）	样本数	占比（%）	样本数	占比（%）
1	7.69	4	30.77	0	0.00	8	61.54	0	0.00	0	0.00

土壤 pH

≤4.5		(4.5～5.5]		(5.5～6.5]		(6.5～7.5]		(7.5～8.5]		>8.5	
样本数	占比（%）	样本数	占比（%）	样本数	占比（%）	样本数	占比（%）	样本数	占比（%）	样本数	占比（%）
0	0.00	6	46.15	5	38.46	2	15.38	0	0.00	0	0.00

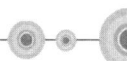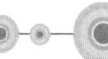

红壤—典型红壤—砂泥质红壤耕地土壤主要理化性状

项目名称	样本数（个）	平均值	标准差	变异系数（%）	范　围
有效土层厚（cm）	59	66.9	25.92	38.74	14.0～120.0
耕层厚度（cm）	59	19.7	5.41	27.44	10.0～30.0
耕层容重（g/cm³）	59	1.31	0.16	12.18	1.01～1.70
有机质（g/kg）	59	25.8	10.32	40.07	9.0～59.0
全氮（g/kg）	59	1.565	0.50	31.86	0.570～3.446
有效磷（mg/kg）	58	28.3	38.24	135.06	1.3～201.3
速效钾（mg/kg）	55	108	55.37	51.21	30～318
缓效钾（mg/kg）	55	229	164.45	71.95	53～845
有效铜（mg/kg）	31	3.20	2.70	84.58	0.15～13.33
有效锌（mg/kg）	31	1.92	1.22	63.75	0.06～5.80
有效铁（mg/kg）	30	79.04	52.68	66.65	0.10～232.74
有效锰（mg/kg）	29	33.48	24.84	74.21	4.35～101.23
有效硼（mg/kg）	28	0.41	0.27	66.20	0.08～1.08
有效钼（mg/kg）	21	0.206	0.18	88.37	0.020～0.780
有效硫（mg/kg）	24	31.66	25.90	81.80	4.74～97.55
有效硅（mg/kg）	19	139.44	92.42	66.28	40.50～329.18

耕层质地

	砂土	砂壤土	轻壤土	中壤土	重壤土	黏土
样本数	2	26	8	9	6	8
占比（%）	3.39	44.07	13.56	15.25	10.17	13.56

土壤 pH

	≤4.5	(4.5～5.5]	(5.5～6.5]	(6.5～7.5]	(7.5～8.5]	>8.5
样本数	1	21	23	14	0	0
占比（%）	1.69	35.59	38.98	23.73	0.00	0.00

红壤—典型红壤—泥质红壤耕地土壤主要理化性状

项目名称	样本数（个）	平均值	标准差	变异系数（%）	范　围
有效土层厚（cm）	75	77.1	15.47	20.06	40.0~111.0
耕层厚度（cm）	75	21.0	4.87	23.22	13.0~30.0
耕层容重（g/cm³）	75	1.25	0.16	12.42	1.00~1.60
有机质（g/kg）	75	27.4	11.72	42.75	11.2~65.3
全氮（g/kg）	75	1.587	0.56	35.25	0.649~3.500
有效磷（mg/kg）	74	27.4	26.02	94.85	1.1~139.7
速效钾（mg/kg）	75	143	82.05	57.46	33~375
缓效钾（mg/kg）	74	288	183.80	63.73	56~972
有效铜（mg/kg）	60	7.16	7.74	108.18	0.05~32.66
有效锌（mg/kg）	62	1.91	1.90	99.16	0.06~11.57
有效铁（mg/kg）	61	188.49	140.19	74.38	0.10~475.10
有效锰（mg/kg）	60	46.72	39.32	84.17	0.30~165.80
有效硼（mg/kg）	60	0.42	0.24	57.45	0.10~1.10
有效钼（mg/kg）	54	0.670	0.66	98.45	0.030~2.490
有效硫（mg/kg）	60	43.69	36.83	84.28	6.00~168.80
有效硅（mg/kg）	55	181.54	111.84	61.61	42.35~492.74

耕层质地

砂土		砂壤土		轻壤土		中壤土		重壤土		黏土	
样本数	占比（%）	样本数	占比（%）	样本数	占比（%）	样本数	占比（%）	样本数	占比（%）	样本数	占比（%）
4	5.33	8	10.67	4	5.33	9	12.00	9	12.00	41	54.67

土壤 pH

≤4.5		(4.5~5.5]		(5.5~6.5]		(6.5~7.5]		(7.5~8.5]		>8.5	
样本数	占比（%）	样本数	占比（%）	样本数	占比（%）	样本数	占比（%）	样本数	占比（%）	样本数	占比（%）
3	4.00	40	53.33	24	32.00	8	10.67	0	0.00	0	0.00

红壤—典型红壤—灰泥质红壤耕地土壤主要理化性状

项目名称	样本数（个）	平均值	标准差	变异系数（%）	范　围
有效土层厚（cm）	22	65.4	19.39	29.65	27.0～103.0
耕层厚度（cm）	22	18.1	2.60	14.36	14.0～22.0
耕层容重（g/cm³）	22	1.29	0.14	10.98	0.97～1.55
有机质（g/kg）	22	21.3	7.50	35.17	10.8～37.3
全氮（g/kg）	22	1.244	0.39	31.18	0.714～2.316
有效磷（mg/kg）	22	24.3	29.69	122.35	2.7～127.1
速效钾（mg/kg）	22	138	68.24	49.58	59～341
缓效钾（mg/kg）	22	312	177.98	56.98	115～683
有效铜（mg/kg）	17	3.44	1.95	56.53	0.07～7.41
有效锌（mg/kg）	16	1.63	0.97	59.20	0.12～4.29
有效铁（mg/kg）	16	149.64	110.82	74.05	0.10～450.40
有效锰（mg/kg）	16	30.29	27.73	91.57	0.20～99.40
有效硼（mg/kg）	16	0.32	0.17	50.84	0.14～0.73
有效钼（mg/kg）	14	0.383	0.38	98.34	0.070～1.410
有效硫（mg/kg）	17	45.14	21.82	48.35	19.70～79.70
有效硅（mg/kg）	14	159.06	41.47	26.07	76.44～220.35

耕层质地

	砂土	砂壤土	轻壤土	中壤土	重壤土	黏土
样本数	1	4	3	3	6	5
占比（%）	4.55	18.18	13.64	13.64	27.27	22.73

土壤pH

	≤4.5	(4.5～5.5]	(5.5～6.5]	(6.5～7.5]	(7.5～8.5]	>8.5
样本数	1	7	13	1	0	0
占比（%）	4.55	31.82	59.09	4.55	0.00	0.00

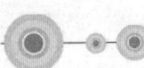

红壤—典型红壤—红砂质红壤耕地土壤主要理化性状

项目名称	样本数（个）	平均值	标准差	变异系数（%）	范　围
有效土层厚（cm）	17	70.7	14.42	20.40	52.0~105.0
耕层厚度（cm）	17	18.1	3.22	17.77	13.0~25.0
耕层容重（g/cm³）	17	1.29	0.10	8.10	1.08~1.46
有机质（g/kg）	17	19.7	7.37	37.42	7.3~34.3
全氮（g/kg）	17	1.192	0.34	28.92	0.607~2.078
有效磷（mg/kg）	17	28.5	19.23	67.45	1.2~58.1
速效钾（mg/kg）	17	150	96.69	64.45	43~342
缓效钾（mg/kg）	17	275	122.40	44.44	135~542
有效铜（mg/kg）	17	3.25	1.96	60.27	1.02~9.40
有效锌（mg/kg）	17	1.91	1.24	64.81	0.98~5.97
有效铁（mg/kg）	17	162.47	70.53	43.41	9.90~289.00
有效锰（mg/kg）	16	20.60	25.84	125.44	5.90~112.20
有效硼（mg/kg）	16	0.30	0.12	39.18	0.07~0.51
有效钼（mg/kg）	16	0.405	0.40	98.85	0.050~1.520
有效硫（mg/kg）	16	42.83	21.40	49.97	11.60~73.50
有效硅（mg/kg）	17	157.38	53.72	34.13	94.27~304.03

耕层质地

	砂土		砂壤土		轻壤土		中壤土		重壤土		黏土	
	样本数	占比（%）	样本数	占比（%）	样本数	占比（%）	样本数	占比（%）	样本数	占比（%）	样本数	占比（%）
	0	0.00	17	100.00	0	0.00	0	0.00	0	0.00	0	0.00

土壤 pH

	≤4.5		(4.5~5.5]		(5.5~6.5]		(6.5~7.5]		(7.5~8.5]		>8.5	
	样本数	占比（%）	样本数	占比（%）	样本数	占比（%）	样本数	占比（%）	样本数	占比（%）	样本数	占比（%）
	2	11.76	11	64.71	3	17.65	1	5.88	0	0.00	0	0.00

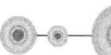

红壤—典型红壤—紫土质红壤耕地土壤主要理化性状

项目名称	样本数（个）	平均值	标准差	变异系数（%）	范 围
有效土层厚（cm）	11	54.9	8.41	15.31	50.0～80.0
耕层厚度（cm）	11	18.5	5.66	30.54	16.0～30.0
耕层容重（g/cm³）	11	1.14	0.09	8.19	1.10～1.40
有机质（g/kg）	11	24.9	11.40	45.85	12.6～49.3
全氮（g/kg）	11	1.430	0.49	34.54	0.770～2.084
有效磷（mg/kg）	11	14.2	6.17	43.36	8.4～25.4
速效钾（mg/kg）	11	174	83.32	47.81	110～345
缓效钾（mg/kg）	11	214	150.54	70.46	83～628
有效铜（mg/kg）	10	10.62	6.90	64.96	1.41～19.57
有效锌（mg/kg）	10	2.18	1.68	77.03	0.70～6.28
有效铁（mg/kg）	10	203.51	126.92	62.37	57.60～404.11
有效锰（mg/kg）	10	49.93	29.96	59.99	6.80～92.40
有效硼（mg/kg）	10	0.41	0.20	50.40	0.18～0.79
有效钼（mg/kg）	10	1.236	0.87	70.19	0.100～2.270
有效硫（mg/kg）	9	162.46	98.06	60.36	10.93～291.94
有效硅（mg/kg）	10	235.50	133.54	56.70	79.40～465.14

耕层质地

砂土		砂壤土		轻壤土		中壤土		重壤土		黏土	
样本数	占比（%）	样本数	占比（%）	样本数	占比（%）	样本数	占比（%）	样本数	占比（%）	样本数	占比（%）
0	0.00	2	18.18	0	0.00	0	0.00	9	81.82	0	0.00

土壤 pH

≤4.5		(4.5～5.5]		(5.5～6.5]		(6.5～7.5]		(7.5～8.5]		>8.5	
样本数	占比（%）	样本数	占比（%）	样本数	占比（%）	样本数	占比（%）	样本数	占比（%）	样本数	占比（%）
0	0.00	3	27.27	7	63.64	1	9.09	0	0.00	0	0.00

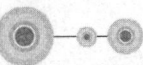

红壤—黄红壤—红泥质黄红壤耕地土壤主要理化性状

项目名称	样本数（个）	平均值	标准差	变异系数（%）	范　围
有效土层厚（cm）	77	25.0	16.32	65.23	21.0~100.0
耕层厚度（cm）	77	14.2	1.42	9.99	14.0~25.0
耕层容重（g/cm³）	77	1.11	0.07	6.30	1.10~1.64
有机质（g/kg）	74	37.3	14.97	40.15	7.9~73.1
全氮（g/kg）	76	1.908	0.55	28.74	0.640~3.580
有效磷（mg/kg）	77	20.2	20.89	103.59	4.7~159.8
速效钾（mg/kg）	75	174	89.56	51.41	37~347
缓效钾（mg/kg）	76	262	168.81	64.54	48~702
有效铜（mg/kg）	72	10.67	7.09	66.45	0.75~26.44
有效锌（mg/kg）	76	4.41	3.68	83.33	0.26~14.76
有效铁（mg/kg）	76	217.50	142.37	65.46	11.91~455.14
有效锰（mg/kg）	76	42.10	33.37	79.28	2.60~147.30
有效硼（mg/kg）	76	0.40	0.23	57.89	0.10~1.33
有效钼（mg/kg）	75	1.058	0.79	74.55	0.100~2.480
有效硫（mg/kg）	73	152.92	120.23	78.62	6.89~401.54
有效硅（mg/kg）	73	263.83	132.92	50.38	67.30~485.45

耕层质地

	砂土	砂壤土	轻壤土	中壤土	重壤土	黏土
样本数	0	1	1	0	0	75
占比（%）	0.00	1.30	1.30	0.00	0.00	97.40

土壤 pH

	≤4.5	(4.5~5.5]	(5.5~6.5]	(6.5~7.5]	(7.5~8.5]	>8.5
样本数	1	17	26	18	15	0
占比（%）	1.30	22.08	33.77	23.38	19.48	0.00

红壤—黄红壤—暗泥质黄红壤耕地土壤主要理化性状

项目名称	样本数（个）	平均值	标准差	变异系数（%）	范围
有效土层厚 (cm)	60	84.6	26.09	30.85	30.0~150.0
耕层厚度 (cm)	60	21.8	2.65	12.17	10.0~25.0
耕层容重 (g/cm³)	60	1.22	0.19	15.12	1.01~1.78
有机质 (g/kg)	59	38.7	17.39	44.92	12.5~74.9
全氮 (g/kg)	52	1.696	0.91	53.91	0.146~3.490
有效磷 (mg/kg)	60	22.8	25.97	113.99	3.1~171.2
速效钾 (mg/kg)	59	166	88.28	53.03	42~350
缓效钾 (mg/kg)	60	355	272.30	76.67	57~1 198
有效铜 (mg/kg)	39	10.37	7.31	70.46	0.47~24.33
有效锌 (mg/kg)	39	2.07	1.37	66.22	0.46~6.85
有效铁 (mg/kg)	39	232.36	162.89	70.10	2.50~475.46
有效锰 (mg/kg)	39	33.46	27.32	81.66	2.86~129.80
有效硼 (mg/kg)	37	0.31	0.13	40.58	0.12~0.71
有效钼 (mg/kg)	37	0.983	0.89	90.79	0.020~2.480
有效硫 (mg/kg)	34	110.07	82.64	75.08	7.04~328.05
有效硅 (mg/kg)	32	285.63	140.09	49.05	49.49~472.49

耕层质地

	砂土		砂壤土		轻壤土		中壤土		重壤土		黏土	
	样本数	占比（%）	样本数	占比（%）	样本数	占比（%）	样本数	占比（%）	样本数	占比（%）	样本数	占比（%）
	2	3.33	3	5.00	2	3.33	19	31.67	32	53.33	2	3.33

土壤 pH

	≤4.5		(4.5~5.5]		(5.5~6.5]		(6.5~7.5]		(7.5~8.5]		>8.5	
	样本数	占比（%）	样本数	占比（%）	样本数	占比（%）	样本数	占比（%）	样本数	占比（%）	样本数	占比（%）
	3	5.00	16	26.67	19	31.67	11	18.33	11	18.33	0	0.00

红壤—黄红壤—麻砂黄红壤耕地土壤主要理化性状

项目名称	样本数（个）	平均值	标准差	变异系数（%）	范　围
有效土层厚 (cm)	137	72.2	17.57	24.34	20.0~136.0
耕层厚度 (cm)	137	20.5	3.72	18.13	5.0~30.0
耕层容重 (g/cm³)	137	1.19	0.14	11.95	1.03~1.71
有机质 (g/kg)	133	31.5	14.49	45.94	8.4~67.6
全氮 (g/kg)	129	1.538	0.81	52.80	0.152~3.700
有效磷 (mg/kg)	134	30.9	29.64	95.92	0.9~202.8
速效钾 (mg/kg)	137	138	87.26	63.12	31~385
缓效钾 (mg/kg)	136	421	294.21	69.90	51~1 604
有效铜 (mg/kg)	92	10.08	6.82	67.59	0.55~29.60
有效锌 (mg/kg)	93	2.09	1.66	79.27	0.14~11.38
有效铁 (mg/kg)	92	214.15	146.36	68.34	21.92~476.44
有效锰 (mg/kg)	93	27.14	27.24	100.34	2.30~172.60
有效硼 (mg/kg)	93	0.34	0.21	63.79	0.10~1.41
有效钼 (mg/kg)	79	0.924	0.77	83.46	0.040~2.400
有效硫 (mg/kg)	89	116.61	119.92	102.84	7.70~401.57
有效硅 (mg/kg)	91	257.90	126.52	49.06	71.59~494.80

耕层质地

	砂土	砂壤土	轻壤土	中壤土	重壤土	黏土
样本数	33	6	9	36	4	49
占比（%）	24.09	4.38	6.57	26.28	2.92	35.77

土壤 pH

	≤4.5	(4.5~5.5]	(5.5~6.5]	(6.5~7.5]	(7.5~8.5]	>8.5
样本数	4	51	29	29	23	1
占比（%）	2.92	37.23	21.17	21.17	16.79	0.73

红壤—黄红壤—硅质黄红壤耕地土壤主要理化性状

项目名称	样本数（个）	平均值	标准差	变异系数（%）	范围
有效土层厚（cm）	45	68.2	20.15	29.56	20.0~100.0
耕层厚度（cm）	45	19.3	3.06	15.83	13.0~22.0
耕层容重（g/cm³）	45	1.20	0.10	8.63	1.10~1.47
有机质（g/kg）	45	29.0	11.87	40.86	9.8~64.2
全氮（g/kg）	44	1.819	0.64	35.43	0.660~3.077
有效磷（mg/kg）	45	29.9	22.66	75.89	1.1~87.7
速效钾（mg/kg）	41	142	87.79	62.00	47~389
缓效钾（mg/kg）	45	235	125.83	53.46	52~673
有效铜（mg/kg）	44	8.39	8.71	103.85	0.95~32.14
有效锌（mg/kg）	45	2.09	2.03	97.11	0.52~9.75
有效铁（mg/kg）	45	179.62	116.51	64.86	13.16~479.46
有效锰（mg/kg）	43	37.72	33.08	87.69	6.30~119.10
有效硼（mg/kg）	45	0.39	0.22	55.84	0.09~1.27
有效钼（mg/kg）	40	0.860	0.81	94.60	0.070~2.430
有效硫（mg/kg）	45	53.40	45.05	84.37	8.70~236.82
有效硅（mg/kg）	45	204.24	110.97	54.33	60.40~480.06

耕层质地

	砂土		砂壤土		轻壤土		中壤土		重壤土		黏土	
	样本数	占比（%）	样本数	占比（%）	样本数	占比（%）	样本数	占比（%）	样本数	占比（%）	样本数	占比（%）
	7	15.56	14	31.11	7	15.56	0	0.00	17	37.78	0	0.00

土壤 pH

	≤4.5		(4.5~5.5]		(5.5~6.5]		(6.5~7.5]		(7.5~8.5]		>8.5	
	样本数	占比（%）	样本数	占比（%）	样本数	占比（%）	样本数	占比（%）	样本数	占比（%）	样本数	占比（%）
	2	4.44	20	44.44	16	35.56	5	11.11	2	4.44	0	0.00

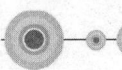

红壤—黄红壤—砂泥质黄红壤耕地土壤主要理化性状

项目名称	样本数（个）	平均值	标准差	变异系数（%）	范　围
有效土层厚（cm）	81	44.6	27.90	62.63	11.0～108.0
耕层厚度（cm）	82	16.8	3.47	20.70	8.0～30.0
耕层容重（g/cm³）	82	1.19	0.16	13.37	0.96～1.73
有机质（g/kg）	82	30.6	15.11	49.41	11.6～73.8
全氮（g/kg）	79	1.615	0.64	39.88	0.550～3.660
有效磷（mg/kg）	78	26.0	28.61	110.23	1.0～137.0
速效钾（mg/kg）	80	145	92.79	64.05	31～340
缓效钾（mg/kg）	79	267	193.35	72.37	56～1 011
有效铜（mg/kg）	74	8.15	7.61	93.45	0.63～32.75
有效锌（mg/kg）	75	2.59	2.06	79.61	0.40～12.31
有效铁（mg/kg）	70	163.89	140.25	85.57	3.94～474.30
有效锰（mg/kg）	72	48.79	40.92	83.87	4.20～166.00
有效硼（mg/kg）	70	0.50	0.35	70.45	0.07～2.20
有效钼（mg/kg）	68	0.423	0.54	126.82	0.020～2.300
有效硫（mg/kg）	65	76.12	100.01	131.38	4.82～384.61
有效硅（mg/kg）	66	166.01	131.00	78.91	27.50～476.67

耕层质地

	砂土	砂壤土	轻壤土	中壤土	重壤土	黏土
样本数	0	16	37	16	12	1
占比（%）	0.00	19.51	45.12	19.51	14.63	1.22

土壤 pH

	≤4.5	(4.5~5.5]	(5.5~6.5]	(6.5~7.5]	(7.5~8.5]	>8.5
样本数	1	23	33	16	9	0
占比（%）	1.22	28.05	40.24	19.51	10.98	0.00

红壤—黄红壤—泥质黄红壤耕地土壤主要理化性状

项目名称	样本数（个）	平均值	标准差	变异系数（%）	范　围
有效土层厚（cm）	467	93.0	17.63	18.95	23.0~155.3
耕层厚度（cm）	467	19.0	2.92	15.33	10.0~35.6
耕层容重（g/cm³）	467	1.15	0.12	10.19	0.89~1.75
有机质（g/kg）	466	32.3	13.12	40.66	6.9~74.3
全氮（g/kg）	464	1.867	0.62	33.06	0.500~3.800
有效磷（mg/kg）	465	27.4	24.84	90.68	1.1~179.3
速效钾（mg/kg）	460	138	80.38	58.40	28~377
缓效钾（mg/kg）	467	238	190.79	80.30	48~1511
有效铜（mg/kg）	458	9.13	7.11	77.85	0.25~33.16
有效锌（mg/kg）	467	1.99	1.46	73.03	0.15~11.78
有效铁（mg/kg）	464	197.24	134.25	68.06	3.30~476.77
有效锰（mg/kg）	457	46.07	36.57	79.38	2.40~172.60
有效硼（mg/kg）	467	0.39	0.30	75.26	0.09~2.35
有效钼（mg/kg）	384	1.063	0.76	71.35	0.050~2.490
有效硫（mg/kg）	459	82.52	88.71	107.51	4.00~403.60
有效硅（mg/kg）	456	248.95	131.49	52.82	62.99~497.18

耕层质地

	砂土	砂壤土	轻壤土	中壤土	重壤土	黏土
样本数	11	36	24	30	167	199
占比（%）	2.36	7.71	5.14	6.42	35.76	42.61

土壤 pH

	≤4.5	(4.5~5.5]	(5.5~6.5]	(6.5~7.5]	(7.5~8.5]	>8.5
样本数	21	172	174	75	25	0
占比（%）	4.50	36.83	37.26	16.06	5.35	0.00

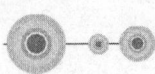

红壤—棕红壤—红泥质棕红壤耕地土壤主要理化性状

项目名称	样本数（个）	平均值	标准差	变异系数（%）	范围
有效土层厚（cm）	29	66.4	17.06	25.69	30.0~80.0
耕层厚度（cm）	29	20.7	2.21	10.66	20.0~30.0
耕层容重（g/cm³）	29	1.55	0.02	1.24	1.52~1.61
有机质（g/kg）	29	20.9	6.54	31.32	8.4~37.7
全氮（g/kg）	29	1.220	0.37	30.60	0.510~2.140
有效磷（mg/kg）	29	23.5	9.76	41.58	5.5~40.7
速效钾（mg/kg）	29	118	44.04	37.25	54~232
缓效钾（mg/kg）	29	355	137.08	38.67	95~610
有效铜（mg/kg）	29	1.36	0.49	36.02	0.63~2.86
有效锌（mg/kg）	29	1.31	0.30	23.00	0.76~2.01
有效铁（mg/kg）	29	38.50	38.17	99.16	12.28~153.51
有效锰（mg/kg）	29	23.53	4.13	17.57	17.38~31.18
有效硼（mg/kg）	29	0.46	0.12	26.14	0.31~0.73
有效钼（mg/kg）	0	—	—	—	—
有效硫（mg/kg）	29	33.26	9.96	29.93	20.49~52.64
有效硅（mg/kg）	29	226.70	26.67	11.77	187.95~261.76

耕层质地

	砂土	砂壤土	轻壤土	中壤土	重壤土	黏土
样本数	0	0	17	10	2	0
占比（%）	0.00	0.00	58.62	34.48	6.90	0.00

土壤pH

	≤4.5	(4.5~5.5]	(5.5~6.5]	(6.5~7.5]	(7.5~8.5]	>8.5
样本数	0	11	10	7	1	0
占比（%）	0.00	37.93	34.48	24.14	3.45	0.00

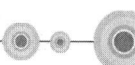

红壤—棕红壤—麻砂质棕红壤耕地土壤主要理化性状

项目名称	样本数（个）	平均值	标准差	变异系数（%）	范　围
有效土层厚（cm）	4	51.8	7.68	14.83	42.0~60.0
耕层厚度（cm）	4	24.5	5.97	24.38	18.0~32.0
耕层容重（g/cm³）	4	1.40	0.15	10.73	1.24~1.53
有机质（g/kg）	4	14.3	8.30	57.88	8.4~26.5
全氮（g/kg）	4	1.097	0.59	53.34	0.500~1.690
有效磷（mg/kg）	4	9.3	4.26	45.73	3.5~12.8
速效钾（mg/kg）	4	92	51.20	55.50	50~166
缓效钾（mg/kg）	4	461	192.31	41.74	323~741
有效铜（mg/kg）	4	2.77	1.89	68.27	1.51~5.57
有效锌（mg/kg）	4	1.58	0.44	28.11	1.27~2.23
有效铁（mg/kg）	4	49.42	24.41	49.39	29.76~80.20
有效锰（mg/kg）	4	32.70	13.18	40.31	21.18~48.44
有效硼（mg/kg）	4	0.30	0.12	39.39	0.14~0.40
有效钼（mg/kg）	0	—	—	—	—
有效硫（mg/kg）	4	47.87	25.98	54.28	26.79~85.77
有效硅（mg/kg）	4	153.68	64.33	41.86	78.72~235.79

耕层质地

	砂土	砂壤土	轻壤土	中壤土	重壤土	黏土
样本数	0	1	1	2	0	0
占比（%）	0.00	25.00	25.00	50.00	0.00	0.00

土壤pH

	≤4.5	(4.5~5.5]	(5.5~6.5]	(6.5~7.5]	(7.5~8.5]	>8.5
样本数	0	1	2	1	0	0
占比（%）	0.00	25.00	50.00	25.00	0.00	0.00

红壤—棕红壤—硅质棕红壤耕地土壤主要理化性状

项目名称	样本数（个）	平均值	标准差	变异系数（%）	范围
有效土层厚（cm）	3	60.0	0.00	0.00	60.0~60.0
耕层厚度（cm）	3	18.0	2.00	11.11	16.0~20.0
耕层容重（g/cm³）	3	1.29	0.24	18.65	1.09~1.56
有机质（g/kg）	3	25.0	10.22	40.95	16.7~36.4
全氮（g/kg）	3	1.687	0.21	12.24	1.450~1.830
有效磷（mg/kg）	3	15.7	23.81	151.35	0.9~43.2
速效钾（mg/kg）	3	77	12.90	16.82	66~91
缓效钾（mg/kg）	3	422	40.50	9.60	393~468
有效铜（mg/kg）	3	4.71	2.16	45.80	2.26~6.30
有效锌（mg/kg）	3	1.47	0.11	7.35	1.35~1.56
有效铁（mg/kg）	3	73.10	74.60	102.06	29.88~159.24
有效锰（mg/kg）	3	26.43	8.33	31.51	21.18~36.03
有效硼（mg/kg）	3	0.21	0.09	44.68	0.14~0.32
有效钼（mg/kg）	0	—	—	—	—
有效硫（mg/kg）	3	75.67	21.84	28.86	50.61~90.63
有效硅（mg/kg）	3	117.49	63.54	54.08	78.72~190.82

耕层质地

	砂土		砂壤土		轻壤土		中壤土		重壤土		黏土	
	样本数	占比（%）	样本数	占比（%）	样本数	占比（%）	样本数	占比（%）	样本数	占比（%）	样本数	占比（%）
	0	0.00	2	66.67	1	33.33	1	33.33	1	33.33	0	0.00

土壤pH

	≤4.5		(4.5~5.5]		(5.5~6.5]		(6.5~7.5]		(7.5~8.5]		>8.5	
	样本数	占比（%）	样本数	占比（%）	样本数	占比（%）	样本数	占比（%）	样本数	占比（%）	样本数	占比（%）
	1	33.33	2	66.67	0	0.00	0	0.00	0	0.00	0	0.00

红壤—山原红壤—红泥质山原红壤耕地土壤主要理化性状

项目名称	样本数（个）	平均值	标准差	变异系数（%）	范　围
有效土层厚（cm）	536	95.9	16.41	17.11	28.0~150.0
耕层厚度（cm）	536	18.8	1.91	10.14	10.0~26.0
耕层容重（g/cm³）	536	1.12	0.09	7.78	1.10~1.66
有机质（g/kg）	529	34.4	13.20	38.35	7.4~74.4
全氮（g/kg）	528	1.734	0.65	37.49	0.147~3.800
有效磷（mg/kg）	536	28.6	21.36	74.82	2.0~131.5
速效钾（mg/kg）	531	164	87.29	53.24	29~350
缓效钾（mg/kg）	536	249	161.63	64.97	48~1 488
有效铜（mg/kg）	512	10.92	7.48	68.52	0.24~32.71
有效锌（mg/kg）	517	2.93	2.35	80.15	0.12~14.76
有效铁（mg/kg）	512	205.83	147.95	71.88	3.48~478.59
有效锰（mg/kg）	513	34.67	26.66	76.91	1.00~169.00
有效硼（mg/kg）	517	0.41	0.23	55.45	0.08~1.45
有效钼（mg/kg）	511	1.076	0.72	66.66	0.030~2.510
有效硫（mg/kg）	487	106.25	110.37	103.87	4.00~403.09
有效硅（mg/kg）	501	290.01	128.13	44.18	62.07~496.59

耕层质地

	砂土		砂壤土		轻壤土		中壤土		重壤土		黏土	
	样本数	占比（%）	样本数	占比（%）	样本数	占比（%）	样本数	占比（%）	样本数	占比（%）	样本数	占比（%）
	0	0.00	1	0.19	3	0.56	11	2.05	10	1.87	511	95.34

土壤 pH

	≤4.5		(4.5~5.5]		(5.5~6.5]		(6.5~7.5]		(7.5~8.5]		>8.5	
	样本数	占比（%）	样本数	占比（%）	样本数	占比（%）	样本数	占比（%）	样本数	占比（%）	样本数	占比（%）
	5	0.93	118	22.01	186	34.70	157	29.29	70	13.06	0	0.00

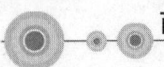
红壤—山原红壤—暗泥质山原红壤耕地土壤主要理化性状

项目名称	样本数（个）	平均值	标准差	变异系数（%）	范　围
有效土层厚（cm）	167	92.8	12.84	13.84	70.0~100.0
耕层厚度（cm）	167	19.8	0.90	4.53	19.0~30.0
耕层容重（g/cm³）	167	1.10	0.00	0.00	1.10~1.10
有机质（g/kg）	161	37.2	14.21	38.14	9.7~74.9
全氮（g/kg）	167	1.848	0.63	34.08	0.530~3.630
有效磷（mg/kg）	167	20.7	17.30	83.69	5.6~155.0
速效钾（mg/kg）	167	144	77.65	53.98	28~347
缓效钾（mg/kg）	167	251	179.72	71.56	48~1 164
有效铜（mg/kg）	163	11.30	6.97	61.66	0.73~31.92
有效锌（mg/kg）	167	4.64	3.52	75.82	0.31~14.80
有效铁（mg/kg）	165	233.89	138.92	59.40	3.95~478.08
有效锰（mg/kg）	166	44.10	31.70	71.88	3.80~163.80
有效硼（mg/kg）	167	0.41	0.21	50.29	0.10~1.38
有效钼（mg/kg）	166	1.154	0.71	61.90	0.090~2.490
有效硫（mg/kg）	156	116.24	114.35	98.38	4.33~399.34
有效硅（mg/kg）	165	290.11	123.13	42.44	60.11~495.72

耕层质地

	砂土	砂壤土	轻壤土	中壤土	重壤土	黏土
样本数	0	0	0	1	0	166
占比（%）	0.00	0.00	0.00	0.60	0.00	99.40

土壤 pH

	≤4.5	(4.5~5.5]	(5.5~6.5]	(6.5~7.5]	(7.5~8.5]	>8.5
样本数	0	41	69	40	17	0
占比（%）	0.00	24.55	41.32	23.95	10.18	0.00

红壤—山原红壤—砂泥质山原红壤耕地土壤主要理化性状

项目名称	样本数（个）	平均值	标准差	变异系数（%）	范围
有效土层厚（cm）	19	46.8	11.85	25.29	25.0~70.0
耕层厚度（cm）	19	20.9	4.67	22.33	15.0~30.0
耕层容重（g/cm³）	19	1.46	0.13	8.92	1.20~1.69
有机质（g/kg）	19	24.2	9.13	37.71	12.5~49.8
全氮（g/kg）	19	1.382	0.52	37.93	0.740~2.880
有效磷（mg/kg）	19	19.5	14.74	75.72	1.0~58.0
速效钾（mg/kg）	19	178	72.94	40.87	53~342
缓效钾（mg/kg）	19	396	252.93	63.94	87~1 045
有效铜（mg/kg）	1	0.63	—	—	—
有效锌（mg/kg）	0	—	—	—	—
有效铁（mg/kg）	1	11.20	—	—	—
有效锰（mg/kg）	1	20.60	—	—	—
有效硼（mg/kg）	1	0.47	—	—	—
有效钼（mg/kg）	1	0.440	—	—	—
有效硫（mg/kg）	1	44.89	—	—	—
有效硅（mg/kg）	1	61.70	—	—	—

耕层质地

砂土		砂壤土		轻壤土		中壤土		重壤土		黏土	
样本数	占比（%）	样本数	占比（%）	样本数	占比（%）	样本数	占比（%）	样本数	占比（%）	样本数	占比（%）
0	0.00	2	10.53	0	0.00	13	68.42	2	10.53	2	10.53

土壤pH

≤4.5		(4.5~5.5]		(5.5~6.5]		(6.5~7.5]		(7.5~8.5]		>8.5	
样本数	占比（%）	样本数	占比（%）	样本数	占比（%）	样本数	占比（%）	样本数	占比（%）	样本数	占比（%）
0	0.00	9	47.37	8	42.11	2	10.53	0	0.00	0	0.00

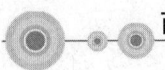
红壤—山原红壤—泥质山原红壤耕地土壤主要理化性状

项目名称	样本数（个）	平均值	标准差	变异系数（%）	范围
有效土层厚（cm）	191	78.6	8.93	11.36	53.0~90.0
耕层厚度（cm）	191	23.7	4.37	18.41	15.0~30.0
耕层容重（g/cm³）	191	1.10	0.00	0.00	1.10~1.10
有机质（g/kg）	186	32.9	12.59	38.31	7.8~72.9
全氮（g/kg）	189	1.791	0.60	33.62	0.530~3.500
有效磷（mg/kg）	191	28.1	22.19	79.05	5.2~134.6
速效钾（mg/kg）	189	155	83.15	53.54	31~347
缓效钾（mg/kg）	191	239	132.36	55.43	54~1 273
有效铜（mg/kg）	190	10.99	7.34	66.78	0.50~33.00
有效锌（mg/kg）	191	2.61	1.96	75.13	0.31~13.50
有效铁（mg/kg）	189	224.40	140.50	62.61	6.77~477.23
有效锰（mg/kg）	190	34.79	28.61	82.23	2.90~152.20
有效硼（mg/kg）	191	0.43	0.25	58.86	0.10~1.39
有效钼（mg/kg）	189	1.144	0.73	64.15	0.100~2.470
有效硫（mg/kg）	185	67.98	81.11	119.31	4.00~386.98
有效硅（mg/kg）	189	276.41	128.39	46.45	63.25~490.60

耕层质地

	砂土	砂壤土	轻壤土	中壤土	重壤土	黏土
样本数	0	4	70	0	19	168
占比（%）	0.00	2.09	36.65	0.00	9.95	87.96

土壤 pH

	≤4.5	(4.5~5.5]	(5.5~6.5]	(6.5~7.5]	(7.5~8.5]	>8.5
样本数	8	60	70	40	13	0
占比（%）	4.19	31.41	36.65	20.94	6.81	0.00

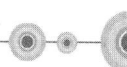

红壤—红壤性土—红泥质红壤性土耕地土壤主要理化性状

项目名称	样本数（个）	平均值	标准差	变异系数（%）	范围
有效土层厚（cm）	5	41.0	10.25	24.99	25.0~50.0
耕层厚度（cm）	5	16.6	3.44	20.80	12.0~20.0
耕层容重（g/cm³）	5	1.41	0.23	15.99	1.10~1.71
有机质（g/kg）	5	33.4	10.59	31.69	20.1~45.5
全氮（g/kg）	5	1.933	0.74	38.19	1.210~3.040
有效磷（mg/kg）	5	41.1	26.54	64.59	10.4~75.3
速效钾（mg/kg）	5	110	55.28	50.24	35~186
缓效钾（mg/kg）	5	312	127.18	40.76	121~422
有效铜（mg/kg）	3	3.25	1.40	43.17	2.05~4.80
有效锌（mg/kg）	3	1.98	0.53	26.80	1.66~2.59
有效铁（mg/kg）	3	68.46	51.24	74.85	32.12~127.07
有效锰（mg/kg）	3	37.10	36.12	97.35	15.45~78.80
有效硼（mg/kg）	3	0.48	0.34	71.17	0.18~0.86
有效钼（mg/kg）	0	—	—	—	—
有效硫（mg/kg）	3	67.16	52.98	78.89	19.60~124.27
有效硅（mg/kg）	2	101.76	34.30	33.71	77.50~126.02

耕层质地

	砂土		砂壤土		轻壤土		中壤土		重壤土		黏土	
	样本数	占比（%）	样本数	占比（%）	样本数	占比（%）	样本数	占比（%）	样本数	占比（%）	样本数	占比（%）
	0	0.00	1	20.00	2	40.00	2	40.00	0	0.00	1	20.00

土壤pH

	≤4.5		（4.5~5.5]		（5.5~6.5]		（6.5~7.5]		（7.5~8.5]		>8.5	
	样本数	占比（%）	样本数	占比（%）	样本数	占比（%）	样本数	占比（%）	样本数	占比（%）	样本数	占比（%）
	0	0.00	1	20.00	2	40.00	2	40.00	0	0.00	0	0.00

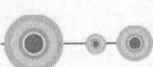

红壤—红壤性土—暗泥质红壤性土耕地土壤主要理化性状

项目名称	样本数（个）	平均值	标准差	变异系数（%）	范　围
有效土层厚（cm）	34	38.0	3.53	9.30	37.0~55.0
耕层厚度（cm）	34	15.1	0.55	3.66	15.0~17.8
耕层容重（g/cm³）	34	1.12	0.06	5.63	1.10~1.36
有机质（g/kg）	34	34.7	13.07	37.70	12.1~65.1
全氮（g/kg）	34	1.755	0.60	34.34	0.660~3.470
有效磷（mg/kg）	34	28.1	17.00	60.47	7.4~68.9
速效钾（mg/kg）	34	172	94.74	55.24	33~343
缓效钾（mg/kg）	34	285	218.76	76.81	58~1178
有效铜（mg/kg）	33	12.07	7.78	64.49	1.08~30.30
有效锌（mg/kg）	34	3.16	2.40	75.87	0.45~12.20
有效铁（mg/kg）	33	196.45	123.21	62.71	8.13~445.38
有效锰（mg/kg）	33	59.60	41.50	69.63	5.05~150.40
有效硼（mg/kg）	34	0.37	0.19	50.09	0.12~1.04
有效钼（mg/kg）	34	1.247	0.74	59.53	0.080~2.490
有效硫（mg/kg）	33	35.11	30.21	86.04	4.00~142.64
有效硅（mg/kg）	34	278.99	135.82	48.68	90.19~495.56

耕层质地

	砂土	砂壤土	轻壤土	中壤土	重壤土	黏土
样本数	0	1	0	2	14	17
占比（%）	0.00	2.94	0.00	5.88	41.18	50.00

土壤 pH

	≤4.5	(4.5~5.5]	(5.5~6.5]	(6.5~7.5]	(7.5~8.5]	>8.5
样本数	0	8	15	9	2	0
占比（%）	0.00	23.53	44.12	26.47	5.88	0.00

红壤—红壤性土—麻砂质红壤性土耕地土壤主要理化性状

项目名称	样本数（个）	平均值	标准差	变异系数（%）	范围
有效土层厚（cm）	6	33.3	9.31	27.93	25.0~50.0
耕层厚度（cm）	6	19.2	3.76	19.64	15.0~25.0
耕层容重（g/cm³）	6	1.39	0.20	14.41	1.15~1.69
有机质（g/kg）	6	31.1	15.12	48.56	22.4~61.8
全氮（g/kg）	6	1.514	0.77	50.90	1.100~3.067
有效磷（mg/kg）	6	45.9	21.52	46.92	8.8~67.6
速效钾（mg/kg）	6	102	25.86	25.35	69~137
缓效钾（mg/kg）	6	277	101.63	36.72	168~454
有效铜（mg/kg）	0	—	—	—	—
有效锌（mg/kg）	0	—	—	—	—
有效铁（mg/kg）	0	—	—	—	—
有效锰（mg/kg）	0	—	—	—	—
有效硼（mg/kg）	0	—	—	—	—
有效钼（mg/kg）	0	—	—	—	—
有效硫（mg/kg）	0	—	—	—	—
有效硅（mg/kg）	0	—	—	—	—

耕层质地

	砂土		砂壤土		轻壤土		中壤土		重壤土		黏土	
	样本数	占比（%）	样本数	占比（%）	样本数	占比（%）	样本数	占比（%）	样本数	占比（%）	样本数	占比（%）
	1	16.67	3	50.00	1	16.67	1	16.67	0	0.00	0	0.00

土壤pH

	≤4.5		（4.5~5.5]		（5.5~6.5]		（6.5~7.5]		（7.5~8.5]		>8.5	
	样本数	占比（%）	样本数	占比（%）	样本数	占比（%）	样本数	占比（%）	样本数	占比（%）	样本数	占比（%）
	0	0.00	3	50.00	3	50.00	0	0.00	0	0.00	0	0.00

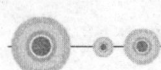

红壤—红壤性土—砂泥质红壤性土耕地土壤主要理化性状

项目名称	样本数（个）	平均值	标准差	变异系数（%）	范　围
有效土层厚（cm）	108	63.3	16.74	26.46	13.0~100.0
耕层厚度（cm）	108	21.8	4.76	21.85	10.0~30.0
耕层容重（g/cm³）	108	1.20	0.16	13.45	0.98~1.63
有机质（g/kg）	107	30.8	12.19	39.61	9.9~71.8
全氮（g/kg）	108	1.648	0.58	35.09	0.430~3.510
有效磷（mg/kg）	107	30.4	29.00	95.28	1.0~141.2
速效钾（mg/kg）	105	143	85.97	60.25	31~347
缓效钾（mg/kg）	102	211	112.13	53.18	51~483
有效铜（mg/kg）	91	8.49	6.73	79.26	0.39~31.63
有效锌（mg/kg）	92	2.74	1.98	72.32	0.09~13.30
有效铁（mg/kg）	91	188.44	136.13	72.24	0.10~479.12
有效锰（mg/kg）	90	38.88	29.00	74.58	0.30~153.80
有效硼（mg/kg）	85	0.45	0.24	54.04	0.10~1.41
有效钼（mg/kg）	77	0.980	0.80	81.24	0.050~2.480
有效硫（mg/kg）	88	51.48	67.91	131.92	8.20~311.08
有效硅（mg/kg）	78	258.69	159.30	61.58	36.67~497.30

耕层质地

	砂土		砂壤土		轻壤土		中壤土		重壤土		黏土	
	样本数	占比（%）	样本数	占比（%）	样本数	占比（%）	样本数	占比（%）	样本数	占比（%）	样本数	占比（%）
	2	1.85	35	32.41	9	8.33	7	6.48	3	2.78	52	48.15

土壤pH

	≤4.5		(4.5~5.5]		(5.5~6.5]		(6.5~7.5]		(7.5~8.5]		>8.5	
	样本数	占比（%）	样本数	占比（%）	样本数	占比（%）	样本数	占比（%）	样本数	占比（%）	样本数	占比（%）
	0	0.00	45	41.67	35	32.41	22	20.37	6	5.56	0	0.00

黄壤—典型黄壤—红泥质黄壤耕地土壤主要理化性状

项目名称	样本数（个）	平均值	标准差	变异系数（%）	范 围
有效土层厚（cm）	345	72.5	24.84	34.27	20.0~180.0
耕层厚度（cm）	345	21.6	5.79	26.81	10.0~40.0
耕层容重（g/cm³）	345	1.29	0.14	11.03	0.83~1.80
有机质（g/kg）	342	26.0	11.36	43.77	7.6~74.7
全氮（g/kg）	335	1.549	0.65	41.78	0.146~3.573
有效磷（mg/kg）	339	33.4	32.23	96.52	1.3~160.5
速效钾（mg/kg）	344	121	70.03	57.98	28~378
缓效钾（mg/kg）	343	313	180.19	57.55	54~1 123
有效铜（mg/kg）	215	4.37	3.69	84.50	0.21~21.58
有效锌（mg/kg）	215	2.27	1.59	70.17	0.27~14.76
有效铁（mg/kg）	216	76.67	83.18	108.48	0.96~477.82
有效锰（mg/kg）	216	29.41	19.45	66.12	5.10~132.00
有效硼（mg/kg）	210	0.61	0.45	74.15	0.12~2.60
有效钼（mg/kg）	53	0.900	0.82	90.65	0.023~2.320
有效硫（mg/kg）	215	66.10	44.90	67.93	8.88~331.87
有效硅（mg/kg）	204	149.05	80.76	54.18	37.80~496.26

耕层质地

	砂土	砂壤土	轻壤土	中壤土	重壤土	黏土
样本数	3	29	50	136	58	69
占比（%）	0.87	8.41	14.49	39.42	16.81	20.00

土壤pH

	≤4.5	(4.5~5.5]	(5.5~6.5]	(6.5~7.5]	(7.5~8.5]	>8.5
样本数	41	104	101	57	42	0
占比（%）	11.88	30.14	29.28	16.52	12.17	0.00

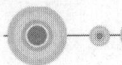

黄壤—典型黄壤—暗泥质黄壤耕地土壤主要理化性状

项目名称	样本数（个）	平均值	标准差	变异系数（%）	范　围
有效土层厚（cm）	200	76.5	18.74	24.49	31.0～105.4
耕层厚度（cm）	200	21.2	4.10	19.35	15.8～34.7
耕层容重（g/cm³）	200	1.20	0.19	15.43	0.80～1.79
有机质（g/kg）	192	37.4	14.83	39.62	8.6～74.9
全氮（g/kg）	196	1.960	0.57	29.21	0.770～3.760
有效磷（mg/kg）	199	15.7	16.47	104.62	1.0～121.6
速效钾（mg/kg）	191	180	82.77	46.07	33～381
缓效钾（mg/kg）	200	308	189.87	61.66	51～1 266
有效铜（mg/kg）	105	6.16	5.74	93.21	0.09～29.91
有效锌（mg/kg）	99	5.37	5.25	97.81	0.25～21.48
有效铁（mg/kg）	106	130.89	134.44	102.71	1.60～479.22
有效锰（mg/kg）	69	33.24	25.16	75.68	1.80～115.09
有效硼（mg/kg）	68	0.40	0.16	40.79	0.18～0.84
有效钼（mg/kg）	65	1.077	0.78	72.59	0.086～2.480
有效硫（mg/kg）	67	82.87	73.20	88.33	11.20～394.62
有效硅（mg/kg）	66	258.00	121.01	46.90	68.10～484.17

耕层质地

	砂土	砂壤土	轻壤土	中壤土	重壤土	黏土
样本数	3	25	71	28	15	58
占比（%）	1.50	12.50	35.50	14.00	7.50	29.00

土壤pH

	≤4.5	(4.5～5.5]	(5.5～6.5]	(6.5～7.5]	(7.5～8.5]	>8.5
样本数	2	62	68	61	7	0
占比（%）	1.00	31.00	34.00	30.50	3.50	0.00

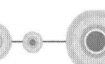

黄壤—典型黄壤—麻砂质黄壤耕地土壤主要理化性状

项目名称	样本数（个）	平均值	标准差	变异系数（%）	范　围
有效土层厚（cm）	119	63.8	28.62	44.86	20.0～100.0
耕层厚度（cm）	119	22.8	5.55	24.38	10.0～40.0
耕层容重（g/cm³）	119	1.50	0.10	6.53	1.31～1.62
有机质（g/kg）	119	30.0	14.42	48.14	7.6～70.6
全氮（g/kg）	119	1.609	0.72	44.77	0.533～3.540
有效磷（mg/kg）	119	20.5	13.53	66.14	2.6～85.1
速效钾（mg/kg）	113	123	78.59	63.75	27～337
缓效钾（mg/kg）	119	501	240.08	47.93	48～1 290
有效铜（mg/kg）	119	4.29	5.26	122.59	0.70～27.90
有效锌（mg/kg）	119	2.52	1.88	74.61	0.25～13.98
有效铁（mg/kg）	118	124.73	92.67	74.30	15.67～448.74
有效锰（mg/kg）	119	24.23	18.67	77.04	2.60～151.35
有效硼（mg/kg）	119	0.42	0.18	43.19	0.13～1.26
有效钼（mg/kg）	26	0.875	0.66	75.53	0.100～2.180
有效硫（mg/kg）	115	64.49	82.85	128.46	7.24～389.69
有效硅（mg/kg）	119	180.27	93.61	51.93	73.85～490.40

耕层质地

砂土		砂壤土		轻壤土		中壤土		重壤土		黏土	
样本数	占比（%）	样本数	占比（%）	样本数	占比（%）	样本数	占比（%）	样本数	占比（%）	样本数	占比（%）
0	0.00	88	73.95	7	5.88	23	19.33	1	0.84	0	0.00

土壤 pH

≤4.5		(4.5～5.5]		(5.5～6.5]		(6.5～7.5]		(7.5～8.5]		>8.5	
样本数	占比（%）	样本数	占比（%）	样本数	占比（%）	样本数	占比（%）	样本数	占比（%）	样本数	占比（%）
5	4.20	47	39.50	50	42.02	14	11.76	3	2.52	0	0.00

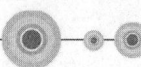

黄壤—典型黄壤—硅质黄壤耕地土壤主要理化性状

项目名称	样本数（个）	平均值	标准差	变异系数（%）	范 围
有效土层厚（cm）	234	73.7	22.08	29.95	20.0～120.0
耕层厚度（cm）	234	22.8	7.58	33.24	8.0～40.0
耕层容重（g/cm³）	234	1.31	0.20	15.17	0.81～1.77
有机质（g/kg）	228	28.3	11.22	39.66	8.0～75.3
全氮（g/kg）	233	1.587	0.61	38.54	0.182～3.337
有效磷（mg/kg）	228	24.5	25.08	102.30	0.8～159.5
速效钾（mg/kg）	218	133	74.59	56.19	27～383
缓效钾（mg/kg）	226	337	216.66	64.23	50～1 197
有效铜（mg/kg）	144	2.11	1.52	72.00	0.04～9.86
有效锌（mg/kg）	145	2.57	2.45	95.28	0.06～21.09
有效铁（mg/kg）	145	65.65	61.16	93.16	0.10～359.16
有效锰（mg/kg）	133	25.59	16.38	64.00	0.30～137.62
有效硼（mg/kg）	120	0.58	0.42	72.19	0.09～1.79
有效钼（mg/kg）	25	0.346	0.47	135.50	0.040～2.460
有效硫（mg/kg）	130	54.44	35.94	66.01	5.43～185.69
有效硅（mg/kg）	106	163.74	55.58	33.94	43.60～394.31

耕层质地

砂土		砂壤土		轻壤土		中壤土		重壤土		黏土	
样本数	占比（%）	样本数	占比（%）	样本数	占比（%）	样本数	占比（%）	样本数	占比（%）	样本数	占比（%）
22	9.40	85	36.32	32	13.68	89	38.03	2	0.85	4	1.71

土壤 pH

≤4.5		(4.5～5.5]		(5.5～6.5]		(6.5～7.5]		(7.5～8.5]		>8.5	
样本数	占比（%）	样本数	占比（%）	样本数	占比（%）	样本数	占比（%）	样本数	占比（%）	样本数	占比（%）
5	2.14	92	39.32	88	37.61	40	17.09	9	3.85	0	0.00

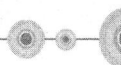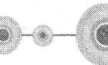

黄壤—典型黄壤—砂泥质黄壤耕地土壤主要理化性状

项目名称	样本数（个）	平均值	标准差	变异系数（%）	范　围
有效土层厚（cm）	1 351	72.0	23.94	33.25	10.0～180.0
耕层厚度（cm）	1 351	21.8	5.78	26.54	10.0～40.0
耕层容重（g/cm³）	1 351	1.27	0.19	15.03	0.80～1.79
有机质（g/kg）	1 283	33.4	15.02	44.94	6.9～75.2
全氮（g/kg）	1 312	1.799	0.67	37.45	0.145～3.737
有效磷（mg/kg）	1 335	25.5	28.65	112.51	0.8～180.5
速效钾（mg/kg）	1 297	146	81.26	55.49	29～390
缓效钾（mg/kg）	1 331	308	199.86	64.81	51～1 520
有效铜（mg/kg）	538	3.01	3.12	103.67	0.04～31.78
有效锌（mg/kg）	527	2.63	2.87	108.90	0.06～21.67
有效铁（mg/kg）	537	73.97	65.22	88.16	0.10～430.27
有效锰（mg/kg）	488	44.58	32.79	73.54	0.20～166.32
有效硼（mg/kg）	441	0.46	0.44	95.16	0.08～3.20
有效钼（mg/kg）	252	0.283	0.25	88.28	0.026～1.940
有效硫（mg/kg）	439	57.32	43.75	76.33	4.13～387.70
有效硅（mg/kg）	251	204.37	108.32	53.00	33.18～492.95

耕层质地

	砂土	砂壤土	轻壤土	中壤土	重壤土	黏土
样本数	170	498	180	289	148	66
占比（%）	12.58	36.86	13.32	21.39	10.95	4.89

土壤 pH

	≤4.5	(4.5～5.5]	(5.5～6.5]	(6.5～7.5]	(7.5～8.5]	>8.5
样本数	70	564	409	216	86	6
占比（%）	5.18	41.75	30.27	15.99	6.37	0.44

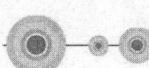

黄壤—典型黄壤—泥质黄壤耕地土壤主要理化性状

项目名称	样本数（个）	平均值	标准差	变异系数（%）	范围
有效土层厚（cm）	1 226	67.4	26.29	39.01	15.0～134.0
耕层厚度（cm）	1 226	20.7	4.92	23.84	8.0～40.0
耕层容重（g/cm³）	1 225	1.32	0.18	13.60	0.80～1.79
有机质（g/kg）	1 195	34.3	13.90	40.54	7.0～75.0
全氮（g/kg）	1 213	1.828	0.59	32.50	0.400～3.807
有效磷（mg/kg）	1 207	22.0	26.21	119.29	0.8～203.7
速效钾（mg/kg）	1 164	156	81.81	52.43	27～383
缓效钾（mg/kg）	1 216	303	202.16	66.65	48～1 548
有效铜（mg/kg）	782	5.27	6.16	116.90	0.04～32.92
有效锌（mg/kg）	785	2.24	1.82	81.16	0.06～16.02
有效铁（mg/kg）	785	120.51	116.63	96.78	0.10～479.20
有效锰（mg/kg）	751	37.30	29.35	78.69	0.30～168.55
有效硼（mg/kg）	722	0.52	0.39	73.73	0.07～3.03
有效钼（mg/kg）	405	0.882	0.71	80.90	0.028～2.510
有效硫（mg/kg）	718	67.55	59.27	87.74	4.20～377.13
有效硅（mg/kg）	575	231.08	106.45	46.07	31.87～495.86

耕层质地	砂土		砂壤土		轻壤土		中壤土		重壤土		黏土	
	样本数	占比（%）	样本数	占比（%）	样本数	占比（%）	样本数	占比（%）	样本数	占比（%）	样本数	占比（%）
	3	0.24	30	2.45	228	18.60	492	40.13	127	10.36	346	28.22

土壤 pH	≤4.5		(4.5～5.5]		(5.5～6.5]		(6.5～7.5]		(7.5～8.5]		>8.5	
	样本数	占比（%）	样本数	占比（%）	样本数	占比（%）	样本数	占比（%）	样本数	占比（%）	样本数	占比（%）
	43	3.51	420	34.26	405	33.03	299	24.39	59	4.81	0	0.00

黄壤—典型黄黄壤—灰泥质黄黄壤耕地土壤主要理化性状

项目名称	样本数（个）	平均值	标准差	变异系数（%）	范围
有效土层厚（cm）	1 368	70.7	24.66	34.87	20.0～170.0
耕层厚度（cm）	1 368	22.8	5.77	25.26	10.0～40.0
耕层容重（g/cm³）	1 366	1.32	0.15	11.35	0.80～1.78
有机质（g/kg）	1 354	29.7	12.46	41.90	7.6～73.5
全氮（g/kg）	1 358	1.651	0.55	33.57	0.152～3.720
有效磷（mg/kg）	1 357	26.8	29.89	111.68	0.9～202.3
速效钾（mg/kg）	1 341	138	76.76	55.58	28～381
缓效钾（mg/kg）	1 363	321	180.59	56.23	48～1 314
有效铜（mg/kg）	560	5.22	6.04	115.69	0.04～32.11
有效锌（mg/kg）	558	2.35	2.27	96.48	0.05～20.35
有效铁（mg/kg）	559	117.85	123.18	104.52	0.10～472.52
有效锰（mg/kg）	528	34.36	29.46	85.73	0.20～157.97
有效硼（mg/kg）	512	0.46	0.37	79.51	0.07～3.16
有效钼（mg/kg）	280	0.946	0.77	81.86	0.020～2.510
有效硫（mg/kg）	508	52.34	45.26	86.47	4.63～394.77
有效硅（mg/kg）	381	233.03	121.81	52.27	31.90～496.09

耕层质地

	砂土		砂壤土		轻壤土		中壤土		重壤土		黏土	
	占比（%）	样本数	占比（%）	样本数	占比（%）	样本数	占比（%）	样本数	占比（%）	样本数	占比（%）	样本数
	2.70	37	28.29	387	14.47	198	28.14	385	17.03	233	9.36	128

土壤 pH

	≤4.5		(4.5～5.5]		(5.5～6.5]		(6.5～7.5]		(7.5～8.5]		>8.5	
	占比（%）	样本数	占比（%）	样本数	占比（%）	样本数	占比（%）	样本数	占比（%）	样本数	占比（%）	样本数
	3.22	44	32.75	448	35.01	479	18.64	255	10.16	139	0.22	3

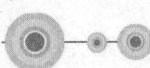

黄壤—典型黄壤—紫土质黄壤耕地土壤主要理化性状

项目名称	样本数（个）	平均值	标准差	变异系数（%）	范围
有效土层厚（cm）	22	84.1	20.70	24.61	50.0~120.0
耕层厚度（cm）	22	18.9	3.04	16.07	15.8~29.1
耕层容重（g/cm³）	22	1.26	0.13	10.36	1.01~1.50
有机质（g/kg）	20	37.6	16.75	44.49	10.5~70.1
全氮（g/kg）	21	1.912	0.61	31.90	0.590~3.260
有效磷（mg/kg）	22	28.4	26.00	91.47	2.5~96.5
速效钾（mg/kg）	21	187	67.72	36.27	66~289
缓效钾（mg/kg）	22	352	262.43	74.60	90~1 280
有效铜（mg/kg）	6	6.66	8.80	132.18	1.02~23.34
有效锌（mg/kg）	6	1.97	0.96	48.73	0.70~3.04
有效铁（mg/kg）	6	131.21	149.95	114.28	28.20~390.84
有效锰（mg/kg）	5	26.30	5.16	19.63	20.60~31.40
有效硼（mg/kg）	6	0.34	0.15	42.23	0.12~0.54
有效钼（mg/kg）	2	2.105	0.05	2.35	2.070~2.140
有效硫（mg/kg）	6	71.25	46.31	65.00	32.70~163.00
有效硅（mg/kg）	3	324.54	198.00	61.01	95.91~439.77

耕层质地

	砂土	砂壤土	轻壤土	中壤土	重壤土	黏土
样本数	3	9	5	4	1	0
占比（%）	13.64	40.91	22.73	18.18	4.55	0.00

土壤 pH

	≤4.5	(4.5~5.5]	(5.5~6.5]	(6.5~7.5]	(7.5~8.5]	>8.5
样本数	1	15	2	4	0	0
占比（%）	4.55	68.18	9.09	18.18	0.00	0.00

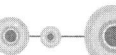

黄壤—漂洗黄壤—硅质漂洗黄壤耕地土壤主要理化性状

项目名称	样本数（个）	平均值	标准差	变异系数（%）	范　围
有效土层厚（cm）	10	79.2	25.37	32.03	40.0～102.0
耕层厚度（cm）	10	18.6	1.76	9.46	15.8～21.0
耕层容重（g/cm³）	10	1.36	0.16	11.98	1.20～1.68
有机质（g/kg）	10	28.4	14.48	50.93	7.7～57.3
全氮（g/kg）	10	1.606	0.47	29.31	0.860～2.230
有效磷（mg/kg）	10	32.1	34.59	107.79	1.5～105.3
速效钾（mg/kg）	10	159	85.83	54.09	28～288
缓效钾（mg/kg）	10	326	167.01	51.19	49～683
有效铜（mg/kg）	8	1.98	1.75	88.32	0.19～5.43
有效锌（mg/kg）	8	1.39	0.69	49.68	0.56～2.61
有效铁（mg/kg）	8	43.46	27.42	63.08	10.50～99.40
有效锰（mg/kg）	7	28.21	6.51	23.07	17.20～35.80
有效硼（mg/kg）	7	0.48	0.26	54.04	0.11～0.81
有效钼（mg/kg）	0	—	—	—	—
有效硫（mg/kg）	4	49.38	28.53	57.79	10.00～75.50
有效硅（mg/kg）	1	259.60	—	—	—

耕层质地

砂土		砂壤土		轻壤土		中壤土		重壤土		黏土	
样本数	占比（%）	样本数	占比（%）	样本数	占比（%）	样本数	占比（%）	样本数	占比（%）	样本数	占比（%）
4	40.00	6	60.00	0	0.00	0	0.00	0	0.00	0	0.00

土壤 pH

≤4.5		(4.5～5.5]		(5.5～6.5]		(6.5～7.5]		(7.5～8.5]		>8.5	
样本数	占比（%）	样本数	占比（%）	样本数	占比（%）	样本数	占比（%）	样本数	占比（%）	样本数	占比（%）
0	0.00	5	50.00	4	40.00	1	10.00	0	0.00	0	0.00

黄壤—漂洗黄壤—泥质漂洗黄壤耕地土壤主要理化性状

项目名称	样本数（个）	平均值	标准差	变异系数（%）	范　围
有效土层厚（cm）	18	72.6	35.96	49.56	30.0～180.0
耕层厚度（cm）	18	22.1	5.21	23.65	10.0～30.0
耕层容重（g/cm³）	18	1.30	0.16	12.03	1.00～1.59
有机质（g/kg）	18	41.8	16.52	39.55	15.0～73.1
全氮（g/kg）	18	1.949	0.64	32.87	0.417～2.918
有效磷（mg/kg）	17	45.8	52.77	115.24	5.3～194.7
速效钾（mg/kg）	17	132	89.50	67.86	39～350
缓效钾（mg/kg）	18	285	172.50	60.49	73～729
有效铜（mg/kg）	6	4.35	1.21	27.78	2.17～5.43
有效锌（mg/kg）	6	2.95	1.79	60.59	1.26～5.17
有效铁（mg/kg）	6	96.01	50.42	52.51	28.20～158.61
有效锰（mg/kg）	6	19.47	14.62	75.08	5.00～44.22
有效硼（mg/kg）	6	0.52	0.23	44.24	0.27～0.83
有效钼（mg/kg）	5	0.259	0.20	78.71	0.064～0.570
有效硫（mg/kg）	5	27.59	19.71	71.43	7.76～56.87
有效硅（mg/kg）	5	144.43	96.74	66.98	56.72～276.87

耕层质地

砂土		砂壤土		轻壤土		中壤土		重壤土		黏土	
样本数	占比（%）	样本数	占比（%）	样本数	占比（%）	样本数	占比（%）	样本数	占比（%）	样本数	占比（%）
0	0.00	0	0.00	6	33.33	9	50.00	1	5.56	2	11.11

土壤 pH

≤4.5		(4.5～5.5]		(5.5～6.5]		(6.5～7.5]		(7.5～8.5]		>8.5	
样本数	占比（%）	样本数	占比（%）	样本数	占比（%）	样本数	占比（%）	样本数	占比（%）	样本数	占比（%）
1	5.56	6	33.33	4	22.22	4	22.22	3	16.67	0	0.00

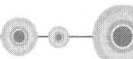

黄壤—漂洗黄壤—灰泥质漂洗黄黄壤耕地土壤主要理化性状

项目名称	样本数（个）	平均值	标准差	变异系数（%）	范 围
有效土层厚（cm）	1	101.0	—	—	—
耕层厚度（cm）	1	18.5	—	—	—
耕层容重（g/cm³）	1	1.22	—	—	—
有机质（g/kg）	0	—	—	—	—
全氮（g/kg）	0	—	—	—	—
有效磷（mg/kg）	1	22.6	—	—	—
速效钾（mg/kg）	1	255	—	—	—
缓效钾（mg/kg）	1	289	—	—	—
有效铜（mg/kg）	1	4.34	—	—	—
有效锌（mg/kg）	0	—	—	—	—
有效铁（mg/kg）	1	1.40	—	—	—
有效锰（mg/kg）	1	59.70	—	—	—
有效硼（mg/kg）	1	0.35	—	—	—
有效钼（mg/kg）	0	—	—	—	—
有效硫（mg/kg）	0	—	—	—	—
有效硅（mg/kg）	0	—	—	—	—

耕层质地

	砂土		砂壤土		轻壤土		中壤土		重壤土		黏土	
	样本数	占比（%）	样本数	占比（%）	样本数	占比（%）	样本数	占比（%）	样本数	占比（%）	样本数	占比（%）
	0	0.00	0	0.00	1	100.00	0	0.00	0	0.00	0	0.00

土壤 pH

	≤4.5		(4.5~5.5]		(5.5~6.5]		(6.5~7.5]		(7.5~8.5]		>8.5	
	样本数	占比（%）	样本数	占比（%）	样本数	占比（%）	样本数	占比（%）	样本数	占比（%）	样本数	占比（%）
	0	0.00	1	100.00	0	0.00	0	0.00	0	0.00	0	0.00

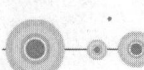

黄壤—黄壤性土—麻砂质黄壤性耕地土壤主要理化性状

项目名称	样本数（个）	平均值	标准差	变异系数（%）	范　围
有效土层厚 (cm)	14	52.6	9.63	18.32	35.0~70.0
耕层厚度 (cm)	14	22.9	6.02	26.35	12.0~40.0
耕层容重 (g/cm³)	14	1.32	0.15	11.02	1.23~1.59
有机质 (g/kg)	13	22.3	4.89	21.98	14.4~32.5
全氮 (g/kg)	14	1.225	0.57	46.31	0.300~2.310
有效磷 (mg/kg)	14	17.1	22.67	132.29	1.5~84.5
速效钾 (mg/kg)	13	88	50.88	58.13	28~211
缓效钾 (mg/kg)	13	565	298.97	52.95	99~1 052
有效铜 (mg/kg)	3	2.93	0.90	30.79	1.92~3.65
有效锌 (mg/kg)	3	2.39	0.59	24.95	1.74~2.91
有效铁 (mg/kg)	3	78.69	33.04	41.99	42.01~106.13
有效锰 (mg/kg)	3	25.42	3.86	15.17	21.95~29.57
有效硼 (mg/kg)	3	0.86	0.44	51.06	0.35~1.13
有效钼 (mg/kg)	0	—	—	—	—
有效硫 (mg/kg)	3	79.04	32.86	41.57	41.30~101.27
有效硅 (mg/kg)	3	140.81	13.19	9.37	126.74~152.92

耕层质地

	砂土		砂壤土		轻壤土		中壤土		重壤土		粘土	
	样本数	占比（%）	样本数	占比（%）	样本数	占比（%）	样本数	占比（%）	样本数	占比（%）	样本数	占比（%）
	2	14.29	3	21.43	4	28.57	5	35.71	0	0.00	0	0.00

土壤 pH

	≤4.5		(4.5~5.5]		(5.5~6.5]		(6.5~7.5]		(7.5~8.5]		>8.5	
	样本数	占比（%）	样本数	占比（%）	样本数	占比（%）	样本数	占比（%）	样本数	占比（%）	样本数	占比（%）
	0	0.00	3	21.43	5	35.71	3	21.43	3	21.43	0	0.00

黄壤—黄壤性土—硅质黄壤性土耕地土壤主要理化性状

项目名称	样本数（个）	平均值	标准差	变异系数（%）	范　围
有效土层厚（cm）	36	63.2	19.71	31.21	40.0~100.0
耕层厚度（cm）	36	18.9	3.29	17.37	15.8~29.2
耕层容重（g/cm³）	36	1.22	0.15	12.27	0.96~1.56
有机质（g/kg）	36	36.3	16.60	45.73	15.4~71.4
全氮（g/kg）	36	1.872	0.69	36.70	0.970~3.678
有效磷（mg/kg）	36	22.2	17.80	80.12	1.8~76.2
速效钾（mg/kg）	35	124	61.10	49.43	47~316
缓效钾（mg/kg）	36	277	175.94	63.57	56~743
有效铜（mg/kg）	22	3.35	3.46	103.20	0.54~12.33
有效锌（mg/kg）	21	3.62	3.80	105.17	0.77~13.21
有效铁（mg/kg）	22	68.89	47.90	69.54	10.70~163.76
有效锰（mg/kg）	17	40.00	30.47	76.18	3.34~101.70
有效硼（mg/kg）	15	0.40	0.24	59.73	0.19~0.92
有效钼（mg/kg）	10	0.239	0.21	88.15	0.070~0.760
有效硫（mg/kg）	16	38.00	23.29	61.28	10.57~80.60
有效硅（mg/kg）	12	173.08	99.70	57.60	66.39~426.60

耕层质地

	砂土	砂壤土	轻壤土	中壤土	重壤土	黏土
样本数	10	16	5	4	1	0
占比（%）	27.78	44.44	13.89	11.11	2.78	0.00

土壤 pH

	≤4.5	(4.5~5.5]	(5.5~6.5]	(6.5~7.5]	(7.5~8.5]	>8.5
样本数	1	18	10	7	0	0
占比（%）	2.78	50.00	27.78	19.44	0.00	0.00

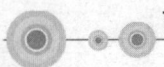

黄壤—黄壤性土—砂泥质黄壤性土耕地土壤主要理化性状

项目名称	样本数（个）	平均值	标准差	变异系数（%）	范　围
有效土层厚（cm）	301	56.5	23.57	41.72	23.0～180.0
耕层厚度（cm）	301	25.0	6.97	27.87	10.0～40.0
耕层容重（g/cm³）	301	1.28	0.14	10.99	0.90～1.77
有机质（g/kg）	293	28.8	12.70	44.13	8.6～75.2
全氮（g/kg）	291	1.698	0.64	37.53	0.150～3.797
有效磷（mg/kg）	299	28.4	27.53	96.76	0.8～190.9
速效钾（mg/kg）	299	119	70.16	58.87	29～361
缓效钾（mg/kg）	301	336	175.75	52.23	78～1 248
有效铜（mg/kg）	44	2.66	1.84	69.39	0.04～8.79
有效锌（mg/kg）	40	1.96	1.25	63.62	0.07～6.58
有效铁（mg/kg）	42	82.28	73.60	89.45	0.10～317.16
有效锰（mg/kg）	38	62.76	51.75	82.46	0.30～168.20
有效硼（mg/kg）	39	0.38	0.39	100.72	0.11～2.58
有效钼（mg/kg）	25	0.389	0.24	60.87	0.110～0.820
有效硫（mg/kg）	39	47.87	30.69	64.10	12.68～200.03
有效硅（mg/kg）	24	125.26	119.89	95.71	30.80～382.51

耕层质地

	砂土	砂壤土	轻壤土	中壤土	重壤土	黏土
样本数	13	101	58	96	25	8
占比（%）	4.32	33.55	19.27	31.89	8.31	2.66

土壤 pH

	≤4.5	(4.5～5.5]	(5.5～6.5]	(6.5～7.5]	(7.5～8.5]	>8.5
样本数	6	131	79	51	34	0
占比（%）	1.99	43.52	26.25	16.94	11.30	0.00

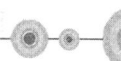

黄壤—黄壤性土—泥质黄壤性土耕地土壤主要理化性状

项目名称	样本数（个）	平均值	标准差	变异系数（%）	范　围
有效土层厚（cm）	384	53.4	19.60	36.72	20.0～140.0
耕层厚度（cm）	384	24.3	7.29	29.97	5.0～40.0
耕层容重（g/cm³）	384	1.38	0.16	11.49	0.96～1.70
有机质（g/kg）	380	25.5	11.00	43.15	7.6～72.9
全氮（g/kg）	384	1.459	0.60	40.86	0.160～3.728
有效磷（mg/kg）	380	27.3	28.67	105.17	1.0～171.1
速效钾（mg/kg）	373	124	67.16	54.16	27～371
缓效钾（mg/kg）	384	409	251.33	61.49	50～1 509
有效铜（mg/kg）	190	4.00	5.14	128.75	0.28～25.82
有效锌（mg/kg）	188	2.25	1.34	59.43	0.13～13.85
有效铁（mg/kg）	191	96.06	101.64	105.81	0.10～478.57
有效锰（mg/kg）	187	28.09	21.75	77.41	0.30～155.00
有效硼（mg/kg）	183	0.48	0.28	58.57	0.07～1.76
有效钼（mg/kg）	56	1.082	0.77	70.71	0.081～2.470
有效硫（mg/kg）	180	49.67	47.44	95.50	7.50～395.30
有效硅（mg/kg）	173	192.14	96.14	50.04	73.36～481.93

耕层质地

	砂土		砂壤土		轻壤土		中壤土		重壤土		黏土	
样本数	占比（%）	样本数	占比（%）	样本数	占比（%）	样本数	占比（%）	样本数	占比（%）	样本数	占比（%）
24	6.25	136	35.42	69	17.97	97	25.26	24	6.25	34	8.85

土壤 pH

	≤4.5		(4.5～5.5]		(5.5～6.5]		(6.5～7.5]		(7.5～8.5]		>8.5	
样本数	占比（%）	样本数	占比（%）	样本数	占比（%）	样本数	占比（%）	样本数	占比（%）	样本数	占比（%）
9	2.34	131	34.11	112	29.17	86	22.40	46	11.98	0	0.00

147

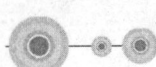

黄棕壤—典型黄棕壤—黄土质黄棕壤耕地土壤主要理化性状

项目名称	样本数（个）	平均值	标准差	变异系数（%）	范　围
有效土层厚（cm）	13	49.2	31.94	64.88	10.0～100.0
耕层厚度（cm）	13	20.4	5.94	29.13	10.0～25.0
耕层容重（g/cm³）	13	1.29	0.05	3.88	1.24～1.39
有机质（g/kg）	12	25.3	13.89	54.97	7.4～60.8
全氮（g/kg）	13	1.226	0.64	52.44	0.300～2.520
有效磷（mg/kg）	13	19.3	10.14	52.68	3.9～39.8
速效钾（mg/kg）	12	192	66.91	34.90	110～290
缓效钾（mg/kg）	12	743	245.06	32.98	382～1 209
有效铜（mg/kg）	13	1.53	0.52	33.68	0.84～2.20
有效锌（mg/kg）	13	1.42	0.66	46.32	0.55～2.40
有效铁（mg/kg）	13	11.37	3.62	31.87	5.60～16.70
有效锰（mg/kg）	13	11.48	2.97	25.85	7.20～16.56
有效硼（mg/kg）	13	0.51	0.17	32.59	0.34～1.01
有效钼（mg/kg）	13	0.140	0.05	34.47	0.091～0.270
有效硫（mg/kg）	13	23.24	13.42	57.74	8.57～52.57
有效硅（mg/kg）	13	193.65	67.16	34.68	98.00～267.00

耕层质地

	砂土		砂壤土		轻壤土		中壤土		重壤土		黏土	
	样本数	占比（%）	样本数	占比（%）	样本数	占比（%）	样本数	占比（%）	样本数	占比（%）	样本数	占比（%）
	1	7.69	9	69.23	0	0.00	3	23.08	0	0.00	0	0.00

土壤pH

	≤4.5		(4.5～5.5]		(5.5～6.5]		(6.5～7.5]		(7.5～8.5]		>8.5	
	样本数	占比（%）	样本数	占比（%）	样本数	占比（%）	样本数	占比（%）	样本数	占比（%）	样本数	占比（%）
	0	0.00	0	0.00	3	23.08	4	30.77	6	46.15	0	0.00

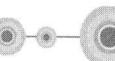

黄棕壤—典型黄棕壤—麻砂质黄棕壤耕地土壤主要理化性状

项目名称	样本数（个）	平均值	标准差	变异系数（%）	范 围
有效土层厚（cm）	459	68.5	28.02	40.94	25.0~100.0
耕层厚度（cm）	459	23.3	7.00	29.98	7.0~40.0
耕层容重（g/cm³）	459	1.36	0.16	11.89	0.90~1.72
有机质（g/kg）	457	27.1	8.86	32.68	7.5~68.6
全氮（g/kg）	459	1.751	0.59	33.47	0.380~3.649
有效磷（mg/kg）	451	37.6	31.34	83.25	1.2~194.8
速效钾（mg/kg）	457	130	62.61	48.04	30~346
缓效钾（mg/kg）	456	408	235.31	57.65	65~1 561
有效铜（mg/kg）	422	1.92	0.89	46.09	0.43~6.39
有效锌（mg/kg）	422	1.64	0.53	32.30	0.74~3.36
有效铁（mg/kg）	422	59.09	35.22	59.60	6.43~173.81
有效锰（mg/kg）	422	28.19	9.17	32.54	7.27~53.32
有效硼（mg/kg）	422	0.50	0.37	74.16	0.14~2.24
有效钼（mg/kg）	7	0.310	0.10	31.72	0.193~0.459
有效硫（mg/kg）	419	48.61	32.17	66.17	13.57~138.75
有效硅（mg/kg）	418	172.25	57.87	33.60	59.93~404.08

耕层质地

耕层质地	砂土	砂壤土	轻壤土	中壤土	重壤土	黏土
样本数	5	25	161	186	63	19
占比（%）	1.09	5.45	35.08	40.52	13.73	4.14

土壤pH

土壤pH	≤4.5	(4.5~5.5]	(5.5~6.5]	(6.5~7.5]	(7.5~8.5]	>8.5
样本数	7	162	194	72	22	2
占比（%）	1.53	35.29	42.27	15.69	4.79	0.44

黄棕壤—典型黄棕壤—砂泥质黄棕壤耕地土壤主要理化性状

项目名称	样本数（个）	平均值	标准差	变异系数（%）	范　围
有效土层厚（cm）	315	65.4	26.76	40.94	20.0~180.0
耕层厚度（cm）	315	22.1	5.51	24.92	8.0~40.0
耕层容重（g/cm³）	315	1.33	0.16	12.07	0.81~1.60
有机质（g/kg）	311	26.8	12.31	45.88	7.6~75.0
全氮（g/kg）	312	1.627	0.69	42.27	0.230~3.754
有效磷（mg/kg）	308	32.9	35.01	106.38	1.5~184.8
速效钾（mg/kg）	312	134	73.95	55.05	28~351
缓效钾（mg/kg）	306	511	303.80	59.49	58~1 520
有效铜（mg/kg）	207	2.55	1.12	43.76	0.42~7.34
有效锌（mg/kg）	206	1.89	0.70	36.90	0.59~4.21
有效铁（mg/kg）	207	67.11	37.05	55.21	6.76~364.76
有效锰（mg/kg）	206	34.78	17.74	51.01	1.32~81.70
有效硼（mg/kg）	207	0.66	0.50	75.62	0.07~2.46
有效钼（mg/kg）	15	0.214	0.14	64.92	0.080~0.500
有效硫（mg/kg）	217	49.71	32.12	64.61	5.50~164.54
有效硅（mg/kg）	201	178.50	47.94	26.86	61.95~396.48

耕层质地

	砂土	砂壤土	轻壤土	中壤土	重壤土	黏土
样本数	18	76	82	103	27	9
占比（%）	5.71	24.13	26.03	32.70	8.57	2.86

土壤 pH

	≤4.5	(4.5~5.5]	(5.5~6.5]	(6.5~7.5]	(7.5~8.5]	>8.5
样本数	5	96	93	93	28	0
占比（%）	1.59	30.48	29.52	29.52	8.89	0.00

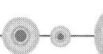

黄棕壤—典型黄棕壤—泥质黄棕壤耕地土壤主要理化性状

项目名称	样本数（个）	平均值	标准差	变异系数（%）	范　围
有效土层厚（cm）	635	64.0	24.01	37.52	20.0~100.0
耕层厚度（cm）	635	21.7	4.70	21.64	10.0~40.0
耕层容重（g/cm³）	635	1.45	0.14	9.66	0.83~1.63
有机质（g/kg）	623	23.9	11.04	46.25	6.8~75.2
全氮（g/kg）	631	1.344	0.66	48.99	0.147~3.519
有效磷（mg/kg）	631	25.2	24.47	97.07	0.9~177.5
速效钾（mg/kg）	629	127	65.51	51.64	27~358
缓效钾（mg/kg）	612	582	348.14	59.86	80~1 612
有效铜（mg/kg）	538	2.15	1.12	51.92	0.28~6.16
有效锌（mg/kg）	536	1.62	0.71	43.91	0.31~6.79
有效铁（mg/kg）	537	44.45	35.64	80.18	5.77~194.07
有效锰（mg/kg）	536	24.92	13.23	53.08	1.23~85.00
有效硼（mg/kg）	538	0.53	0.37	70.69	0.14~2.37
有效钼（mg/kg）	33	0.200	0.09	46.65	0.066~0.384
有效硫（mg/kg）	524	40.78	32.15	78.83	6.32~164.61
有效硅（mg/kg）	523	195.33	67.32	34.47	47.06~403.70

耕层质地

	砂土	砂壤土	轻壤土	中壤土	重壤土	黏土
样本数	11	82	166	277	76	23
占比（%）	1.73	12.91	26.14	43.62	11.97	3.62

土壤pH

	≤4.5	(4.5~5.5]	(5.5~6.5]	(6.5~7.5]	(7.5~8.5]	>8.5
样本数	10	167	235	169	54	0
占比（%）	1.57	26.30	37.01	26.61	8.50	0.00

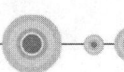

黄棕壤—典型黄棕壤—泥砂质黄棕壤耕地土壤主要理化性状

项目名称	样本数（个）	平均值	标准差	变异系数（%）	范围
有效土层厚 (cm)	56	61.5	17.01	27.66	30.0~100.0
耕层厚度 (cm)	56	23.8	6.15	25.85	10.0~40.0
耕层容重 (g/cm³)	56	1.36	0.16	11.60	1.08~1.69
有机质 (g/kg)	54	24.3	10.02	41.22	10.4~58.1
全氮 (g/kg)	55	1.380	0.59	43.07	0.180~3.630
有效磷 (mg/kg)	56	24.5	18.88	77.02	2.1~90.6
速效钾 (mg/kg)	56	99	45.08	45.60	30~200
缓效钾 (mg/kg)	56	429	239.14	55.78	205~1 079
有效铜 (mg/kg)	41	1.95	1.06	54.23	0.52~4.11
有效锌 (mg/kg)	41	2.01	0.89	44.19	0.33~3.40
有效铁 (mg/kg)	41	51.04	34.77	68.12	7.22~138.91
有效锰 (mg/kg)	41	22.31	9.75	43.71	3.32~36.29
有效硼 (mg/kg)	41	0.68	0.65	94.58	0.08~1.90
有效钼 (mg/kg)	17	0.107	0.03	31.83	0.035~0.167
有效硫 (mg/kg)	26	86.74	39.62	45.68	4.94~155.14
有效硅 (mg/kg)	27	126.08	26.07	20.68	62.80~197.80

耕层质地

	砂土	砂壤土	轻壤土	中壤土	重壤土	黏土
样本数	1	16	4	20	12	3
占比 (%)	1.79	28.57	7.14	35.71	21.43	5.36

土壤 pH

	≤4.5	(4.5~5.5]	(5.5~6.5]	(6.5~7.5]	(7.5~8.5]	>8.5
样本数	0	21	8	12	15	0
占比 (%)	0.00	37.50	14.29	21.43	26.79	0.00

黄棕壤—暗黄棕壤—暗泥质暗黄棕壤耕地土壤主要理化性状

项目名称	样本数（个）	平均值	标准差	变异系数（%）	范　围
有效土层厚 (cm)	89	98.4	9.87	10.03	40.0~140.0
耕层厚度 (cm)	89	17.3	1.05	6.10	14.0~23.0
耕层容重 (g/cm³)	89	1.49	0.08	5.67	1.12~1.65
有机质 (g/kg)	85	35.0	18.39	52.60	6.9~74.9
全氮 (g/kg)	88	1.885	0.88	46.62	0.199~3.780
有效磷 (mg/kg)	88	22.9	18.09	78.84	5.6~114.3
速效钾 (mg/kg)	88	136	75.39	55.60	32~362
缓效钾 (mg/kg)	88	244	199.40	81.78	57~1 327
有效铜 (mg/kg)	85	12.18	6.35	52.14	0.78~28.49
有效锌 (mg/kg)	85	2.41	1.96	81.50	0.13~13.10
有效铁 (mg/kg)	85	222.68	141.42	63.51	4.14~477.59
有效锰 (mg/kg)	85	30.19	28.76	95.25	2.60~165.60
有效硼 (mg/kg)	85	0.41	0.22	54.04	0.12~1.17
有效钼 (mg/kg)	85	1.197	0.78	65.01	0.060~2.480
有效硫 (mg/kg)	82	59.28	63.13	106.49	9.60~370.88
有效硅 (mg/kg)	82	276.94	123.92	44.74	60.21~480.73

耕层质地

	砂土	砂壤土	轻壤土	中壤土	重壤土	黏土
样本数	0	2	5	0	80	2
占比（%）	0.00	2.25	5.62	0.00	89.89	2.25

土壤 pH

	≤4.5	(4.5~5.5]	(5.5~6.5]	(6.5~7.5]	(7.5~8.5]	>8.5
样本数	0	23	38	20	8	0
占比（%）	0.00	25.84	42.70	22.47	8.99	0.00

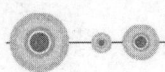

黄棕壤—暗黄棕壤—麻砂质暗黄棕壤耕地土壤主要理化性状

项目名称	样本数（个）	平均值	标准差	变异系数（%）	范　围
有效土层厚（cm）	28	97.1	8.98	9.25	65.0～100.0
耕层厚度（cm）	28	15.8	2.18	13.77	15.0～23.0
耕层容重（g/cm³）	28	1.46	0.13	8.58	1.00～1.51
有机质（g/kg）	27	46.1	19.20	41.63	13.7～75.1
全氮（g/kg）	26	2.234	0.90	40.44	0.690～3.780
有效磷（mg/kg）	28	28.3	15.90	56.23	5.9～70.7
速效钾（mg/kg）	28	170	91.70	53.98	37～337
缓效钾（mg/kg）	28	371	258.16	69.59	82～1 113
有效铜（mg/kg）	26	9.00	6.18	68.68	0.25～22.98
有效锌（mg/kg）	26	2.83	1.70	60.10	0.10～7.50
有效铁（mg/kg）	26	199.62	109.83	55.02	41.64～419.33
有效锰（mg/kg）	26	50.75	39.80	78.43	10.50～130.70
有效硼（mg/kg）	25	0.39	0.29	74.87	0.12～1.66
有效钼（mg/kg）	25	1.126	0.83	73.47	0.030～2.480
有效硫（mg/kg）	25	33.80	28.30	83.72	10.30～153.04
有效硅（mg/kg）	25	298.15	131.28	44.03	62.02～483.82

耕层质地

砂土		砂壤土		轻壤土		中壤土		重壤土		黏土	
样本数	占比（%）	样本数	占比（%）	样本数	占比（%）	样本数	占比（%）	样本数	占比（%）	样本数	占比（%）
13	46.43	12	42.86	1	3.57	2	7.14	0	0.00	0	0.00

土壤pH

≤4.5		(4.5～5.5]		(5.5～6.5]		(6.5～7.5]		(7.5～8.5]		>8.5	
样本数	占比（%）	样本数	占比（%）	样本数	占比（%）	样本数	占比（%）	样本数	占比（%）	样本数	占比（%）
0	0.00	13	46.43	7	25.00	5	17.86	3	10.71	0	0.00

黄棕壤—暗黄棕壤—砂泥质暗黄棕壤耕地土壤主要理化性状

项目名称	样本数（个）	平均值	标准差	变异系数（%）	范　围
有效土层厚（cm）	100	80.3	19.37	24.11	30.0~100.0
耕层厚度（cm）	100	18.1	7.82	43.08	9.0~35.0
耕层容重（g/cm³）	100	1.38	0.21	15.45	0.84~1.77
有机质（g/kg）	94	36.7	16.89	46.08	7.2~72.4
全氮（g/kg）	94	1.799	0.77	42.64	0.290~3.710
有效磷（mg/kg）	100	27.1	27.51	101.60	0.8~167.0
速效钾（mg/kg）	98	176	92.90	52.90	37~348
缓效钾（mg/kg）	99	275	231.63	84.24	53~1 548
有效铜（mg/kg）	62	8.42	7.39	87.79	0.35~28.99
有效锌（mg/kg）	61	3.88	4.66	120.18	0.18~21.09
有效铁（mg/kg）	62	169.58	140.19	82.67	3.60~460.53
有效锰（mg/kg）	52	29.43	23.34	79.29	1.61~103.90
有效硼（mg/kg）	49	0.52	0.29	54.91	0.11~1.34
有效钼（mg/kg）	42	0.872	0.76	87.54	0.090~2.460
有效硫（mg/kg）	47	74.42	87.85	118.04	9.10~389.90
有效硅（mg/kg）	48	239.82	131.71	54.92	60.04~477.20

耕层质地

	砂土	砂壤土	轻壤土	中壤土	重壤土	黏土
样本数	7	9	28	19	9	28
占比（%）	7.00	9.00	28.00	19.00	9.00	28.00

土壤 pH

	≤4.5	(4.5~5.5]	(5.5~6.5]	(6.5~7.5]	(7.5~8.5]	>8.5
样本数	2	36	39	16	7	0
占比（%）	2.00	36.00	39.00	16.00	7.00	0.00

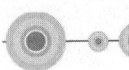

黄棕壤—暗黄棕壤—泥质暗黄棕壤耕地土壤主要理化性状

项目名称	样本数（个）	平均值	标准差	变异系数（%）	范　围
有效土层厚（cm）	271	77.5	23.46	30.28	25.0~100.0
耕层厚度（cm）	271	22.1	6.51	29.48	11.2~31.2
耕层容重（g/cm³）	271	1.38	0.22	15.76	0.80~1.79
有机质（g/kg）	251	33.5	15.45	46.07	7.1~73.2
全氮（g/kg）	259	1.923	0.66	34.31	0.402~3.674
有效磷（mg/kg）	269	17.4	14.12	81.00	0.8~102.0
速效钾（mg/kg）	263	160	81.26	50.74	40~387
缓效钾（mg/kg）	266	481	320.06	66.53	52~1 587
有效铜（mg/kg）	200	4.30	5.75	133.91	0.16~27.52
有效锌（mg/kg）	198	2.47	2.63	106.26	0.10~21.67
有效铁（mg/kg）	200	89.42	112.80	126.16	1.60~480.03
有效锰（mg/kg）	189	27.81	18.33	65.93	2.70~121.00
有效硼（mg/kg）	180	0.38	0.18	48.23	0.09~1.31
有效钼（mg/kg）	54	0.900	0.85	94.54	0.049~2.510
有效硫（mg/kg）	176	49.68	55.82	112.36	6.70~393.43
有效硅（mg/kg）	179	214.71	103.00	47.97	70.07~495.92

耕层质地

	砂土	砂壤土	轻壤土	中壤土	重壤土	黏土
样本数	13	76	62	49	59	12
占比（%）	4.80	28.04	22.88	18.08	21.77	4.43

土壤 pH

	≤4.5	(4.5~5.5]	(5.5~6.5]	(6.5~7.5]	(7.5~8.5]	>8.5
样本数	7	68	88	79	28	1
占比（%）	2.58	25.09	32.47	29.15	10.33	0.37

黄棕壤—暗黄棕壤—灰泥质暗黄棕壤耕地土壤主要理化性状

项目名称	样本数（个）	平均值	标准差	变异系数（%）	范围
有效土层厚（cm）	476	73.8	20.04	27.17	30.0~110.8
耕层厚度（cm）	476	20.3	5.48	26.92	12.0~35.0
耕层容重（g/cm³）	476	1.30	0.23	17.34	0.80~1.72
有机质（g/kg）	452	35.2	15.28	43.42	7.6~73.8
全氮（g/kg）	459	1.848	0.64	34.84	0.450~3.727
有效磷（mg/kg）	473	24.3	26.05	107.08	1.0~182.0
速效钾（mg/kg）	451	170	80.26	47.24	28~384
缓效钾（mg/kg）	475	366	256.52	70.18	48~1 541
有效铜（mg/kg）	346	4.81	5.68	117.97	0.10~31.80
有效锌（mg/kg）	326	4.57	5.12	112.05	0.16~22.17
有效铁（mg/kg）	347	100.08	123.23	123.13	2.79~474.66
有效锰（mg/kg）	250	26.75	20.81	77.79	1.60~156.60
有效硼（mg/kg）	250	0.55	0.44	80.19	0.10~2.49
有效钼（mg/kg）	111	1.033	0.79	76.46	0.100~2.510
有效硫（mg/kg）	246	57.16	45.56	79.70	4.70~335.86
有效硅（mg/kg）	248	199.30	113.75	57.07	62.61~497.19

耕层质地

	砂土	砂壤土	轻壤土	中壤土	重壤土	黏土
样本数	2	21	59	196	87	111
占比（%）	0.42	4.41	12.39	41.18	18.28	23.32

土壤pH

	≤4.5	(4.5~5.5]	(5.5~6.5]	(6.5~7.5]	(7.5~8.5]	>8.5
样本数	6	179	154	112	25	0
占比（%）	1.26	37.61	32.35	23.53	5.25	0.00

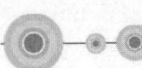

黄棕壤—暗黄棕壤—紫土质黄棕壤耕地土壤主要理化性状

项目名称	样本数（个）	平均值	标准差	变异系数（%）	范围
有效土层厚（cm）	120	100.0	0.00	0.00	100.0～100.0
耕层厚度（cm）	120	18.0	0.09	0.51	17.0～18.0
耕层容重（g/cm³）	120	1.51	0.00	0.00	1.51～1.51
有机质（g/kg）	118	35.0	15.69	44.86	7.2～73.8
全氮（g/kg）	119	1.844	0.69	37.58	0.520～3.460
有效磷（mg/kg）	120	19.5	19.09	97.88	5.2～151.8
速效钾（mg/kg）	117	165	88.87	53.99	27～365
缓效钾（mg/kg）	120	274	208.86	76.15	50～1 272
有效铜（mg/kg）	119	11.70	7.53	64.41	0.71～30.22
有效锌（mg/kg）	120	2.47	2.23	90.08	0.28～14.70
有效铁（mg/kg）	120	239.20	128.73	53.82	3.09～478.58
有效锰（mg/kg）	119	36.64	25.04	68.33	1.60～115.40
有效硼（mg/kg）	120	0.56	0.29	51.98	0.11～1.45
有效钼（mg/kg）	118	1.064	0.77	72.71	0.100～2.490
有效硫（mg/kg）	117	90.00	102.63	114.04	4.00～399.22
有效硅（mg/kg）	117	251.35	134.74	53.60	61.39～490.72

耕层质地

	砂土		砂壤土		轻壤土		中壤土		重壤土		黏土	
	样本数	占比（%）	样本数	占比（%）	样本数	占比（%）	样本数	占比（%）	样本数	占比（%）	样本数	占比（%）
	0	0.00	0	0.00	0	0.00	0	0.00	1	0.83	119	99.17

土壤pH

	≤4.5		(4.5～5.5]		(5.5～6.5]		(6.5～7.5]		(7.5～8.5]		>8.5	
	样本数	占比（%）	样本数	占比（%）	样本数	占比（%）	样本数	占比（%）	样本数	占比（%）	样本数	占比（%）
	3	2.50	16	13.33	54	45.00	33	27.50	14	11.67	0	0.00

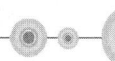

黄棕壤—黄棕壤性土—硅质黄棕壤性土耕地土壤主要理化性状

项目名称	样本数（个）	平均值	标准差	变异系数（%）	范围
有效土层厚（cm）	70	55.8	23.62	42.30	14.0~100.0
耕层厚度（cm）	70	21.3	5.04	23.70	13.0~40.0
耕层容重（g/cm³）	70	1.31	0.19	14.19	1.02~1.59
有机质（g/kg）	69	22.3	8.74	39.14	7.8~42.5
全氮（g/kg）	69	1.426	0.58	40.53	0.440~3.240
有效磷（mg/kg）	69	27.2	24.99	91.96	2.3~111.4
速效钾（mg/kg）	69	123	61.90	50.49	34~317
缓效钾（mg/kg）	67	671	330.09	49.18	110~1 549
有效铜（mg/kg）	33	2.49	1.02	41.01	0.81~5.79
有效锌（mg/kg）	33	2.06	0.63	30.34	0.87~3.17
有效铁（mg/kg）	33	52.14	26.50	50.82	8.32~110.29
有效锰（mg/kg）	31	35.80	19.81	55.35	3.57~74.79
有效硼（mg/kg）	33	0.48	0.43	89.93	0.15~2.36
有效钼（mg/kg）	5	0.173	0.06	36.33	0.099~0.241
有效硫（mg/kg）	31	40.91	24.87	60.78	4.14~148.60
有效硅（mg/kg）	31	192.32	73.95	38.45	26.44~332.56

耕层质地

	砂土	砂壤土	轻壤土	中壤土	重壤土	黏土
样本数	1	23	11	27	5	3
占比（%）	1.43	32.86	15.71	38.57	7.14	4.29

土壤pH

	≤4.5	(4.5~5.5]	(5.5~6.5]	(6.5~7.5]	(7.5~8.5]	>8.5
样本数	0	13	25	19	13	0
占比（%）	0.00	18.57	35.71	27.14	18.57	0.00

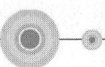

黄棕壤—黄棕壤性土—泥质黄棕壤性土耕地土壤主要理化性状

项目名称	样本数（个）	平均值	标准差	变异系数（%）	范围
有效土层厚 (cm)	404	57.0	15.18	26.61	20.0~120.0
耕层厚度 (cm)	404	21.9	4.57	20.93	10.0~40.0
耕层容重 (g/cm³)	404	1.45	0.15	10.13	0.99~1.62
有机质 (g/kg)	385	23.8	11.70	49.25	6.8~72.3
全氮 (g/kg)	398	1.355	0.64	47.19	0.150~3.310
有效磷 (mg/kg)	403	20.4	23.82	116.68	0.9~168.1
速效钾 (mg/kg)	400	124	66.30	53.58	27~350
缓效钾 (mg/kg)	392	558	318.00	56.95	56~1 588
有效铜 (mg/kg)	363	1.82	0.88	48.20	0.46~5.04
有效锌 (mg/kg)	363	1.60	0.63	39.67	0.43~4.81
有效铁 (mg/kg)	363	46.13	33.47	72.55	6.70~235.00
有效锰 (mg/kg)	363	25.39	19.01	74.88	1.22~85.30
有效硼 (mg/kg)	363	0.53	0.32	60.91	0.14~2.57
有效钼 (mg/kg)	6	0.141	0.05	37.12	0.070~0.200
有效硫 (mg/kg)	360	37.72	25.00	66.26	12.85~151.40
有效硅 (mg/kg)	360	187.46	70.82	37.78	30.24~385.97

耕层质地

	砂土	砂壤土	轻壤土	中壤土	重壤土	黏土
样本数	5	68	113	147	52	19
占比 (%)	1.24	16.83	27.97	36.39	12.87	4.70

土壤 pH

	≤4.5	(4.5~5.5]	(5.5~6.5]	(6.5~7.5]	(7.5~8.5]	>8.5
样本数	2	67	195	96	43	1
占比 (%)	0.50	16.58	48.27	23.76	10.64	0.25

黄褐土—典型黄褐土—黄土质黄褐土耕地土壤主要理化性状

项目名称	样本数（个）	平均值	标准差	变异系数（%）	范　围
有效土层厚（cm）	107	50.9	18.89	37.12	24.0~100.0
耕层厚度（cm）	107	20.2	3.34	16.52	15.0~30.0
耕层容重（g/cm³）	107	1.42	0.12	8.73	1.10~1.70
有机质（g/kg）	105	18.9	6.75	35.65	7.2~44.5
全氮（g/kg）	107	1.130	0.44	38.63	0.420~2.738
有效磷（mg/kg）	107	18.5	19.46	105.24	2.5~180.0
速效钾（mg/kg）	107	142	61.30	43.30	29~327
缓效钾（mg/kg）	92	990	334.26	33.77	50~1 609
有效铜（mg/kg）	51	1.70	0.93	54.68	0.71~5.50
有效锌（mg/kg）	50	1.63	0.97	59.80	0.39~6.89
有效铁（mg/kg）	51	34.30	45.97	134.03	5.91~304.54
有效锰（mg/kg）	49	20.99	15.10	71.92	5.62~68.45
有效硼（mg/kg）	50	0.38	0.19	48.69	0.10~1.17
有效钼（mg/kg）	17	0.229	0.08	35.99	0.090~0.370
有效硫（mg/kg）	59	30.26	21.28	70.34	7.30~110.69
有效硅（mg/kg）	40	266.46	65.91	24.74	77.90~387.50

耕层质地

	砂土	砂壤土	轻壤土	中壤土	重壤土	黏土
样本数	0	7	16	71	9	4
占比（%）	0.00	6.54	14.95	66.36	8.41	3.74

土壤pH

	≤4.5	(4.5~5.5]	(5.5~6.5]	(6.5~7.5]	(7.5~8.5]	>8.5
样本数	0	3	32	53	19	0
占比（%）	0.00	2.80	29.91	49.53	17.76	0.00

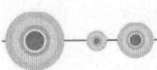

黄褐土—典型黄褐土—泥砂质黄褐土耕地土壤主要理化性状

项目名称	样本数（个）	平均值	标准差	变异系数（%）	范　围
有效土层厚（cm）	222	47.5	25.54	53.77	12.0～100.0
耕层厚度（cm）	222	18.6	3.15	16.95	10.0～30.0
耕层容重（g/cm³）	222	1.36	0.13	9.80	1.00～1.73
有机质（g/kg）	215	21.3	10.42	48.85	7.0～57.5
全氮（g/kg）	222	1.191	0.44	37.07	0.237～3.338
有效磷（mg/kg）	222	22.6	24.16	106.90	1.2～165.6
速效钾（mg/kg）	216	153	67.86	44.47	28～348
缓效钾（mg/kg）	197	902	298.34	33.07	162～1 609
有效铜（mg/kg）	34	1.65	1.29	78.08	0.11～5.18
有效锌（mg/kg）	31	1.30	0.98	75.86	0.24～3.77
有效铁（mg/kg）	32	54.38	39.17	72.04	5.17～153.06
有效锰（mg/kg）	29	26.66	18.41	69.05	5.97～81.08
有效硼（mg/kg）	33	0.51	0.44	85.16	0.11～2.11
有效钼（mg/kg）	32	0.183	0.08	45.20	0.030～0.373
有效硫（mg/kg）	28	18.81	14.17	75.33	7.00～55.90
有效硅（mg/kg）	19	180.73	77.92	43.11	89.56～386.00

耕层质地

	砂土		砂壤土		轻壤土		中壤土		重壤土		黏土	
	样本数	占比（%）	样本数	占比（%）	样本数	占比（%）	样本数	占比（%）	样本数	占比（%）	样本数	占比（%）
	0	0.00	46	20.72	9	4.05	71	31.98	48	21.62	48	21.62

土壤pH

	≤4.5		(4.5～5.5]		(5.5～6.5]		(6.5～7.5]		(7.5～8.5]		>8.5	
	样本数	占比（%）	样本数	占比（%）	样本数	占比（%）	样本数	占比（%）	样本数	占比（%）	样本数	占比（%）
	0	0.00	11	4.95	51	22.97	79	35.59	80	36.04	1	0.45

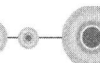

黄褐土—黄褐土性土—黄土质黄褐土性土耕地土壤主要理化性状

项目名称	样本数（个）	平均值	标准差	变异系数（%）	范围
有效土层厚（cm）	29	87.1	22.77	26.13	20.0~100.0
耕层厚度（cm）	29	19.3	1.40	7.22	15.0~21.0
耕层容重（g/cm³）	29	1.47	0.07	4.86	1.37~1.67
有机质（g/kg）	29	17.5	5.34	30.54	10.1~32.5
全氮（g/kg）	29	1.240	0.28	22.53	0.720~1.850
有效磷（mg/kg）	28	21.6	21.69	100.54	4.7~98.0
速效钾（mg/kg）	29	142	63.22	44.42	65~350
缓效钾（mg/kg）	29	504	172.05	34.15	183~967
有效铜（mg/kg）	7	2.18	2.15	98.55	0.56~6.85
有效锌（mg/kg）	7	2.10	2.61	124.34	0.51~6.63
有效铁（mg/kg）	7	27.24	8.31	30.52	19.60~42.90
有效锰（mg/kg）	7	19.49	10.31	52.89	7.20~30.91
有效硼（mg/kg）	7	0.21	0.09	42.92	0.12~0.39
有效钼（mg/kg）	7	0.143	0.07	47.60	0.051~0.270
有效硫（mg/kg）	7	15.88	14.91	93.91	4.75~47.30
有效硅（mg/kg）	6	274.62	106.33	38.72	115.10~376.69

耕层质地

	砂土	砂壤土	轻壤土	中壤土	重壤土	黏土
样本数	0	2	1	6	1	19
占比（%）	0.00	6.90	3.45	20.69	3.45	65.52

土壤 pH

	≤4.5	(4.5~5.5]	(5.5~6.5]	(6.5~7.5]	(7.5~8.5]	>8.5
样本数	2	1	4	10	12	0
占比（%）	6.90	3.45	13.79	34.48	41.38	0.00

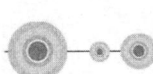

棕壤—典型棕壤—黄土质棕壤耕地土壤主要理化性状

项目名称	样本数（个）	平均值	标准差	变异系数（%）	范　围
有效土层厚（cm）	50	39.0	16.22	41.61	10.0~98.0
耕层厚度（cm）	50	18.7	5.01	26.75	10.0~30.0
耕层容重（g/cm³）	50	1.23	0.11	8.80	0.82~1.58
有机质（g/kg）	47	24.5	17.11	69.76	7.7~74.6
全氮（g/kg）	49	1.185	0.77	65.32	0.210~3.730
有效磷（mg/kg）	50	18.1	12.50	69.18	2.7~64.2
速效钾（mg/kg）	50	182	79.54	43.79	70~359
缓效钾（mg/kg）	50	628	247.53	39.43	138~1 428
有效铜（mg/kg）	43	1.06	0.73	69.27	0.25~2.67
有效锌（mg/kg）	43	1.24	0.71	56.87	0.43~2.50
有效铁（mg/kg）	43	12.81	13.55	105.77	3.40~93.10
有效锰（mg/kg）	43	8.77	3.59	40.98	3.10~15.84
有效硼（mg/kg）	43	0.66	0.31	47.39	0.20~1.60
有效钼（mg/kg）	43	0.173	0.14	83.23	0.072~0.920
有效硫（mg/kg）	43	19.47	10.35	53.14	8.00~56.29
有效硅（mg/kg）	43	143.11	76.73	53.62	61.00~274.00

耕层质地

砂土		砂壤土		轻壤土		中壤土		重壤土		黏土	
样本数	占比（%）	样本数	占比（%）	样本数	占比（%）	样本数	占比（%）	样本数	占比（%）	样本数	占比（%）
21	42.00	11	22.00	6	12.00	7	14.00	5	10.00	0	0.00

土壤 pH

≤4.5		(4.5~5.5]		(5.5~6.5]		(6.5~7.5]		(7.5~8.5]		>8.5	
样本数	占比（%）	样本数	占比（%）	样本数	占比（%）	样本数	占比（%）	样本数	占比（%）	样本数	占比（%）
0	0.00	4	8.00	10	20.00	5	10.00	30	60.00	1	2.00

棕壤—典型棕壤—泥砂质棕壤耕地土壤主要理化性状

项目名称	样本数（个）	平均值	标准差	变异系数（%）	范围
有效土层厚（cm）	1	30.0	—	—	—
耕层厚度（cm）	1	20.0	—	—	—
耕层容重（g/cm³）	1	1.26	—	—	—
有机质（g/kg）	1	29.6	—	—	—
全氮（g/kg）	1	1.546	—	—	—
有效磷（mg/kg）	1	99.3	—	—	—
速效钾（mg/kg）	1	243	—	—	—
缓效钾（mg/kg）	1	322	—	—	—
有效铜（mg/kg）	0	—	—	—	—
有效锌（mg/kg）	0	—	—	—	—
有效铁（mg/kg）	0	—	—	—	—
有效锰（mg/kg）	0	—	—	—	—
有效硼（mg/kg）	0	—	—	—	—
有效钼（mg/kg）	0	—	—	—	—
有效硫（mg/kg）	0	—	—	—	—
有效硅（mg/kg）	0	—	—	—	—

耕层质地

	砂土	砂壤土	轻壤土	中壤土	重壤土	黏土
样本数	0	0	0	0	0	1
占比（%）	0.00	0.00	0.00	0.00	0.00	100.00

土壤 pH

	≤4.5	(4.5~5.5]	(5.5~6.5]	(6.5~7.5]	(7.5~8.5]	>8.5
样本数	0	1	0	0	0	0
占比（%）	0.00	100.00	0.00	0.00	0.00	0.00

棕壤—典型棕壤—暗泥质棕壤耕地土壤主要理化性状

项目名称	样本数（个）	平均值	标准差	变异系数（%）	范围
有效土层厚（cm）	63	93.2	18.39	19.74	40.0～100.0
耕层厚度（cm）	63	11.1	3.57	32.16	9.0～25.0
耕层容重（g/cm³）	63	1.49	0.09	6.17	1.18～1.73
有机质（g/kg）	61	40.6	17.29	42.64	8.2～74.9
全氮（g/kg）	59	2.153	0.82	37.87	0.530～3.770
有效磷（mg/kg）	62	27.1	21.28	78.63	2.5～86.8
速效钾（mg/kg）	60	145	86.71	59.86	36～341
缓效钾（mg/kg）	63	232	167.06	71.94	50～1256
有效铜（mg/kg）	59	11.70	9.25	79.08	0.54～33.07
有效锌（mg/kg）	61	2.64	2.48	93.63	0.18～12.25
有效铁（mg/kg）	61	231.70	144.99	62.57	2.80～478.27
有效锰（mg/kg）	61	36.51	37.89	103.77	1.75～155.00
有效硼（mg/kg）	61	0.49	0.25	49.70	0.12～1.11
有效钼（mg/kg）	60	1.212	0.77	63.67	0.062～2.500
有效硫（mg/kg）	55	46.57	57.89	124.31	6.90～295.80
有效硅（mg/kg）	54	269.03	130.06	48.34	61.86～472.81

耕层质地

	砂土	砂壤土	轻壤土	中壤土	重壤土	黏土
样本数	30	27	5	0	1	0
占比（%）	47.62	42.86	7.94	0.00	1.59	0.00

土壤pH

	≤4.5	(4.5～5.5]	(5.5～6.5]	(6.5～7.5]	(7.5～8.5]	>8.5
样本数	0	14	29	11	9	0
占比（%）	0.00	22.22	46.03	17.46	14.29	0.00

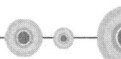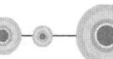

棕壤—典型棕壤—麻砂质棕壤耕地土壤主要理化性状

项目名称	样本数（个）	平均值	标准差	变异系数（%）	范 围
有效土层厚（cm）	69	70.8	24.23	34.21	22.0~100.0
耕层厚度（cm）	69	24.8	6.47	26.05	12.3~35.0
耕层容重（g/cm³）	69	1.33	0.19	14.37	0.90~1.65
有机质（g/kg）	68	32.7	10.63	32.49	8.1~70.8
全氮（g/kg）	68	2.075	0.68	32.97	0.264~3.696
有效磷（mg/kg）	69	37.9	30.41	80.23	1.6~165.9
速效钾（mg/kg）	69	157	71.16	45.24	29~342
缓效钾（mg/kg）	68	442	232.45	52.60	184~1 223
有效铜（mg/kg）	65	2.62	2.99	114.13	0.59~19.08
有效锌（mg/kg）	65	1.85	0.81	43.96	0.59~5.88
有效铁（mg/kg）	65	60.00	49.04	81.73	11.55~396.69
有效锰（mg/kg）	65	32.72	11.40	34.85	10.43~64.90
有效硼（mg/kg）	65	0.64	0.44	69.17	0.10~1.77
有效钼（mg/kg）	4	0.513	0.50	97.71	0.061~1.190
有效硫（mg/kg）	65	50.80	29.50	58.07	10.10~113.28
有效硅（mg/kg）	65	178.56	63.25	35.42	87.68~437.93

耕层质地

	砂土	砂壤土	轻壤土	中壤土	重壤土	黏土
样本数	2	4	17	31	13	2
占比（%）	2.90	5.80	24.64	44.93	18.84	2.90

土壤pH

	≤4.5	(4.5~5.5]	(5.5~6.5]	(6.5~7.5]	(7.5~8.5]	>8.5
样本数	1	26	32	8	2	0
占比（%）	1.45	37.68	46.38	11.59	2.90	0.00

棕壤—典型棕壤—硅质棕壤耕地土壤主要理化性状

项目名称	样本数（个）	平均值	标准差	变异系数（%）	范　围
有效土层厚 (cm)	34	76.6	22.42	29.25	40.0～100.0
耕层厚度 (cm)	34	17.9	3.14	17.61	10.0～25.0
耕层容重 (g/cm³)	34	1.35	0.16	11.56	0.99～1.51
有机质 (g/kg)	33	36.6	17.00	46.43	10.4～73.6
全氮 (g/kg)	27	1.716	1.08	63.08	0.146～3.690
有效磷 (mg/kg)	34	27.5	20.52	74.65	1.9～95.2
速效钾 (mg/kg)	32	170	86.80	50.97	54～384
缓效钾 (mg/kg)	34	413	277.07	67.02	63～1 116
有效铜 (mg/kg)	22	7.68	6.68	86.92	1.40～26.03
有效锌 (mg/kg)	22	3.89	2.85	73.13	1.00～11.71
有效铁 (mg/kg)	21	166.07	157.42	94.79	12.17～471.88
有效锰 (mg/kg)	22	36.29	21.58	59.47	3.60～80.50
有效硼 (mg/kg)	22	0.77	0.53	68.21	0.11～2.07
有效钼 (mg/kg)	14	1.363	0.70	51.59	0.030～2.300
有效硫 (mg/kg)	21	52.81	40.51	76.71	7.60～140.44
有效硅 (mg/kg)	22	206.67	128.57	62.21	27.67～473.70

耕层质地

	砂土	砂壤土	轻壤土	中壤土	重壤土	黏土
样本数	0	18	4	5	5	2
占比（%）	0.00	52.94	11.76	14.71	14.71	5.88

土壤 pH

	≤4.5	(4.5～5.5]	(5.5～6.5]	(6.5～7.5]	(7.5～8.5]	>8.5
样本数	0	11	7	10	6	0
占比（%）	0.00	32.35	20.59	29.41	17.65	0.00

棕壤—典型棕壤—砂泥质棕壤耕地土壤主要理化性状

项目名称	样本数（个）	平均值	标准差	变异系数（%）	范　围
有效土层厚（cm）	26	52.9	16.02	30.29	40.0～100.0
耕层厚度（cm）	26	25.0	4.82	19.33	16.0～32.0
耕层容重（g/cm³）	26	1.15	0.19	16.21	0.84～1.52
有机质（g/kg）	24	40.8	18.19	44.55	11.7～70.9
全氮（g/kg）	25	2.086	0.74	35.44	0.974～3.580
有效磷（mg/kg）	26	25.4	36.42	143.51	2.1～178.9
速效钾（mg/kg）	24	142	63.22	44.39	62～286
缓效钾（mg/kg）	26	391	296.56	75.83	55～1 075
有效铜（mg/kg）	12	1.98	1.71	86.59	0.29～6.44
有效锌（mg/kg）	11	6.25	4.52	72.38	1.94～18.07
有效铁（mg/kg）	11	60.12	34.97	58.18	30.30～143.23
有效锰（mg/kg）	4	49.05	24.63	50.21	27.85～80.71
有效硼（mg/kg）	4	0.40	0.22	54.54	0.20～0.61
有效钼（mg/kg）	4	0.181	0.08	41.92	0.110～0.280
有效硫（mg/kg）	5	40.09	40.28	100.46	8.03～107.75
有效硅（mg/kg）	4	269.94	167.40	62.02	94.60～460.50

耕层质地

	砂土		砂壤土		轻壤土		中壤土		重壤土		黏土	
	样本数	占比（%）	样本数	占比（%）	样本数	占比（%）	样本数	占比（%）	样本数	占比（%）	样本数	占比（%）
	1	3.85	7	26.92	2	7.69	13	50.00	0	0.00	1	3.85

土壤pH

	≤4.5		(4.5～5.5]		(5.5～6.5]		(6.5～7.5]		(7.5～8.5]		>8.5	
	样本数	占比（%）	样本数	占比（%）	样本数	占比（%）	样本数	占比（%）	样本数	占比（%）	样本数	占比（%）
	2	7.69	11	42.31	10	38.46	3	11.54	0	0.00	0	0.00

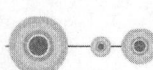

棕壤—典型棕壤—泥质棕壤耕地土壤主要理化性状

项目名称	样本数（个）	平均值	标准差	变异系数（%）	范围
有效土层厚 (cm)	33	82.8	18.74	22.65	25.0~100.0
耕层厚度 (cm)	33	21.1	4.21	19.97	12.0~40.0
耕层容重 (g/cm³)	33	1.47	0.09	6.33	1.13~1.56
有机质 (g/kg)	33	30.8	15.49	50.34	7.3~63.2
全氮 (g/kg)	32	1.865	0.74	39.69	0.660~3.384
有效磷 (mg/kg)	33	39.6	33.24	83.89	3.1~141.0
速效钾 (mg/kg)	33	154	97.22	63.06	35~347
缓效钾 (mg/kg)	33	277	146.72	52.90	62~756
有效铜 (mg/kg)	32	6.64	6.14	92.53	0.50~21.67
有效锌 (mg/kg)	33	1.99	0.79	39.65	0.18~3.43
有效铁 (mg/kg)	33	155.41	152.31	98.00	18.75~474.55
有效锰 (mg/kg)	33	32.83	22.58	68.76	3.50~120.60
有效硼 (mg/kg)	33	0.77	0.61	79.08	0.15~2.40
有效钼 (mg/kg)	15	0.646	0.75	115.57	0.100~2.430
有效硫 (mg/kg)	33	81.67	72.28	88.51	10.90~322.12
有效硅 (mg/kg)	33	187.70	76.94	40.99	65.15~357.64

耕层质地

	砂土		砂壤土		轻壤土		中壤土		重壤土		黏土	
	样本数	占比（%）	样本数	占比（%）	样本数	占比（%）	样本数	占比（%）	样本数	占比（%）	样本数	占比（%）
	2	6.06	3	9.09	14	42.42	6	18.18	3	9.09	16	48.48

土壤 pH

	≤4.5		(4.5~5.5]		(5.5~6.5]		(6.5~7.5]		(7.5~8.5]		>8.5	
	样本数	占比（%）	样本数	占比（%）	样本数	占比（%）	样本数	占比（%）	样本数	占比（%）	样本数	占比（%）
	1	3.03	12	36.36	14	42.42	6	18.18	0	0.00	0	0.00

棕壤—典型棕壤—灰泥质棕壤耕地土壤主要理化性状

项目名称	样本数（个）	平均值	标准差	变异系数（%）	范　围
有效土层厚（cm）	48	51.6	7.52	14.58	45.0~60.0
耕层厚度（cm）	48	18.8	5.48	29.12	14.0~30.0
耕层容重（g/cm³）	48	1.22	0.24	19.54	0.80~1.45
有机质（g/kg）	43	47.8	20.18	42.26	8.6~74.8
全氮（g/kg）	40	2.374	0.78	32.70	0.900~3.790
有效磷（mg/kg）	48	19.9	17.00	85.28	2.2~75.4
速效钾（mg/kg）	46	182	96.96	53.16	28~377
缓效钾（mg/kg）	48	266	118.22	44.42	51~560
有效铜（mg/kg）	33	8.88	8.58	96.62	0.37~28.33
有效锌（mg/kg）	33	4.90	5.00	101.88	0.14~21.27
有效铁（mg/kg）	33	176.48	125.58	71.16	18.80~444.93
有效锰（mg/kg）	25	30.30	21.72	71.70	8.26~105.40
有效硼（mg/kg）	25	0.48	0.21	43.85	0.17~1.07
有效钼（mg/kg）	24	0.827	0.73	88.25	0.120~2.360
有效硫（mg/kg）	24	42.62	27.76	65.13	14.80~122.25
有效硅（mg/kg）	24	286.39	143.13	49.98	91.02~480.66

耕层质地

	砂土	砂壤土	轻壤土	中壤土	重壤土	黏土
样本数	1	1	6	14	26	0
占比（%）	2.08	2.08	12.50	29.17	54.17	0.00

土壤 pH

	≤4.5	(4.5~5.5]	(5.5~6.5]	(6.5~7.5]	(7.5~8.5]	>8.5
样本数	0	19	18	9	2	0
占比（%）	0.00	39.58	37.50	18.75	4.17	0.00

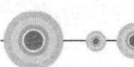

棕壤—典型棕壤—紫土质棕壤耕地土壤主要理化性状

项目名称	样本数（个）	平均值	标准差	变异系数（%）	范围
有效土层厚（cm）	39	100.0	0.00	0.00	100.0~100.0
耕层厚度（cm）	39	18.0	0.00	0.00	18.0~18.0
耕层容重（g/cm³）	39	1.51	0.00	0.00	1.51~1.51
有机质（g/kg）	39	35.6	13.33	37.46	8.5~74.9
全氮（g/kg）	39	1.917	0.63	32.67	0.520~3.540
有效磷（mg/kg）	39	26.1	24.24	92.76	6.1~143.0
速效钾（mg/kg）	39	187	90.69	48.47	59~346
缓效钾（mg/kg）	39	287	178.66	62.20	48~892
有效铜（mg/kg）	38	12.29	8.17	66.48	0.76~31.59
有效锌（mg/kg）	39	2.08	1.45	69.38	0.50~7.75
有效铁（mg/kg）	39	282.48	116.91	41.39	56.13~480.16
有效锰（mg/kg）	39	35.25	21.29	60.40	8.00~82.40
有效硼（mg/kg）	39	0.63	0.30	47.31	0.17~1.36
有效钼（mg/kg）	39	0.768	0.72	93.10	0.090~2.380
有效硫（mg/kg）	39	93.56	110.89	118.53	4.70~402.77
有效硅（mg/kg）	39	290.93	132.11	45.41	67.15~491.14

耕层质地

	砂土		砂壤土		轻壤土		中壤土		重壤土		黏土	
	样本数	占比（%）	样本数	占比（%）	样本数	占比（%）	样本数	占比（%）	样本数	占比（%）	样本数	占比（%）
	21	53.85	18	46.15	0	0.00	0	0.00	0	0.00	0	0.00

土壤 pH

	≤4.5		(4.5~5.5]		(5.5~6.5]		(6.5~7.5]		(7.5~8.5]		>8.5	
	样本数	占比（%）	样本数	占比（%）	样本数	占比（%）	样本数	占比（%）	样本数	占比（%）	样本数	占比（%）
	0	0.00	7	17.95	27	69.23	4	10.26	1	2.56	0	0.00

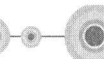

棕壤—典型棕壤—红泥质棕壤耕地土壤主要理化性状

项目名称	样本数（个）	平均值	标准差	变异系数（%）	范　围
有效土层厚（cm）	6	39.0	1.55	3.97	37.0～40.0
耕层厚度（cm）	6	18.2	0.98	5.41	17.0～20.0
耕层容重（g/cm³）	6	1.18	0.00	0.00	1.18～1.18
有机质（g/kg）	6	39.4	7.76	19.72	26.6～49.6
全氮（g/kg）	6	2.111	0.37	17.29	1.407～2.368
有效磷（mg/kg）	6	19.0	34.23	179.83	1.3～88.6
速效钾（mg/kg）	6	153	118.42	77.36	43～371
缓效钾（mg/kg）	6	320	70.37	21.97	245～448
有效铜（mg/kg）	6	1.38	0.97	70.70	0.69～2.94
有效锌（mg/kg）	6	0.68	0.13	18.94	0.51～0.89
有效铁（mg/kg）	6	36.34	10.45	28.77	19.72～47.23
有效锰（mg/kg）	6	5.68	2.99	52.64	1.51～9.30
有效硼（mg/kg）	6	0.16	0.03	17.33	0.13～0.19
有效钼（mg/kg）	6	0.161	0.06	34.24	0.089～0.249
有效硫（mg/kg）	1	9.13	—	—	—
有效硅（mg/kg）	1	110.81	—	—	—

耕层质地

砂土		砂壤土		轻壤土		中壤土		重壤土		黏土	
样本数	占比（%）	样本数	占比（%）	样本数	占比（%）	样本数	占比（%）	样本数	占比（%）	样本数	占比（%）
0	0.00	0	0.00	6	100.00	0	0.00	0	0.00	0	0.00

土壤pH

≤4.5		(4.5～5.5]		(5.5～6.5]		(6.5～7.5]		(7.5～8.5]		>8.5	
样本数	占比（%）	样本数	占比（%）	样本数	占比（%）	样本数	占比（%）	样本数	占比（%）	样本数	占比（%）
0	0.00	5	83.33	1	16.67	0	0.00	0	0.00	0	0.00

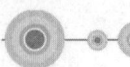

棕壤—棕壤性土—麻砂质棕壤性土耕地土壤主要理化性状

项目名称	样本数（个）	平均值	标准差	变异系数（%）	范围
有效土层厚（cm）	2	14.0	0.00	0.00	14.0~14.0
耕层厚度（cm）	2	14.0	0.00	0.00	14.0~14.0
耕层容重（g/cm³）	2	1.10	0.14	12.86	1.00~1.20
有机质（g/kg）	2	30.2	2.69	8.90	28.3~32.1
全氮（g/kg）	2	1.830	0.14	7.73	1.730~1.930
有效磷（mg/kg）	2	7.3	6.43	88.75	2.7~11.8
速效钾（mg/kg）	2	139	53.74	38.66	101~177
缓效钾（mg/kg）	2	852	329.51	38.68	619~1085
有效铜（mg/kg）	0	—	—	—	—
有效锌（mg/kg）	0	—	—	—	—
有效铁（mg/kg）	0	—	—	—	—
有效锰（mg/kg）	0	—	—	—	—
有效硼（mg/kg）	0	—	—	—	—
有效钼（mg/kg）	0	—	—	—	—
有效硫（mg/kg）	0	—	—	—	—
有效硅（mg/kg）	0	—	—	—	—

耕层质地

	砂土	砂壤土	轻壤土	中壤土	重壤土	黏土
样本数	0	2	0	0	0	0
占比（%）	0.00	100.00	0.00	0.00	0.00	0.00

土壤 pH

	≤4.5	(4.5~5.5]	(5.5~6.5]	(6.5~7.5]	(7.5~8.5]	>8.5
样本数	0	0	0	1	1	0
占比（%）	0.00	0.00	0.00	50.00	50.00	0.00

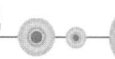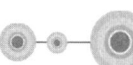

棕壤—棕壤性土—硅质棕壤性土耕地土壤主要理化性状

项目名称	样本数（个）	平均值	标准差	变异系数（%）	范围
有效土层厚（cm）	8	49.4	15.68	31.76	15.0~70.0
耕层厚度（cm）	8	21.9	4.39	20.07	15.0~25.0
耕层容重（g/cm³）	8	1.30	0.06	4.26	1.19~1.36
有机质（g/kg）	8	27.8	5.81	20.86	22.0~37.1
全氮（g/kg）	8	1.798	0.78	43.21	1.190~3.144
有效磷（mg/kg）	8	31.5	28.14	89.22	2.5~90.0
速效钾（mg/kg）	8	152	55.93	36.91	38~226
缓效钾（mg/kg）	8	708	386.70	54.60	328~1 345
有效铜（mg/kg）	8	2.02	0.58	28.54	0.86~2.68
有效锌（mg/kg）	8	1.91	0.44	23.05	1.11~2.45
有效铁（mg/kg）	8	39.83	37.18	93.35	13.10~98.92
有效锰（mg/kg）	8	21.69	14.90	68.68	11.65~56.93
有效硼（mg/kg）	8	0.35	0.15	43.52	0.11~0.58
有效钼（mg/kg）	6	0.166	0.17	104.10	0.037~0.502
有效硫（mg/kg）	8	28.62	16.70	58.35	13.78~54.84
有效硅（mg/kg）	8	206.58	66.03	31.96	53.11~254.04

耕层质地

	砂土	砂壤土	轻壤土	中壤土	重壤土	黏土
样本数	0	5	3	0	0	0
占比（%）	0.00	62.50	37.50	0.00	0.00	0.00

土壤 pH

	≤4.5	（4.5~5.5]	（5.5~6.5]	（6.5~7.5]	（7.5~8.5]	>8.5
样本数	0	1	4	3	0	0
占比（%）	0.00	12.50	50.00	37.50	0.00	0.00

棕壤—棕壤性土—泥质棕壤性土耕地土壤主要理化性状

项目名称	样本数（个）	平均值	标准差	变异系数（%）	范围
有效土层厚 (cm)	1	40.0	—	—	—
耕层厚度 (cm)	1	20.0	—	—	—
耕层容重 (g/cm³)	1	1.49	—	—	—
有机质 (g/kg)	1	38.3	—	—	—
全氮 (g/kg)	1	1.800	—	—	—
有效磷 (mg/kg)	1	30.8	—	—	—
速效钾 (mg/kg)	1	134	—	—	—
缓效钾 (mg/kg)	1	518	—	—	—
有效铜 (mg/kg)	1	0.88	—	—	—
有效锌 (mg/kg)	1	1.77	—	—	—
有效铁 (mg/kg)	1	56.04	—	—	—
有效锰 (mg/kg)	1	23.34	—	—	—
有效硼 (mg/kg)	1	0.43	—	—	—
有效钼 (mg/kg)	0	—	—	—	—
有效硫 (mg/kg)	1	34.40	—	—	—
有效硅 (mg/kg)	1	230.54	—	—	—

耕层质地

	砂土	砂壤土	轻壤土	中壤土	重壤土	黏土
样本数	0	1	0	0	0	0
占比（%）	0.00	100.00	0.00	0.00	0.00	0.00

土壤 pH

	≤4.5	(4.5~5.5]	(5.5~6.5]	(6.5~7.5]	(7.5~8.5]	>8.5
样本数	0	1	0	0	0	0
占比（%）	0.00	100.00	0.00	0.00	0.00	0.00

棕壤—棕壤性土—砂泥质棕壤性土耕地土壤主要理化性状

项目名称	样本数（个）	平均值	标准差	变异系数（%）	范　围
有效土层厚（cm）	13	80.0	27.69	34.61	30.0～100.0
耕层厚度（cm）	13	26.9	7.23	26.85	10.0～40.0
耕层容重（g/cm³）	13	1.31	0.12	9.02	1.16～1.58
有机质（g/kg）	13	36.2	15.25	42.12	7.6～69.5
全氮（g/kg）	13	1.903	0.72	37.72	0.580～3.430
有效磷（mg/kg）	13	35.4	27.17	76.69	4.0～101.0
速效钾（mg/kg）	13	128	61.44	47.85	34～249
缓效钾（mg/kg）	13	440	129.02	29.33	238～743
有效铜（mg/kg）	0	—	—	—	—
有效锌（mg/kg）	0	—	—	—	—
有效铁（mg/kg）	0	—	—	—	—
有效锰（mg/kg）	0	—	—	—	—
有效硼（mg/kg）	0	—	—	—	—
有效钼（mg/kg）	0	—	—	—	—
有效硫（mg/kg）	0	—	—	—	—
有效硅（mg/kg）	0	—	—	—	—

耕层质地

	砂土	砂壤土	轻壤土	中壤土	重壤土	黏土
样本数	2	1	5	3	2	0
占比（%）	15.38	7.69	38.46	23.08	15.38	0.00

土壤pH

	≤4.5	(4.5～5.5]	(5.5～6.5]	(6.5～7.5]	(7.5～8.5]	>8.5
样本数	0	1	5	5	2	0
占比（%）	0.00	7.69	38.46	38.46	15.38	0.00

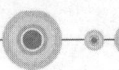

棕壤—棕壤性土—灰泥质棕壤性土耕地土壤主要理化性状

项目名称	样本数（个）	平均值	标准差	变异系数（%）	范围
有效土层厚（cm）	2	41.0	22.63	55.19	25.0~57.0
耕层厚度（cm）	2	20.0	0.00	0.00	20.0~20.0
耕层容重（g/cm³）	2	1.44	0.04	2.46	1.41~1.46
有机质（g/kg）	2	27.9	16.24	58.17	16.4~39.4
全氮（g/kg）	2	1.910	1.25	65.33	1.028~2.792
有效磷（mg/kg）	2	20.2	11.77	58.36	11.9~28.5
速效钾（mg/kg）	2	214	25.46	11.90	196~232
缓效钾（mg/kg）	2	460	219.91	47.86	304~615
有效铜（mg/kg）	2	2.36	0.72	30.41	1.85~2.86
有效锌（mg/kg）	2	2.93	0.52	17.90	2.56~3.30
有效铁（mg/kg）	2	64.57	16.28	25.21	53.06~76.08
有效锰（mg/kg）	2	32.76	7.47	22.79	27.48~38.04
有效硼（mg/kg）	2	0.91	0.56	61.52	0.51~1.30
有效钼（mg/kg）	0	—	—	—	—
有效硫（mg/kg）	2	103.09	22.44	21.76	87.23~118.96
有效硅（mg/kg）	2	136.17	10.04	7.37	129.07~143.27

耕层质地

	砂土		砂壤土		轻壤土		中壤土		重壤土		黏土	
	样本数	占比（%）	样本数	占比（%）	样本数	占比（%）	样本数	占比（%）	样本数	占比（%）	样本数	占比（%）
	0	0.00	1	50.00	0	0.00	1	50.00	0	0.00	1	50.00

土壤 pH

	≤4.5		(4.5~5.5]		(5.5~6.5]		(6.5~7.5]		(7.5~8.5]		>8.5	
	样本数	占比（%）	样本数	占比（%）	样本数	占比（%）	样本数	占比（%）	样本数	占比（%）	样本数	占比（%）
	0	0.00	1	50.00	0	0.00	1	50.00	0	0.00	0	0.00

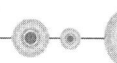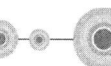

暗棕壤—典型暗棕壤—暗泥质暗棕壤耕地土壤主要理化性状

项目名称	样本数（个）	平均值	标准差	变异系数（%）	范 围
有效土层厚（cm）	2	96.0	0.00	0.00	96.0~96.0
耕层厚度（cm）	2	18.0	0.00	0.00	18.0~18.0
耕层容重（g/cm³）	2	1.51	0.00	0.00	1.51~1.51
有机质（g/kg）	2	26.3	15.41	58.61	15.4~37.2
全氮（g/kg）	2	1.799	0.56	31.40	1.400~2.199
有效磷（mg/kg）	2	12.3	0.78	6.35	11.7~12.8
速效钾（mg/kg）	2	106	25.10	23.74	88~124
缓效钾（mg/kg）	2	251	81.18	32.29	194~309
有效铜（mg/kg）	2	19.76	3.96	20.04	16.96~22.56
有效锌（mg/kg）	2	2.13	2.08	97.35	0.66~3.60
有效铁（mg/kg）	2	381.26	129.97	34.09	289.36~473.16
有效锰（mg/kg）	2	25.14	1.75	6.98	23.90~26.38
有效硼（mg/kg）	2	0.69	0.19	27.47	0.56~0.83
有效钼（mg/kg）	2	1.095	0.19	17.44	0.960~1.230
有效硫（mg/kg）	2	86.75	53.67	61.87	48.80~124.70
有效硅（mg/kg）	2	269.49	279.12	103.57	72.12~466.85

耕层质地

	砂土	砂壤土	轻壤土	中壤土	重壤土	黏土
样本数	0	2	0	0	0	0
占比（%）	0.00	100.00	0.00	0.00	0.00	0.00

土壤pH

	≤4.5	(4.5~5.5]	(5.5~6.5]	(6.5~7.5]	(7.5~8.5]	>8.5
样本数	0	0	1	1	0	0
占比（%）	0.00	0.00	50.00	50.00	0.00	0.00

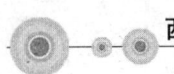

暗棕壤—典型暗棕壤—硅质暗棕壤耕地土壤主要理化性状

项目名称	样本数（个）	平均值	标准差	变异系数（%）	范围
有效土层厚 (cm)	1	80.0	—	—	—
耕层厚度 (cm)	1	20.0	—	—	—
耕层容重 (g/cm³)	1	1.32	—	—	—
有机质 (g/kg)	1	18.8	—	—	—
全氮 (g/kg)	1	1.110	—	—	—
有效磷 (mg/kg)	1	11.6	—	—	—
速效钾 (mg/kg)	1	102	—	—	—
缓效钾 (mg/kg)	1	126	—	—	—
有效铜 (mg/kg)	0	—	—	—	—
有效锌 (mg/kg)	0	—	—	—	—
有效铁 (mg/kg)	0	—	—	—	—
有效锰 (mg/kg)	0	—	—	—	—
有效硼 (mg/kg)	0	—	—	—	—
有效钼 (mg/kg)	0	—	—	—	—
有效硫 (mg/kg)	0	—	—	—	—
有效硅 (mg/kg)	0	—	—	—	—

耕层质地

	砂土		砂壤土		轻壤土		中壤土		重壤土		黏土	
	样本数	占比（%）	样本数	占比（%）	样本数	占比（%）	样本数	占比（%）	样本数	占比（%）	样本数	占比（%）
	0	0.00	0	0.00	1	100.00	0	0.00	1	100.00	0	0.00

土壤 pH

	≤4.5		(4.5~5.5]		(5.5~6.5]		(6.5~7.5]		(7.5~8.5]		>8.5	
	样本数	占比（%）	样本数	占比（%）	样本数	占比（%）	样本数	占比（%）	样本数	占比（%）	样本数	占比（%）
	0	0.00	0	0.00	1	100.00	0	0.00	0	0.00	0	0.00

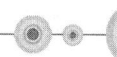

暗棕壤—典型暗棕壤—泥质暗棕壤耕地土壤主要理化性状

项目名称	样本数（个）	平均值	标准差	变异系数（%）	范　围
有效土层厚（cm）	3	46.7	5.77	12.37	40.0~50.0
耕层厚度（cm）	3	25.0	0.00	0.00	25.0~25.0
耕层容重（g/cm³）	3	1.21	0.06	4.96	1.15~1.27
有机质（g/kg）	3	31.2	15.24	48.80	14.4~44.1
全氮（g/kg）	3	0.459	0.37	81.52	0.227~0.890
有效磷（mg/kg）	3	50.2	28.37	56.51	18.1~71.9
速效钾（mg/kg）	3	247	138.80	56.12	88~342
缓效钾（mg/kg）	3	747	447.26	59.87	255~1 129
有效铜（mg/kg）	1	2.31	—	—	—
有效锌（mg/kg）	1	2.77	—	—	—
有效铁（mg/kg）	1	46.70	—	—	—
有效锰（mg/kg）	1	14.00	—	—	—
有效硼（mg/kg）	1	0.44	—	—	—
有效钼（mg/kg）	1	0.130	—	—	—
有效硫（mg/kg）	1	13.91	—	—	—
有效硅（mg/kg）	0	—	—	—	—

耕层质地

	砂土		砂壤土		轻壤土		中壤土		重壤土		黏土	
	样本数	占比（%）	样本数	占比（%）	样本数	占比（%）	样本数	占比（%）	样本数	占比（%）	样本数	占比（%）
	0	0.00	0	0.00	1	33.33	2	66.67	0	0.00	0	0.00

土壤pH

	≤4.5		(4.5~5.5]		(5.5~6.5]		(6.5~7.5]		(7.5~8.5]		>8.5	
	样本数	占比（%）	样本数	占比（%）	样本数	占比（%）	样本数	占比（%）	样本数	占比（%）	样本数	占比（%）
	0	0.00	0	0.00	0	0.00	1	33.33	2	66.67	0	0.00

暗棕壤—典型暗棕壤—灰泥质暗棕壤耕地土壤主要理化性状

项目名称	样本数（个）	平均值	标准差	变异系数（%）	范　围
有效土层厚（cm）	6	58.0	14.52	25.03	39.0~78.0
耕层厚度（cm）	6	14.6	3.16	21.63	11.0~20.0
耕层容重（g/cm³）	6	1.54	0.03	1.74	1.50~1.56
有机质（g/kg）	5	15.4	11.09	71.84	8.2~34.4
全氮（g/kg）	6	0.983	0.67	68.09	0.435~2.240
有效磷（mg/kg）	6	9.3	5.72	61.34	5.1~17.7
速效钾（mg/kg）	6	139	75.44	54.37	56~231
缓效钾（mg/kg）	6	609	366.72	60.20	243~1 218
有效铜（mg/kg）	6	3.56	6.30	176.84	0.97~16.41
有效锌（mg/kg）	6	1.54	0.45	29.16	0.90~1.99
有效铁（mg/kg）	6	64.46	92.62	143.68	10.92~252.82
有效锰（mg/kg）	6	24.17	7.45	30.84	9.23~29.95
有效硼（mg/kg）	6	0.52	0.26	50.88	0.38~1.05
有效钼（mg/kg）	1	0.960	—	—	—
有效硫（mg/kg）	6	26.64	13.04	48.95	4.20~35.32
有效硅（mg/kg）	6	160.10	110.59	69.07	87.25~312.25

耕层质地

	砂土		砂壤土		轻壤土		中壤土		重壤土		黏土	
	样本数	占比（%）	样本数	占比（%）	样本数	占比（%）	样本数	占比（%）	样本数	占比（%）	样本数	占比（%）
	0	0.00	0	0.00	1	16.67	1	16.67	4	66.67	0	0.00

土壤 pH

	≤4.5		(4.5~5.5]		(5.5~6.5]		(6.5~7.5]		(7.5~8.5]		>8.5	
	样本数	占比（%）	样本数	占比（%）	样本数	占比（%）	样本数	占比（%）	样本数	占比（%）	样本数	占比（%）
	0	0.00	0	0.00	4	66.67	2	33.33	0	0.00	0	0.00

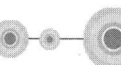

暗棕壤—典型暗棕壤—紫土质暗棕壤耕地土壤主要理化性状

项目名称	样本数（个）	平均值	标准差	变异系数（%）	范围
有效土层厚（cm）	4	100.0	0.00	0.00	100.0~100.0
耕层厚度（cm）	4	9.0	0.00	0.00	9.0~9.0
耕层容重（g/cm³）	4	1.51	0.00	0.00	1.51~1.51
有机质（g/kg）	4	49.2	9.13	18.57	37.4~58.6
全氮（g/kg）	3	2.277	0.36	15.62	1.870~2.530
有效磷（mg/kg）	4	37.8	26.32	69.72	14.0~68.0
速效钾（mg/kg）	4	146	42.14	28.91	93~195
缓效钾（mg/kg）	4	311	67.58	21.71	229~376
有效铜（mg/kg）	4	8.99	7.42	82.46	0.75~18.65
有效锌（mg/kg）	4	4.30	4.49	104.52	0.80~10.50
有效铁（mg/kg）	4	207.10	148.00	71.46	9.87~359.29
有效锰（mg/kg）	4	30.70	18.03	58.74	11.70~50.80
有效硼（mg/kg）	4	0.74	0.22	30.47	0.43~0.91
有效钼（mg/kg）	4	0.820	0.72	87.35	0.180~1.460
有效硫（mg/kg）	4	127.22	175.17	137.69	7.60~381.67
有效硅（mg/kg）	4	273.52	151.23	55.29	137.45~488.86

耕层质地

	砂土		砂壤土		轻壤土		中壤土		重壤土		黏土	
	样本数	占比（%）	样本数	占比（%）	样本数	占比（%）	样本数	占比（%）	样本数	占比（%）	样本数	占比（%）
	4	100.00	0	0.00	0	0.00	0	0.00	0	0.00	0	0.00

土壤pH

	≤4.5		(4.5~5.5]		(5.5~6.5]		(6.5~7.5]		(7.5~8.5]		>8.5	
	样本数	占比（%）	样本数	占比（%）	样本数	占比（%）	样本数	占比（%）	样本数	占比（%）	样本数	占比（%）
	0	0.00	3	75.00	1	25.00	0	0.00	0	0.00	0	0.00

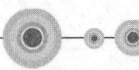

燥红土—褐红土—泥砂质褐红土耕地土壤主要理化性状

项目名称	样本数（个）	平均值	标准差	变异系数（%）	范围
有效土层厚（cm）	57	90.9	9.40	10.34	50.0~100.0
耕层厚度（cm）	55	17.5	1.93	11.05	16.0~20.0
耕层容重（g/cm³）	57	1.44	0.06	3.93	1.39~1.73
有机质（g/kg）	52	25.0	12.59	50.38	8.4~72.1
全氮（g/kg）	57	1.342	0.64	47.80	0.510~3.000
有效磷（mg/kg）	57	23.3	20.87	89.54	3.8~135.8
速效钾（mg/kg）	56	138	77.43	55.97	36~338
缓效钾（mg/kg）	57	417	255.81	61.29	103~1 076
有效铜（mg/kg）	51	12.83	6.78	52.87	0.52~28.67
有效锌（mg/kg）	53	2.02	1.97	97.53	0.17~11.20
有效铁（mg/kg）	53	264.56	136.06	51.43	9.35~476.14
有效锰（mg/kg）	53	31.54	23.35	74.04	4.20~119.00
有效硼（mg/kg）	53	0.46	0.31	68.38	0.12~1.48
有效钼（mg/kg）	53	1.067	0.80	74.91	0.100~2.390
有效硫（mg/kg）	51	76.37	88.43	115.78	5.20~334.27
有效硅（mg/kg）	52	269.03	130.60	48.54	60.52~492.97

耕层质地

	砂土	砂壤土	轻壤土	中壤土	重壤土	黏土
样本数	2	1	0	1	33	20
占比（%）	3.51	1.75	0.00	1.75	57.89	35.09

土壤pH

	≤4.5	(4.5~5.5]	(5.5~6.5]	(6.5~7.5]	(7.5~8.5]	>8.5
样本数	0	3	12	15	26	1
占比（%）	0.00	5.26	21.05	26.32	45.61	1.75

燥红土—褐红土—暗泥质褐红土耕地土壤主要理化性状

项目名称	样本数（个）	平均值	标准差	变异系数（%）	范　　围
有效土层厚（cm）	18	83.4	22.16	26.56	50.0～100.0
耕层厚度（cm）	18	14.9	1.45	9.74	14.0～19.0
耕层容重（g/cm³）	18	1.40	0.06	4.17	1.23～1.43
有机质（g/kg）	18	29.0	18.35	63.37	8.4～71.6
全氮（g/kg）	18	1.579	0.78	49.10	0.570～3.240
有效磷（mg/kg）	18	23.1	16.71	72.26	2.5～68.4
速效钾（mg/kg）	18	159	79.59	50.02	50～332
缓效钾（mg/kg）	18	493	226.32	45.93	218～968
有效铜（mg/kg）	13	11.45	6.32	55.22	0.78～23.57
有效锌（mg/kg）	14	2.30	1.40	60.74	0.27～5.24
有效铁（mg/kg）	14	196.69	144.90	73.67	11.80～443.51
有效锰（mg/kg）	14	28.82	28.57	99.13	3.90～88.90
有效硼（mg/kg）	14	0.54	0.23	42.41	0.15～0.94
有效钼（mg/kg）	14	0.588	0.57	97.12	0.100～1.700
有效硫（mg/kg）	14	117.20	103.22	88.07	8.50～290.28
有效硅（mg/kg）	13	308.36	154.81	50.21	107.50～496.34

耕层质地

	砂土		砂壤土		轻壤土		中壤土		重壤土		黏土	
	样本数	占比（%）	样本数	占比（%）	样本数	占比（%）	样本数	占比（%）	样本数	占比（%）	样本数	占比（%）
	0	0.00	0	0.00	2	11.11	2	11.11	3	16.67	11	61.11

土壤pH

	≤4.5		(4.5～5.5]		(5.5～6.5]		(6.5～7.5]		(7.5～8.5]		>8.5	
	样本数	占比（%）	样本数	占比（%）	样本数	占比（%）	样本数	占比（%）	样本数	占比（%）	样本数	占比（%）
	0	0.00	0	0.00	3	16.67	6	33.33	6	33.33	3	16.67

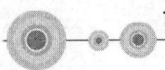
燥红土—褐红土—麻砂质褐红土耕地土壤主要理化性状

项目名称	样本数（个）	平均值	标准差	变异系数（%）	范围
有效土层厚（cm）	4	71.0	0.00	0.00	71.0~71.0
耕层厚度（cm）	4	15.0	0.00	0.00	15.0~15.0
耕层容重（g/cm³）	4	1.43	0.00	0.00	1.43~1.43
有机质（g/kg）	4	13.9	5.66	40.71	10.1~22.3
全氮（g/kg）	4	0.964	0.51	53.25	0.550~1.630
有效磷（mg/kg）	4	21.4	10.12	47.33	13.1~36.0
速效钾（mg/kg）	4	111	88.22	79.65	52~242
缓效钾（mg/kg）	4	220	129.63	58.92	52~362
有效铜（mg/kg）	4	13.40	9.22	68.83	4.51~26.29
有效锌（mg/kg）	4	3.15	3.87	122.99	0.58~8.78
有效铁（mg/kg）	4	102.63	83.68	81.53	19.35~212.14
有效锰（mg/kg）	4	34.80	45.22	129.95	8.20~102.50
有效硼（mg/kg）	4	0.39	0.19	48.83	0.27~0.67
有效钼（mg/kg）	4	1.313	0.84	64.24	0.580~2.250
有效硫（mg/kg）	4	24.28	16.82	69.30	10.20~46.20
有效硅（mg/kg）	4	317.45	36.77	11.58	263.28~342.34

耕层质地

砂土		砂壤土		轻壤土		中壤土		重壤土		黏土	
样本数	占比（%）	样本数	占比（%）	样本数	占比（%）	样本数	占比（%）	样本数	占比（%）	样本数	占比（%）
0	0.00	0	0.00	4	100.00	0	0.00	1	0.00	0	0.00

土壤 pH

≤4.5		(4.5~5.5]		(5.5~6.5]		(6.5~7.5]		(7.5~8.5]		>8.5	
样本数	占比（%）	样本数	占比（%）	样本数	占比（%）	样本数	占比（%）	样本数	占比（%）	样本数	占比（%）
0	0.00	2	50.00	0	0.00	0	0.00	1	25.00	1	25.00

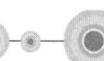

褐土—典型褐土—黄土质褐土耕地土壤主要理化性状

项目名称	样本数（个）	平均值	标准差	变异系数（%）	范 围
有效土层厚（cm）	252	42.1	20.42	48.52	10.0~140.0
耕层厚度（cm）	252	19.8	5.61	28.29	10.0~30.0
耕层容重（g/cm³）	252	1.29	0.14	10.49	1.01~1.66
有机质（g/kg）	246	18.6	8.97	48.33	7.0~52.7
全氮（g/kg）	252	1.098	0.49	44.95	0.220~2.890
有效磷（mg/kg）	252	23.3	16.14	69.34	3.1~79.9
速效钾（mg/kg）	248	205	76.82	37.40	60~389
缓效钾（mg/kg）	250	793	298.15	37.57	435~1 613
有效铜（mg/kg）	238	0.82	0.46	55.79	0.12~2.60
有效锌（mg/kg）	238	0.84	0.53	62.88	0.26~2.81
有效铁（mg/kg）	238	8.19	7.37	89.95	3.10~80.84
有效锰（mg/kg）	238	8.02	4.39	54.72	2.70~43.65
有效硼（mg/kg）	238	0.51	0.31	61.98	0.20~1.60
有效钼（mg/kg）	238	0.163	0.10	59.12	0.030~0.840
有效硫（mg/kg）	236	19.71	8.20	41.60	4.88~74.00
有效硅（mg/kg）	236	127.42	54.17	42.52	61.00~276.00

耕层质地

	砂土	砂壤土	轻壤土	中壤土	重壤土	黏土
样本数	78	23	4	84	10	53
占比（%）	30.95	9.13	1.59	33.33	3.97	21.03

土壤pH

	≤4.5	(4.5~5.5)	(5.5~6.5)	(6.5~7.5)	(7.5~8.5)	>8.5
样本数	0	0	9	19	206	18
占比（%）	0.00	0.00	3.57	7.54	81.75	7.14

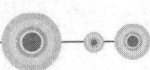

褐土—典型褐土—泥砂质褐土耕地土壤主要理化性状

项目名称	样本数（个）	平均值	标准差	变异系数（%）	范　围
有效土层厚（cm）	3	50.0	0.00	0.00	50.0～50.0
耕层厚度（cm）	3	20.0	0.00	0.00	20.0～20.0
耕层容重（g/cm³）	3	1.31	0.06	4.40	1.28～1.38
有机质（g/kg）	3	16.0	2.03	12.74	14.2～18.2
全氮（g/kg）	3	1.013	0.05	4.97	0.960～1.060
有效磷（mg/kg）	3	13.6	2.01	14.75	12.5～16.0
速效钾（mg/kg）	3	135	20.60	15.22	112～151
缓效钾（mg/kg）	2	1 144	370.52	32.39	882～1 406
有效铜（mg/kg）	0	—	—	—	—
有效锌（mg/kg）	0	—	—	—	—
有效铁（mg/kg）	0	—	—	—	—
有效锰（mg/kg）	0	—	—	—	—
有效硼（mg/kg）	0	—	—	—	—
有效钼（mg/kg）	0	—	—	—	—
有效硫（mg/kg）	0	—	—	—	—
有效硅（mg/kg）	0	—	—	—	—

耕层质地

	砂土		砂壤土		轻壤土		中壤土		重壤土		黏土	
	样本数	占比（%）	样本数	占比（%）	样本数	占比（%）	样本数	占比（%）	样本数	占比（%）	样本数	占比（%）
	0	0.00	1	33.33	1	33.33	1	33.33	0	0.00	0	0.00

土壤pH

	≤4.5		(4.5～5.5]		(5.5～6.5]		(6.5～7.5]		(7.5～8.5]		>8.5	
	样本数	占比（%）	样本数	占比（%）	样本数	占比（%）	样本数	占比（%）	样本数	占比（%）	样本数	占比（%）
	0	0.00	0	0.00	1	33.33	2	66.67	0	0.00	0	0.00

褐土—石灰性褐土—黄土质石灰性褐土耕地土壤主要理化性状

项目名称	样本数（个）	平均值	标准差	变异系数（%）	范 围
有效土层厚 (cm)	136	37.2	32.13	86.32	10.0~150.0
耕层厚度 (cm)	139	17.8	7.73	43.50	5.0~30.0
耕层容重 (g/cm³)	139	1.29	0.07	5.49	1.09~1.45
有机质 (g/kg)	136	19.3	7.88	40.76	7.4~64.9
全氮 (g/kg)	139	0.992	0.35	35.32	0.446~2.160
有效磷 (mg/kg)	139	23.0	13.66	59.54	4.7~63.9
速效钾 (mg/kg)	139	187	71.17	38.03	79~389
缓效钾 (mg/kg)	138	1 064	269.05	25.28	463~1 612
有效铜 (mg/kg)	139	0.96	0.50	52.20	0.23~2.67
有效锌 (mg/kg)	139	1.05	0.64	61.29	0.22~2.64
有效铁 (mg/kg)	139	8.82	4.10	46.53	3.17~16.96
有效锰 (mg/kg)	139	9.22	3.52	38.11	2.90~15.95
有效硼 (mg/kg)	139	0.47	0.27	56.80	0.21~1.42
有效钼 (mg/kg)	138	0.135	0.11	82.54	0.030~0.880
有效硫 (mg/kg)	139	24.51	9.49	38.72	6.92~58.26
有效硅 (mg/kg)	139	137.88	66.81	48.45	54.59~276.68

耕层质地

	砂土	砂壤土	轻壤土	中壤土	重壤土	黏土
样本数	1	10	18	90	19	1
占比（%）	0.72	7.19	12.95	64.75	13.67	0.72

土壤 pH

	≤4.5	(4.5~5.5]	(5.5~6.5]	(6.5~7.5]	(7.5~8.5]	>8.5
样本数	0	0	1	29	84	25
占比（%）	0.00	0.00	0.72	20.86	60.43	17.99

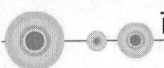

褐土—石灰性褐土—泥砂质石灰性褐土耕地土壤主要理化性状

项目名称	样本数（个）	平均值	标准差	变异系数（%）	范 围
有效土层厚（cm）	5	33.2	13.10	39.47	15.0~50.0
耕层厚度（cm）	6	16.7	6.06	36.33	5.0~20.0
耕层容重（g/cm³）	6	1.26	0.05	4.12	1.21~1.35
有机质（g/kg）	6	21.1	4.03	19.12	15.5~25.8
全氮（g/kg）	6	1.133	0.41	35.83	0.690~1.860
有效磷（mg/kg）	6	20.1	14.68	72.96	9.9~48.4
速效钾（mg/kg）	6	130	10.93	8.42	118~145
缓效钾（mg/kg）	6	647	139.74	21.59	570~922
有效铜（mg/kg）	6	0.71	0.13	18.51	0.52~0.85
有效锌（mg/kg）	6	0.60	0.26	42.36	0.28~1.04
有效铁（mg/kg）	6	8.45	1.83	21.67	5.90~10.91
有效锰（mg/kg）	6	9.35	2.46	26.36	6.80~14.00
有效硼（mg/kg）	6	0.44	0.16	37.58	0.22~0.72
有效钼（mg/kg）	6	0.135	0.06	46.32	0.050~0.230
有效硫（mg/kg）	6	22.40	15.54	69.39	9.45~52.74
有效硅（mg/kg）	6	129.73	42.78	32.97	93.00~201.14

耕层质地

	砂土		砂壤土		轻壤土		中壤土		重壤土		黏土	
	样本数	占比（%）	样本数	占比（%）	样本数	占比（%）	样本数	占比（%）	样本数	占比（%）	样本数	占比（%）
	0	0.00	1	16.67	0	0.00	5	83.33	0	0.00	0	0.00

土壤pH

	≤4.5		(4.5~5.5]		(5.5~6.5]		(6.5~7.5]		(7.5~8.5]		>8.5	
	样本数	占比（%）	样本数	占比（%）	样本数	占比（%）	样本数	占比（%）	样本数	占比（%）	样本数	占比（%）
	0	0.00	0	0.00	1	16.67	0	0.00	5	83.33	0	0.00

褐土—石灰性褐土—砂泥质石灰性褐土耕地土壤主要理化性状

项目名称	样本数（个）	平均值	标准差	变异系数（%）	范　围
有效土层厚（cm）	18	53.7	35.15	65.44	10.0~150.0
耕层厚度（cm）	19	17.6	4.56	25.95	5.0~22.0
耕层容重（g/cm³）	19	1.28	0.07	5.34	1.15~1.35
有机质（g/kg）	19	24.9	7.61	30.61	7.3~40.7
全氮（g/kg）	19	1.246	0.45	36.24	0.447~2.080
有效磷（mg/kg）	19	22.5	13.85	61.61	6.8~60.0
速效钾（mg/kg）	19	170	80.67	47.56	87~389
缓效钾（mg/kg）	19	700	201.11	28.72	559~1 203
有效铜（mg/kg）	19	1.00	0.49	49.48	0.58~2.14
有效锌（mg/kg）	19	0.78	0.55	69.81	0.36~2.49
有效铁（mg/kg）	19	8.24	3.05	37.02	3.17~14.77
有效锰（mg/kg）	19	8.91	2.85	32.01	3.30~14.09
有效硼（mg/kg）	19	0.51	0.19	37.80	0.21~0.90
有效钼（mg/kg）	19	0.143	0.05	36.60	0.040~0.240
有效硫（mg/kg）	19	23.06	11.63	50.42	6.77~58.88
有效硅（mg/kg）	19	125.49	49.56	39.49	61.00~228.64

耕层质地

	砂土	砂壤土	轻壤土	中壤土	重壤土	黏土
样本数	6	6	2	5	0	0
占比（%）	31.58	31.58	10.53	26.32	0.00	0.00

土壤pH

	≤4.5	(4.5~5.5]	(5.5~6.5]	(6.5~7.5]	(7.5~8.5]	>8.5
样本数	0	0	1	4	14	0
占比（%）	0.00	0.00	5.26	21.05	73.68	0.00

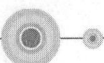

褐土—石灰性褐土—红土质石灰性褐土耕地土壤主要理化性状

项目名称	样本数（个）	平均值	标准差	变异系数（%）	范 围
有效土层厚（cm）	34	45.3	18.86	41.63	10.0~100.0
耕层厚度（cm）	34	22.6	6.14	27.20	10.0~30.0
耕层容重（g/cm³）	34	1.29	0.05	3.59	1.21~1.35
有机质（g/kg）	33	15.4	4.06	26.32	8.7~22.6
全氮（g/kg）	34	1.023	0.30	29.40	0.230~1.507
有效磷（mg/kg）	34	16.9	14.77	87.46	3.5~61.8
速效钾（mg/kg）	34	159	56.94	35.77	85~315
缓效钾（mg/kg）	34	1 000	225.00	22.51	451~1 497
有效铜（mg/kg）	34	1.06	0.46	43.03	0.26~2.16
有效锌（mg/kg）	34	1.23	0.72	58.23	0.29~2.54
有效铁（mg/kg）	34	13.25	2.61	19.68	5.94~16.83
有效锰（mg/kg）	34	12.74	2.45	19.24	6.08~16.51
有效硼（mg/kg）	34	0.30	0.13	42.47	0.22~0.77
有效钼（mg/kg）	34	0.141	0.04	30.66	0.069~0.230
有效硫（mg/kg）	34	14.70	10.28	69.92	5.00~45.14
有效硅（mg/kg）	34	204.05	49.18	24.10	100.74~276.00

耕层质地

	砂土	砂壤土	轻壤土	中壤土	重壤土	黏土
样本数	3	17	1	11	0	2
占比（%）	8.82	50.00	2.94	32.35	0.00	5.88

土壤 pH

	≤4.5	(4.5~5.5]	(5.5~6.5]	(6.5~7.5]	(7.5~8.5]	>8.5
样本数	0	0	0	7	27	0
占比（%）	0.00	0.00	0.00	20.59	79.41	0.00

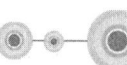

褐土—淋溶褐土—黄土质淋溶褐土耕地土壤主要理化性状

项目名称	样本数（个）	平均值	标准差	变异系数（%）	范　围
有效土层厚（cm）	92	42.7	20.91	48.95	10.0~100.0
耕层厚度（cm）	92	16.8	4.28	25.41	10.0~30.0
耕层容重（g/cm³）	92	1.23	0.09	7.09	1.10~1.60
有机质（g/kg）	91	14.9	6.99	46.79	6.8~46.5
全氮（g/kg）	92	0.941	0.35	37.39	0.360~2.619
有效磷（mg/kg）	92	16.5	13.57	82.13	3.4~94.0
速效钾（mg/kg）	91	159	65.65	41.30	56~388
缓效钾（mg/kg）	88	756	305.39	40.37	449~1 614
有效铜（mg/kg）	74	0.54	0.38	70.42	0.10~2.44
有效锌（mg/kg）	74	0.93	0.63	68.22	0.30~4.41
有效铁（mg/kg）	74	10.57	7.77	73.50	3.17~64.30
有效锰（mg/kg）	74	6.27	4.66	74.27	2.70~35.40
有效硼（mg/kg）	73	0.71	0.38	53.75	0.26~1.60
有效钼（mg/kg）	73	0.158	0.13	79.22	0.020~0.870
有效硫（mg/kg）	71	15.83	4.26	26.91	9.67~28.93
有效硅（mg/kg）	71	79.29	37.02	46.69	61.00~261.90

耕层质地

	砂土	砂壤土	轻壤土	中壤土	重壤土	黏土
样本数	58	2	5	16	2	9
占比（%）	63.04	2.17	5.43	17.39	2.17	9.78

土壤pH

	≤4.5	(4.5~5.5]	(5.5~6.5]	(6.5~7.5]	(7.5~8.5]	>8.5
样本数	0	3	11	3	71	4
占比（%）	0.00	3.26	11.96	3.26	77.17	4.35

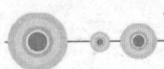

褐土—淋溶褐土—泥砂质砂质淋溶褐土耕地土壤主要理化性状

项目名称	样本数（个）	平均值	标准差	变异系数（%）	范围
有效土层厚（cm）	2	57.5	3.54	6.15	55.0~60.0
耕层厚度（cm）	2	19.6	0.57	2.89	19.2~20.0
耕层容重（g/cm³）	2	1.35	0.03	2.10	1.33~1.37
有机质（g/kg）	2	17.2	2.84	16.54	15.2~19.2
全氮（g/kg）	2	1.135	0.16	14.33	1.020~1.250
有效磷（mg/kg）	2	12.1	3.12	25.78	9.9~14.3
速效钾（mg/kg）	2	122	62.23	51.00	78~166
缓效钾（mg/kg）	2	746	413.66	55.49	453~1 038
有效铜（mg/kg）	1	1.12	—	—	—
有效锌（mg/kg）	1	1.17	—	—	—
有效铁（mg/kg）	1	99.26	—	—	—
有效锰（mg/kg）	1	78.92	—	—	—
有效硼（mg/kg）	1	0.74	—	—	—
有效钼（mg/kg）	1	0.213	—	—	—
有效硫（mg/kg）	1	13.20	—	—	—
有效硅（mg/kg）	1	67.20	—	—	—

耕层质地

砂土		砂壤土		轻壤土		中壤土		重壤土		黏土	
样本数	占比（%）	样本数	占比（%）	样本数	占比（%）	样本数	占比（%）	样本数	占比（%）	样本数	占比（%）
0	0.00	1	50.00	0	0.00	0	0.00	0	0.00	1	50.00

土壤 pH

≤4.5		(4.5~5.5]		(5.5~6.5]		(6.5~7.5]		(7.5~8.5]		>8.5	
样本数	占比（%）	样本数	占比（%）	样本数	占比（%）	样本数	占比（%）	样本数	占比（%）	样本数	占比（%）
0	0.00	1	50.00	0	0.00	1	50.00	0	0.00	0	0.00

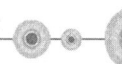

褐土—淋溶褐土—硅质淋溶褐土耕地土壤主要理化性状

项目名称	样本数（个）	平均值	标准差	变异系数（%）	范　围
有效土层厚（cm）	7	45.0	6.45	14.34	35.0~50.0
耕层厚度（cm）	7	24.3	1.89	7.78	20.0~25.0
耕层容重（g/cm³）	7	1.24	0.12	9.43	0.98~1.31
有机质（g/kg）	7	27.8	18.43	66.33	13.2~68.2
全氮（g/kg）	7	1.356	0.51	37.77	0.690~2.222
有效磷（mg/kg）	7	29.4	18.49	62.88	5.8~65.9
速效钾（mg/kg）	6	211	75.70	35.90	130~304
缓效钾（mg/kg）	7	891	279.34	31.34	434~1 356
有效铜（mg/kg）	5	2.08	0.78	37.54	1.32~3.17
有效锌（mg/kg）	5	2.03	0.68	33.63	0.99~2.89
有效铁（mg/kg）	5	56.06	93.32	166.47	13.50~223.00
有效锰（mg/kg）	5	10.77	3.92	36.41	4.05~13.95
有效硼（mg/kg）	5	0.79	0.49	62.74	0.28~1.56
有效钼（mg/kg）	5	0.185	0.04	22.65	0.144~0.233
有效硫（mg/kg）	5	26.98	6.83	25.33	18.86~32.96
有效硅（mg/kg）	4	260.25	7.46	2.86	254.00~271.00

耕层质地

	砂土	砂壤土	轻壤土	中壤土	重壤土	黏土
样本数	0	2	1	4	0	0
占比（%）	0.00	28.57	14.29	57.14	0.00	0.00

土壤pH

	≤4.5	(4.5~5.5]	(5.5~6.5]	(6.5~7.5]	(7.5~8.5]	>8.5
样本数	0	0	2	4	1	0
占比（%）	0.00	0.00	28.57	57.14	14.29	0.00

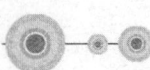

褐土—褐土性土—黄土质褐土性土耕地土壤主要理化性状

项目名称	样本数（个）	平均值	标准差	变异系数（%）	范　围
有效土层厚（cm）	9	35.0	0.00	0.00	35.0~35.0
耕层厚度（cm）	9	20.0	0.00	0.00	20.0~20.0
耕层容重（g/cm³）	9	1.34	0.21	15.65	1.15~1.71
有机质（g/kg）	9	15.9	4.48	28.11	10.0~22.9
全氮（g/kg）	9	1.292	0.45	35.08	0.759~2.118
有效磷（mg/kg）	9	20.6	9.50	46.21	5.6~39.7
速效钾（mg/kg）	7	165	81.09	49.13	98~308
缓效钾（mg/kg）	8	1 295	140.58	10.86	1 103~1 494
有效铜（mg/kg）	0	—	—	—	—
有效锌（mg/kg）	0	—	—	—	—
有效铁（mg/kg）	0	—	—	—	—
有效锰（mg/kg）	0	—	—	—	—
有效硼（mg/kg）	0	—	—	—	—
有效钼（mg/kg）	0	—	—	—	—
有效硫（mg/kg）	0	—	—	—	—
有效硅（mg/kg）	0	—	—	—	—

耕层质地

	砂土		砂壤土		轻壤土		中壤土		重壤土		黏土	
	样本数	占比（%）	样本数	占比（%）	样本数	占比（%）	样本数	占比（%）	样本数	占比（%）	样本数	占比（%）
	0	0.00	0	0.00	1	11.11	8	88.89	1	11.11	0	0.00

土壤 pH

	≤4.5		(4.5~5.5]		(5.5~6.5]		(6.5~7.5]		(7.5~8.5]		>8.5	
	样本数	占比（%）	样本数	占比（%）	样本数	占比（%）	样本数	占比（%）	样本数	占比（%）	样本数	占比（%）
	0	0.00	0	0.00	1	11.11	5	55.56	3	33.33	0	0.00

褐土—褐土性土—泥砂质褐土性土耕地土壤主要理化性状

项目名称	样本数（个）	平均值	标准差	变异系数（%）	范　围
有效土层厚（cm）	3	71.7	30.99	43.24	36.0~92.0
耕层厚度（cm）	3	19.7	4.93	25.08	14.0~23.0
耕层容重（g/cm³）	3	1.33	0.04	2.71	1.29~1.36
有机质（g/kg）	3	15.6	4.58	29.37	11.9~20.7
全氮（g/kg）	3	0.900	0.26	28.89	0.600~1.060
有效磷（mg/kg）	3	17.3	12.50	72.31	8.5~31.6
速效钾（mg/kg）	3	103	33.20	32.34	83~141
缓效钾（mg/kg）	3	1 199	380.35	31.73	814~1 575
有效铜（mg/kg）	1	1.61	—	—	—
有效锌（mg/kg）	1	1.15	—	—	—
有效铁（mg/kg）	1	27.23	—	—	—
有效锰（mg/kg）	1	10.20	—	—	—
有效硼（mg/kg）	1	0.64	—	—	—
有效钼（mg/kg）	1	0.098	—	—	—
有效硫（mg/kg）	1	11.70	—	—	—
有效硅（mg/kg）	1	261.10	—	—	—

耕层质地

	砂土		砂壤土		轻壤土		中壤土		重壤土		黏土	
	样本数	占比（%）	样本数	占比（%）	样本数	占比（%）	样本数	占比（%）	样本数	占比（%）	样本数	占比（%）
	0	0.00	2	66.67	0	0.00	1	33.33	0	0.00	0	0.00

土壤 pH

	≤4.5		(4.5~5.5]		(5.5~6.5]		(6.5~7.5]		(7.5~8.5]		>8.5	
	样本数	占比（%）	样本数	占比（%）	样本数	占比（%）	样本数	占比（%）	样本数	占比（%）	样本数	占比（%）
	0	0.00	0	0.00	1	33.33	1	33.33	1	33.33	0	0.00

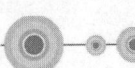

灰褐土—典型灰褐土—黄土质灰褐土耕地土壤主要理化性状

项目名称	样本数（个）	平均值	标准差	变异系数（%）	范围
有效土层厚 (cm)	1	70.0	—	—	— —
耕层厚度 (cm)	1	20.0	—	—	— —
耕层容重 (g/cm³)	1	1.15	—	—	— —
有机质 (g/kg)	1	51.8	—	—	— —
全氮 (g/kg)	1	0.964	—	—	— —
有效磷 (mg/kg)	1	43.9	—	—	— —
速效钾 (mg/kg)	1	333	—	—	— —
缓效钾 (mg/kg)	1	1 351	—	—	— —
有效铜 (mg/kg)	1	0.84	—	—	— —
有效锌 (mg/kg)	1	1.23	—	—	— —
有效铁 (mg/kg)	1	3.50	—	—	— —
有效锰 (mg/kg)	1	7.00	—	—	— —
有效硼 (mg/kg)	1	0.60	—	—	— —
有效钼 (mg/kg)	1	0.239	—	—	— —
有效硫 (mg/kg)	1	10.24	—	—	— —
有效硅 (mg/kg)	1	77.00	—	—	— —

耕层质地

	砂土	砂壤土	轻壤土	中壤土	重壤土	黏土
样本数	0	0	0	0	0	1
占比（%）	0.00	0.00	0.00	0.00	0.00	100.00

土壤 pH

	≤4.5	(4.5~5.5]	(5.5~6.5]	(6.5~7.5]	(7.5~8.5]	>8.5
样本数	0	0	0	1	0	0
占比（%）	0.00	0.00	0.00	100.00	0.00	0.00

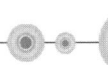

灰褐土—淋溶灰褐土—砂泥质淋溶灰褐土耕地土壤主要理化性状

项目名称	样本数（个）	平均值	标准差	变异系数（%）	范围
有效土层厚（cm）	3	33.3	14.43	43.30	25.0~50.0
耕层厚度（cm）	3	26.7	2.89	10.83	25.0~30.0
耕层容重（g/cm³）	3	1.30	0.04	3.12	1.26~1.34
有机质（g/kg）	3	26.0	5.89	22.64	19.4~30.7
全氮（g/kg）	3	1.473	0.28	18.90	1.155~1.671
有效磷（mg/kg）	3	18.7	14.02	75.07	7.9~34.5
速效钾（mg/kg）	3	130	27.15	20.92	113~161
缓效钾（mg/kg）	3	574	10.05	1.75	568~586
有效铜（mg/kg）	3	0.78	0.06	8.25	0.71~0.84
有效锌（mg/kg）	3	1.38	0.41	29.44	1.04~1.84
有效铁（mg/kg）	3	15.60	1.81	11.58	13.54~16.92
有效锰（mg/kg）	3	10.99	3.76	34.17	7.53~14.99
有效硼（mg/kg）	3	0.49	0.09	19.24	0.39~0.57
有效钼（mg/kg）	3	0.820	0.06	6.79	0.760~0.870
有效硫（mg/kg）	3	15.28	11.39	74.57	7.24~28.32
有效硅（mg/kg）	3	249.00	3.61	1.45	246.00~253.00

耕层质地

	砂土	砂壤土	轻壤土	中壤土	重壤土	黏土
样本数	0	0	0	3	0	0
占比（%）	0.00	0.00	0.00	100.00	0.00	0.00

土壤 pH

	≤4.5	(4.5~5.5]	(5.5~6.5]	(6.5~7.5]	(7.5~8.5]	>8.5
样本数	0	0	0	0	3	0
占比（%）	0.00	0.00	0.00	0.00	100.00	0.00

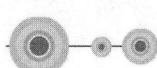

灰褐土—石灰性灰褐土—黄土质石灰性灰褐土耕地土壤主要理化性状

项目名称	样本数（个）	平均值	标准差	变异系数（%）	范围
有效土层厚（cm）	13	74.2	23.77	32.03	25.0~100.0
耕层厚度（cm）	13	20.9	3.64	17.39	15.0~30.0
耕层容重（g/cm³）	13	1.23	0.10	8.28	1.07~1.41
有机质（g/kg）	13	27.0	9.67	35.83	8.8~40.6
全氮（g/kg）	13	1.566	0.49	31.38	0.697~2.531
有效磷（mg/kg）	13	31.5	10.31	32.67	21.6~56.3
速效钾（mg/kg）	13	201	82.32	41.00	91~341
缓效钾（mg/kg）	13	936	294.91	31.52	560~1 329
有效铜（mg/kg）	13	0.88	0.20	22.66	0.58~1.25
有效锌（mg/kg）	13	1.32	0.29	22.42	1.04~2.17
有效铁（mg/kg）	13	7.59	4.05	53.35	3.80~15.90
有效锰（mg/kg）	13	8.22	3.54	43.07	5.30~15.34
有效硼（mg/kg）	13	0.57	0.21	35.97	0.43~1.13
有效钼（mg/kg）	13	0.390	0.22	56.54	0.194~0.860
有效硫（mg/kg）	13	15.06	4.22	28.06	8.93~25.10
有效硅（mg/kg）	13	112.81	57.15	50.66	77.00~242.00

耕层质地

砂土		砂壤土		轻壤土		中壤土		重壤土		黏土	
样本数	占比（%）	样本数	占比（%）	样本数	占比（%）	样本数	占比（%）	样本数	占比（%）	样本数	占比（%）
0	0.00	0	0.00	1	7.69	4	30.77	6	46.15	3	23.08

土壤 pH

≤4.5		(4.5~5.5]		(5.5~6.5]		(6.5~7.5]		(7.5~8.5]		>8.5	
样本数	占比（%）	样本数	占比（%）	样本数	占比（%）	样本数	占比（%）	样本数	占比（%）	样本数	占比（%）
0	0.00	0	0.00	1	7.69	8	61.54	4	30.77	0	0.00

黑土—典型黑土—黄土质黑土耕地土壤主要理化性状

项目名称	样本数（个）	平均值	标准差	变异系数（%）	范　围
有效土层厚（cm）	25	45.4	11.01	24.27	14.0~50.0
耕层厚度（cm）	25	28.6	3.84	13.45	14.0~30.0
耕层容重（g/cm³）	25	1.29	0.05	3.50	1.21~1.39
有机质（g/kg）	25	34.4	10.98	31.89	13.4~54.0
全氮（g/kg）	25	1.893	0.48	25.47	0.990~2.876
有效磷（mg/kg）	25	28.2	16.75	59.35	8.3~64.5
速效钾（mg/kg）	25	173	62.99	36.44	74~285
缓效钾（mg/kg）	25	727	301.30	41.44	554~1 504
有效铜（mg/kg）	25	1.01	0.30	29.21	0.66~1.67
有效锌（mg/kg）	25	1.59	0.65	40.74	0.36~2.47
有效铁（mg/kg）	25	13.47	3.33	24.76	3.60~16.52
有效锰（mg/kg）	25	11.45	2.63	22.99	7.30~15.18
有效硼（mg/kg）	25	0.80	0.21	26.64	0.50~1.28
有效钼（mg/kg）	25	0.776	0.19	24.99	0.120~0.980
有效硫（mg/kg）	25	20.03	5.79	28.88	7.46~32.00
有效硅（mg/kg）	25	223.24	65.85	29.50	61.00~276.00

耕层质地

	砂土	砂壤土	轻壤土	中壤土	重壤土	黏土
样本数	0	0	0	25	0	0
占比（%）	0.00	0.00	0.00	100.00	0.00	0.00

土壤 pH

	≤4.5	(4.5~5.5]	(5.5~6.5]	(6.5~7.5]	(7.5~8.5]	>8.5
样本数	0	0	0	0	25	0
占比（%）	0.00	0.00	0.00	0.00	100.00	0.00

黑钙土—典型黑钙土—黄土质黑钙土耕地土壤主要理化性状

项目名称	样本数（个）	平均值	标准差	变异系数（%）	范围
有效土层厚 (cm)	20	44.5	24.12	54.15	15.0～130.0
耕层厚度 (cm)	20	26.6	4.89	18.35	15.0～30.0
耕层容重 (g/cm³)	20	1.30	0.03	2.64	1.24～1.35
有机质 (g/kg)	20	32.4	10.45	32.23	13.4～52.3
全氮 (g/kg)	20	1.887	0.62	32.97	0.310～2.815
有效磷 (mg/kg)	20	35.0	16.08	45.89	8.6～68.0
速效钾 (mg/kg)	20	168	63.39	37.65	84～326
缓效钾 (mg/kg)	20	622	184.32	29.63	453～1 388
有效铜 (mg/kg)	20	0.95	0.27	28.29	0.64～1.45
有效锌 (mg/kg)	20	1.54	0.59	38.03	0.62～2.62
有效铁 (mg/kg)	20	14.71	1.68	11.39	9.11～16.85
有效锰 (mg/kg)	20	12.03	2.51	20.87	6.85～15.07
有效硼 (mg/kg)	20	0.80	0.24	29.79	0.37～1.32
有效钼 (mg/kg)	20	0.862	0.08	9.74	0.670～1.020
有效硫 (mg/kg)	20	16.63	7.66	46.06	5.21～29.76
有效硅 (mg/kg)	20	240.94	38.64	16.04	100.70～276.00

耕层质地

砂土		砂壤土		轻壤土		中壤土		重壤土		黏土	
样本数	占比（%）	样本数	占比（%）	样本数	占比（%）	样本数	占比（%）	样本数	占比（%）	样本数	占比（%）
0	0.00	0	0.00	0	0.00	20	100.00	0	0.00	0	0.00

土壤 pH

≤4.5		(4.5～5.5]		(5.5～6.5]		(6.5～7.5]		(7.5～8.5]		>8.5	
样本数	占比（%）	样本数	占比（%）	样本数	占比（%）	样本数	占比（%）	样本数	占比（%）	样本数	占比（%）
0	0.00	0	0.00	0	0.00	1	5.00	19	95.00	0	0.00

黑垆土—典型黑垆土—黑垆土耕地土壤主要理化性状

项目名称	样本数（个）	平均值	标准差	变异系数（%）	范　围
有效土层厚（cm）	22	38.2	6.08	15.93	15.0~40.0
耕层厚度（cm）	22	15.0	0.00	0.00	15.0~15.0
耕层容重（g/cm³）	22	1.17	0.00	0.00	1.17~1.17
有机质（g/kg）	22	14.1	4.38	31.14	6.8~23.8
全氮（g/kg）	22	0.893	0.27	30.60	0.435~1.524
有效磷（mg/kg）	22	10.8	3.23	30.01	6.6~19.1
速效钾（mg/kg）	22	152	47.01	30.98	67~225
缓效钾（mg/kg）	22	584	25.70	4.40	528~642
有效铜（mg/kg）	22	0.45	0.18	39.83	0.23~1.02
有效锌（mg/kg）	22	0.81	0.39	48.10	0.26~1.93
有效铁（mg/kg）	22	9.46	3.42	36.12	4.40~16.50
有效锰（mg/kg）	22	5.62	2.13	37.87	3.50~10.90
有效硼（mg/kg）	22	0.80	0.29	36.08	0.26~1.30
有效钼（mg/kg）	22	0.105	0.02	20.39	0.100~0.200
有效硫（mg/kg）	22	14.89	2.91	19.54	9.35~19.01
有效硅（mg/kg）	22	69.50	7.27	10.46	61.00~83.80

耕层质地

	砂土		砂壤土		轻壤土		中壤土		重壤土		黏土	
	占比（%）	样本数	占比（%）	样本数	占比（%）	样本数	占比（%）	样本数	占比（%）	样本数	占比（%）	样本数
样本数	100.00	22	0.00	0	0.00	0	0.00	0	0.00	0	0.00	0

土壤 pH

	≤4.5		(4.5~5.5]		(5.5~6.5]		(6.5~7.5]		(7.5~8.5]		>8.5	
	占比（%）	样本数	占比（%）	样本数	占比（%）	样本数	占比（%）	样本数	占比（%）	样本数	占比（%）	样本数
样本数	0.00	0	0.00	0	0.00	0	0.00	0	100.00	22	0.00	0

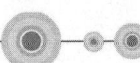

黑垆土—黑麻土—黑麻土耕地土壤主要理化性状

项目名称	样本数（个）	平均值	标准差	变异系数（%）	范　围
有效土层厚 (cm)	91	39.8	13.68	34.34	10.0~50.0
耕层厚度 (cm)	91	23.8	7.36	30.97	10.0~30.0
耕层容重 (g/cm³)	91	1.27	0.06	4.58	1.17~1.35
有机质 (g/kg)	91	20.8	7.28	35.09	7.6~39.0
全氮 (g/kg)	91	1.290	0.43	33.34	0.486~2.277
有效磷 (mg/kg)	91	33.2	17.46	52.64	6.8~67.4
速效钾 (mg/kg)	91	171	70.88	41.46	67~389
缓效钾 (mg/kg)	91	630	189.44	30.08	312~1 563
有效铜 (mg/kg)	91	0.96	0.39	41.10	0.23~2.00
有效锌 (mg/kg)	91	1.68	0.67	39.92	0.30~2.63
有效铁 (mg/kg)	91	13.18	3.25	24.63	3.17~16.97
有效锰 (mg/kg)	91	9.01	3.10	34.36	3.10~15.85
有效硼 (mg/kg)	91	0.89	0.37	41.65	0.26~1.67
有效钼 (mg/kg)	91	0.691	0.31	44.48	0.080~1.080
有效硫 (mg/kg)	91	17.18	6.52	37.96	5.69~29.18
有效硅 (mg/kg)	91	191.17	72.93	38.15	61.00~276.00

耕层质地

	砂土		砂壤土		轻壤土		中壤土		重壤土		黏土	
	样本数	占比 (%)	样本数	占比 (%)	样本数	占比 (%)	样本数	占比 (%)	样本数	占比 (%)	样本数	占比 (%)
	19	20.88	0	0.00	0	0.00	72	79.12	0	0.00	0	0.00

土壤 pH

	≤4.5		(4.5~5.5]		(5.5~6.5]		(6.5~7.5]		(7.5~8.5]		>8.5	
	样本数	占比 (%)	样本数	占比 (%)	样本数	占比 (%)	样本数	占比 (%)	样本数	占比 (%)	样本数	占比 (%)
	0	0.00	0	0.00	0	0.00	1	1.10	83	91.21	7	7.69

黄绵土—黄绵土—黄塄土耕地土壤主要理化性状

项目名称	样本数（个）	平均值	标准差	变异系数（%）	范　围
有效土层厚（cm）	25	75.1	40.24	53.56	14.0~150.0
耕层厚度（cm）	25	23.4	6.79	29.08	14.0~30.0
耕层容重（g/cm³）	25	1.25	0.06	5.19	1.17~1.39
有机质（g/kg）	25	16.6	3.69	22.20	10.3~27.3
全氮（g/kg）	25	1.065	0.35	33.25	0.533~1.940
有效磷（mg/kg）	25	21.2	8.46	39.84	10.7~44.3
速效钾（mg/kg）	25	172	46.43	27.07	83~300
缓效钾（mg/kg）	19	688	205.67	29.91	464~1 206
有效铜（mg/kg）	22	0.74	0.35	47.57	0.33~1.96
有效锌（mg/kg）	21	1.40	0.81	58.07	0.61~3.99
有效铁（mg/kg）	22	12.90	6.51	50.51	6.15~39.40
有效锰（mg/kg）	21	10.25	7.72	75.29	3.90~39.00
有效硼（mg/kg）	19	0.75	0.31	41.21	0.40~1.58
有效钼（mg/kg）	19	0.485	0.35	72.43	0.094~1.020
有效硫（mg/kg）	19	14.51	4.89	33.73	5.96~24.73
有效硅（mg/kg）	19	154.18	71.72	46.52	61.00~273.00

耕层质地

	砂土		砂壤土		轻壤土		中壤土		重壤土		黏土	
	样本数	占比（%）	样本数	占比（%）	样本数	占比（%）	样本数	占比（%）	样本数	占比（%）	样本数	占比（%）
	5	20.00	0	0.00	0	0.00	16	64.00	4	16.00	0	0.00

土壤pH

	≤4.5		(4.5~5.5]		(5.5~6.5]		(6.5~7.5]		(7.5~8.5]		>8.5	
	样本数	占比（%）	样本数	占比（%）	样本数	占比（%）	样本数	占比（%）	样本数	占比（%）	样本数	占比（%）
	0	0.00	0	0.00	0	0.00	1	4.00	21	84.00	3	12.00

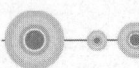

红黏土—积钙红黏土—积钙红黏土耕地土壤主要理化性状

项目名称	样本数（个）	平均值	标准差	变异系数（%）	范　围
有效土层厚（cm）	23	57.8	45.47	78.64	15.0～150.0
耕层厚度（cm）	23	19.5	4.33	22.16	15.0～30.0
耕层容重（g/cm³）	23	1.33	0.18	13.31	1.05～1.66
有机质（g/kg）	22	18.1	6.46	35.73	9.5～37.1
全氮（g/kg）	23	1.078	0.40	36.76	0.365～2.190
有效磷（mg/kg）	23	20.6	14.85	72.15	8.6～61.2
速效钾（mg/kg）	23	215	68.14	31.71	71～324
缓效钾（mg/kg）	23	692	233.77	33.78	450～1 239
有效铜（mg/kg）	23	0.79	0.36	45.78	0.26～1.50
有效锌（mg/kg）	23	0.67	0.25	36.39	0.38～1.28
有效铁（mg/kg）	23	7.52	3.20	42.50	3.10～13.38
有效锰（mg/kg）	23	7.21	2.82	39.20	2.70～15.24
有效硼（mg/kg）	23	0.49	0.23	46.55	0.26～1.30
有效钼（mg/kg）	22	0.276	0.23	82.06	0.100～0.790
有效硫（mg/kg）	23	20.59	6.71	32.58	7.53～32.55
有效硅（mg/kg）	23	117.58	46.14	39.24	61.00～241.00

耕层质地

	砂土		砂壤土		轻壤土		中壤土		重壤土		黏土	
	样本数	占比（%）	样本数	占比（%）	样本数	占比（%）	样本数	占比（%）	样本数	占比（%）	样本数	占比（%）
	4	17.39	0	0.00	0	0.00	9	39.13	2	8.70	8	34.78

土壤pH

	≤4.5		(4.5～5.5]		(5.5～6.5]		(6.5～7.5]		(7.5～8.5]		>8.5	
	样本数	占比（%）	样本数	占比（%）	样本数	占比（%）	样本数	占比（%）	样本数	占比（%）	样本数	占比（%）
	0	0.00	0	0.00	0	0.00	0	0.00	23	100.00	0	0.00

新积土—典型新积土—山洪土耕地土壤主要理化性状

项目名称	样本数（个）	平均值	标准差	变异系数（%）	范 围
有效土层厚（cm）	8	48.4	40.82	84.38	12.0~100.0
耕层厚度（cm）	8	14.7	2.55	17.35	12.0~20.0
耕层容重（g/cm³）	8	1.19	0.14	12.04	1.07~1.51
有机质（g/kg）	8	25.2	11.32	44.99	10.6~42.3
全氮（g/kg）	8	1.591	0.41	25.76	1.110~2.200
有效磷（mg/kg）	7	57.4	59.55	103.83	7.6~170.0
速效钾（mg/kg）	7	74	42.72	57.40	29~152
缓效钾（mg/kg）	6	155	44.75	28.87	98~214
有效铜（mg/kg）	8	2.44	1.38	56.34	1.00~4.61
有效锌（mg/kg）	8	3.28	3.83	116.82	0.83~12.10
有效铁（mg/kg）	8	40.31	32.29	80.12	10.20~98.20
有效锰（mg/kg）	7	61.22	26.73	43.67	22.48~92.50
有效硼（mg/kg）	7	0.28	0.13	44.65	0.10~0.49
有效钼（mg/kg）	8	0.339	0.60	176.36	0.020~1.790
有效硫（mg/kg）	8	34.68	24.94	71.93	13.60~82.54
有效硅（mg/kg）	8	147.29	121.39	82.41	26.63~376.70

耕层质地

	砂土	砂壤土	轻壤土	中壤土	重壤土	黏土
样本数	2	4	0	2	0	0
占比（%）	25.00	50.00	0.00	25.00	0.00	0.00

土壤 pH

	≤4.5	(4.5~5.5]	(5.5~6.5]	(6.5~7.5]	(7.5~8.5]	>8.5
样本数	0	5	1	2	0	0
占比（%）	0.00	62.50	12.50	25.00	0.00	0.00

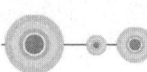

新积土—典型新积土—石灰性山洪土耕地土壤主要理化性状

项目名称	样本数（个）	平均值	标准差	变异系数（%）	范　围
有效土层厚（cm）	26	38.4	18.24	47.48	10.0~98.0
耕层厚度（cm）	26	19.2	5.24	27.29	10.0~30.0
耕层容重（g/cm³）	26	1.33	0.10	7.65	1.11~1.49
有机质（g/kg）	25	17.7	9.13	51.67	7.5~49.2
全氮（g/kg）	26	1.005	0.38	37.88	0.307~1.906
有效磷（mg/kg）	26	17.4	14.29	82.06	2.4~67.3
速效钾（mg/kg）	26	172	101.30	58.83	66~379
缓效钾（mg/kg）	19	967	320.90	33.19	516~1 601
有效铜（mg/kg）	10	0.83	0.28	33.49	0.46~1.10
有效锌（mg/kg）	10	0.69	0.22	32.59	0.42~1.06
有效铁（mg/kg）	10	8.92	5.04	56.53	3.17~18.55
有效锰（mg/kg）	10	6.54	2.64	40.37	3.80~11.20
有效硼（mg/kg）	9	0.61	0.28	45.38	0.28~1.02
有效钼（mg/kg）	9	0.251	0.31	122.33	0.020~0.790
有效硫（mg/kg）	9	19.58	4.41	22.54	9.33~24.97
有效硅（mg/kg）	10	102.77	41.14	40.03	61.00~185.00

耕层质地

	砂土		砂壤土		轻壤土		中壤土		重壤土		黏土	
	样本数	占比（%）	样本数	占比（%）	样本数	占比（%）	样本数	占比（%）	样本数	占比（%）	样本数	占比（%）
	1	3.85	15	57.69	1	3.85	9	34.62	0	0.00	0	0.00

土壤pH

	≤4.5		(4.5~5.5]		(5.5~6.5]		(6.5~7.5]		(7.5~8.5]		>8.5	
	样本数	占比（%）	样本数	占比（%）	样本数	占比（%）	样本数	占比（%）	样本数	占比（%）	样本数	占比（%）
	0	0.00	1	3.85	1	3.85	11	42.31	5	19.23	8	30.77

新积土—典型新积土—堆垫土耕地土壤主要理化性状

项目名称	样本数（个）	平均值	标准差	变异系数（%）	范围
有效土层厚（cm）	8	54.3	13.32	24.55	40.0~70.0
耕层厚度（cm）	8	19.4	3.20	16.54	15.0~25.0
耕层容重（g/cm³）	8	1.28	0.05	4.14	1.23~1.36
有机质（g/kg）	8	17.1	7.90	46.10	8.1~28.7
全氮（g/kg）	8	1.067	0.33	30.95	0.670~1.710
有效磷（mg/kg）	8	37.4	38.84	103.84	2.1~127.2
速效钾（mg/kg）	8	134	41.02	30.64	78~179
缓效钾（mg/kg）	8	1106	225.20	20.37	823~1 413
有效铜（mg/kg）	1	1.58	—	—	—
有效锌（mg/kg）	1	1.31	—	—	—
有效铁（mg/kg）	1	42.29	—	—	—
有效锰（mg/kg）	1	19.37	—	—	—
有效硼（mg/kg）	1	1.04	—	—	—
有效钼（mg/kg）	1	0.189	—	—	—
有效硫（mg/kg）	1	16.70	—	—	—
有效硅（mg/kg）	1	185.90	—	—	—

耕层质地

	砂土	砂壤土	轻壤土	中壤土	重壤土	黏土
样本数	0	7	0	1	0	0
占比（%）	0.00	87.50	0.00	12.50	0.00	0.00

土壤 pH

	≤4.5	(4.5~5.5]	(5.5~6.5]	(6.5~7.5]	(7.5~8.5]	>8.5
样本数	0	0	3	3	2	0
占比（%）	0.00	0.00	37.50	37.50	25.00	0.00

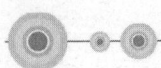

新积土—典型新积土—漫淤土耕地土壤主要理化性状

项目名称	样本数（个）	平均值	标准差	变异系数（%）	范围
有效土层厚 (cm)	6	51.7	18.62	36.04	35.0~80.0
耕层厚度 (cm)	6	23.5	4.85	20.63	16.0~30.0
耕层容重 (g/cm³)	6	1.26	0.02	1.84	1.23~1.29
有机质 (g/kg)	6	21.4	3.71	17.32	15.8~26.2
全氮 (g/kg)	6	1.522	0.48	31.28	1.134~2.453
有效磷 (mg/kg)	6	25.3	11.65	46.14	9.6~43.9
速效钾 (mg/kg)	6	134	76.58	57.19	67~232
缓效钾 (mg/kg)	5	1 284	185.26	14.43	1 118~1 504
有效铜 (mg/kg)	1	0.15	—	—	—
有效锌 (mg/kg)	1	1.26	—	—	—
有效铁 (mg/kg)	1	50.05	—	—	—
有效锰 (mg/kg)	1	33.55	—	—	—
有效硼 (mg/kg)	1	0.44	—	—	—
有效钼 (mg/kg)	1	0.111	—	—	—
有效硫 (mg/kg)	0	—	—	—	—
有效硅 (mg/kg)	0	—	—	—	—

耕层质地

	砂土	砂壤土	轻壤土	中壤土	重壤土	黏土
样本数	0	2	1	3	0	0
占比（%）	0.00	33.33	16.67	50.00	0.00	0.00

土壤 pH

	≤4.5	(4.5~5.5]	(5.5~6.5]	(6.5~7.5]	(7.5~8.5]	>8.5
样本数	0	0	2	2	2	0
占比（%）	0.00	0.00	33.33	33.33	33.33	0.00

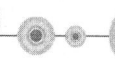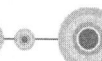

新积土—冲积土—冲积砾砂耕地土壤主要理化性状

项目名称	样本数（个）	平均值	标准差	变异系数（%）	范　围
有效土层厚（cm）	3	30.0	0.00	0.00	30.0~30.0
耕层厚度（cm）	3	20.0	0.00	0.00	20.0~20.0
耕层容重（g/cm³）	3	1.23	0.02	1.24	1.22~1.25
有机质（g/kg）	3	21.4	7.13	33.26	13.3~26.6
全氮（g/kg）	3	1.005	0.30	29.80	0.663~1.221
有效磷（mg/kg）	3	29.1	10.14	34.87	17.5~36.4
速效钾（mg/kg）	3	184	20.79	11.32	160~199
缓效钾（mg/kg）	0	—	—	—	—
有效铜（mg/kg）	1	1.71	—	—	—
有效锌（mg/kg）	1	3.33	—	—	—
有效铁（mg/kg）	1	33.10	—	—	—
有效锰（mg/kg）	1	29.90	—	—	—
有效硼（mg/kg）	0	—	—	—	—
有效钼（mg/kg）	0	—	—	—	—
有效硫（mg/kg）	0	—	—	—	—
有效硅（mg/kg）	0	—	—	—	—

耕层质地

砂土		砂壤土		轻壤土		中壤土		重壤土		黏土	
样本数	占比（%）	样本数	占比（%）	样本数	占比（%）	样本数	占比（%）	样本数	占比（%）	样本数	占比（%）
0	0.00	0	0.00	0	0.00	3	100.00	0	0.00	0	0.00

土壤 pH

≤4.5		(4.5~5.5]		(5.5~6.5]		(6.5~7.5]		(7.5~8.5]		>8.5	
样本数	占比（%）	样本数	占比（%）	样本数	占比（%）	样本数	占比（%）	样本数	占比（%）	样本数	占比（%）
0	0.00	0	0.00	0	0.00	1	33.33	2	66.67	0	0.00

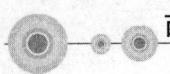

新积土—冲积土—冲积砾泥砾土耕地土壤主要理化性状

项目名称	样本数（个）	平均值	标准差	变异系数（%）	范围
有效土层厚（cm）	31	39.5	30.25	76.48	22.0~90.0
耕层厚度（cm）	31	21.2	8.20	38.65	17.0~40.0
耕层容重（g/cm³）	31	1.06	0.00	0.00	1.06~1.06
有机质（g/kg）	30	35.8	16.63	46.38	11.8~65.6
全氮（g/kg）	31	2.006	0.68	34.02	0.980~3.560
有效磷（mg/kg）	31	54.5	49.39	90.60	6.6~165.0
速效钾（mg/kg）	31	150	80.37	53.74	60~338
缓效钾（mg/kg）	31	254	252.30	99.52	52~1 526
有效铜（mg/kg）	31	11.55	9.72	84.14	1.06~32.54
有效锌（mg/kg）	31	3.46	2.49	71.93	0.79~13.28
有效铁（mg/kg）	31	210.23	114.03	54.24	53.86~438.81
有效锰（mg/kg）	31	29.00	29.47	101.63	4.60~158.36
有效硼（mg/kg）	31	0.63	0.27	43.42	0.22~1.25
有效钼（mg/kg）	30	1.025	0.77	74.95	0.100~2.450
有效硫（mg/kg）	30	143.27	105.47	73.62	11.50~359.49
有效硅（mg/kg）	30	264.92	125.59	47.41	65.21~475.47

耕层质地

	砂土	砂壤土	轻壤土	中壤土	重壤土	黏土
样本数	0	0	11	7	0	24
占比（%）	0.00	0.00	35.48	22.58	0.00	77.42

土壤 pH

	≤4.5	(4.5~5.5]	(5.5~6.5]	(6.5~7.5]	(7.5~8.5]	>8.5
样本数	0	3	11	11	6	0
占比（%）	0.00	9.68	35.48	35.48	19.35	0.00

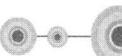

新积土—冲积土—冲积砂土耕地土壤主要理化性状

项目名称	样本数（个）	平均值	标准差	变异系数（%）	范围
有效土层厚（cm）	1	90.0	—	—	—
耕层厚度（cm）	1	30.0	—	—	—
耕层容重（g/cm³）	1	1.06	—	—	—
有机质（g/kg）	1	30.5	—	—	—
全氮（g/kg）	1	1.760	—	—	—
有效磷（mg/kg）	1	95.9	—	—	—
速效钾（mg/kg）	1	176	—	—	—
缓效钾（mg/kg）	1	202	—	—	—
有效铜（mg/kg）	1	2.20	—	—	—
有效锌（mg/kg）	1	2.18	—	—	—
有效铁（mg/kg）	1	76.60	—	—	—
有效锰（mg/kg）	1	11.80	—	—	—
有效硼（mg/kg）	1	1.09	—	—	—
有效钼（mg/kg）	1	0.100	—	—	—
有效硫（mg/kg）	1	391.53	—	—	—
有效硅（mg/kg）	1	143.95	—	—	—

耕层质地

	砂土	砂壤土	轻壤土	中壤土	重壤土	黏土
样本数	1	0	0	0	0	0
占比（%）	100.00	0.00	0.00	0.00	0.00	0.00

土壤 pH

	≤4.5	(4.5~5.5]	(5.5~6.5]	(6.5~7.5]	(7.5~8.5]	>8.5
样本数	0	1	0	0	0	0
占比（%）	0.00	100.00	0.00	0.00	0.00	0.00

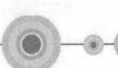

新积土—冲积土耕地土壤主要理化性状

项目名称	样本数（个）	平均值	标准差	变异系数（%）	范　围
有效土层厚（cm）	69	54.9	21.12	38.45	15.0~100.0
耕层厚度（cm）	69	19.0	2.73	14.41	13.0~26.0
耕层容重（g/cm³）	69	1.29	0.11	8.60	1.10~1.60
有机质（g/kg）	68	19.5	10.77	55.21	7.7~60.8
全氮（g/kg）	65	1.206	0.52	43.16	0.225~3.265
有效磷（mg/kg）	67	29.2	25.33	86.67	2.5~127.0
速效钾（mg/kg）	67	137	66.53	48.61	43~350
缓效钾（mg/kg）	65	799	326.35	40.84	148~1 605
有效铜（mg/kg）	8	3.59	2.93	81.74	1.33~10.60
有效锌（mg/kg）	8	4.27	4.03	94.45	0.70~12.79
有效铁（mg/kg）	8	56.24	44.27	78.71	12.06~127.48
有效锰（mg/kg）	8	28.35	38.17	134.62	1.11~101.13
有效硼（mg/kg）	8	0.51	0.23	45.43	0.20~0.80
有效钼（mg/kg）	8	0.136	0.08	59.50	0.070~0.287
有效硫（mg/kg）	7	40.33	55.99	138.83	5.38~165.11
有效硅（mg/kg）	7	122.64	42.93	35.00	74.30~186.99

耕层质地

	砂土		砂壤土		轻壤土		中壤土		重壤土		黏土	
	样本数	占比（%）	样本数	占比（%）	样本数	占比（%）	样本数	占比（%）	样本数	占比（%）	样本数	占比（%）
	7	10.14	37	53.62	10	14.49	11	15.94	1	1.45	3	4.35

土壤 pH

	≤4.5		(4.5~5.5]		(5.5~6.5]		(6.5~7.5]		(7.5~8.5]		>8.5	
	样本数	占比（%）	样本数	占比（%）	样本数	占比（%）	样本数	占比（%）	样本数	占比（%）	样本数	占比（%）
	1	1.45	18	26.09	15	21.74	21	30.43	14	20.29	0	0.00

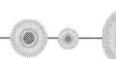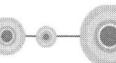

新积土—冲积土—石灰性冲积砂土耕地土壤主要理化性状

项目名称	样本数（个）	平均值	标准差	变异系数（%）	范　围
有效土层厚（cm）	84	74.0	29.76	40.24	20.0~180.0
耕层厚度（cm）	84	22.9	3.93	17.16	13.0~30.0
耕层容重（g/cm³）	84	1.33	0.14	10.91	1.07~1.68
有机质（g/kg）	83	19.6	9.49	48.47	8.7~59.4
全氮（g/kg）	81	1.175	0.49	41.63	0.190~3.027
有效磷（mg/kg）	83	34.5	38.02	110.30	1.4~160.6
速效钾（mg/kg）	83	120	65.48	54.44	30~330
缓效钾（mg/kg）	83	528	260.69	49.42	64~1 511
有效铜（mg/kg）	10	3.05	1.11	36.34	1.38~5.31
有效锌（mg/kg）	10	3.60	4.71	130.74	0.57~14.30
有效铁（mg/kg）	10	65.37	40.34	61.71	13.80~137.99
有效锰（mg/kg）	10	19.49	22.82	117.07	3.60~80.90
有效硼（mg/kg）	10	0.34	0.19	57.21	0.18~0.85
有效钼（mg/kg）	10	0.184	0.10	55.48	0.045~0.340
有效硫（mg/kg）	9	23.17	10.31	44.51	7.67~41.01
有效硅（mg/kg）	10	176.56	74.76	42.34	84.27~301.11

耕层质地

	砂土	砂壤土	轻壤土	中壤土	重壤土	黏土
样本数	14	26	24	13	5	2
占比（%）	16.67	30.95	28.57	15.48	5.95	2.38

土壤pH

	≤4.5	(4.5~5.5]	(5.5~6.5]	(6.5~7.5]	(7.5~8.5]	>8.5
样本数	1	4	15	18	46	0
占比（%）	1.19	4.76	17.86	21.43	54.76	0.00

新积土—冲积土—石灰性冲积壤土耕地土壤主要理化性状

项目名称	样本数（个）	平均值	标准差	变异系数（%）	范围
有效土层厚（cm）	33	37.0	17.89	48.40	10.0~100.0
耕层厚度（cm）	33	16.5	4.76	28.81	10.0~30.0
耕层容重（g/cm³）	33	1.19	0.05	3.86	1.17~1.36
有机质（g/kg）	33	14.1	5.51	39.05	7.5~26.3
全氮（g/kg）	33	0.900	0.32	35.53	0.481~1.609
有效磷（mg/kg）	32	15.7	8.45	53.91	6.8~45.0
速效钾（mg/kg）	32	148	51.24	34.64	62~279
缓效钾（mg/kg）	33	683	278.44	40.74	220~1 444
有效铜（mg/kg）	26	0.44	0.19	43.54	0.14~1.02
有效锌（mg/kg）	26	1.04	0.52	49.74	0.40~2.14
有效铁（mg/kg）	26	9.36	4.42	47.22	3.30~16.50
有效锰（mg/kg）	26	6.92	3.63	52.56	3.50~18.04
有效硼（mg/kg）	26	0.66	0.39	59.40	0.26~1.60
有效钼（mg/kg）	26	0.172	0.12	66.84	0.099~0.681
有效硫（mg/kg）	25	14.45	3.39	23.44	9.23~19.80
有效硅（mg/kg）	26	75.42	22.89	30.35	61.00~172.97

耕层质地

	砂土	砂壤土	轻壤土	中壤土	重壤土	黏土
样本数	24	1	1	7	0	0
占比（%）	72.73	3.03	3.03	21.21	0.00	0.00

土壤 pH

	≤4.5	(4.5~5.5]	(5.5~6.5]	(6.5~7.5]	(7.5~8.5]	>8.5
样本数	0	2	2	2	28	0
占比（%）	0.00	6.06	6.06	6.06	84.85	0.00

新积土—冲积土—石灰性冲积黏土耕地土壤主要理化性状

项目名称	样本数（个）	平均值	标准差	变异系数（%）	范围
有效土层厚（cm）	1	100.0	—	—	—
耕层厚度（cm）	1	20.0	—	—	—
耕层容重（g/cm³）	1	1.21	—	—	—
有机质（g/kg）	1	29.7	—	—	—
全氮（g/kg）	1	1.960	—	—	—
有效磷（mg/kg）	1	89.9	—	—	—
速效钾（mg/kg）	1	256	—	—	—
缓效钾（mg/kg）	1	68	—	—	—
有效铜（mg/kg）	0	—	—	—	—
有效锌（mg/kg）	0	—	—	—	—
有效铁（mg/kg）	0	—	—	—	—
有效锰（mg/kg）	0	—	—	—	—
有效硼（mg/kg）	0	—	—	—	—
有效钼（mg/kg）	0	—	—	—	—
有效硫（mg/kg）	0	—	—	—	—
有效硅（mg/kg）	0	—	—	—	—

耕层质地

	砂土	砂壤土	轻壤土	中壤土	重壤土	黏土
样本数	0	0	1	0	0	0
占比（%）	0.00	0.00	100.00	0.00	0.00	0.00

土壤pH

	≤4.5	(4.5~5.5]	(5.5~6.5]	(6.5~7.5]	(7.5~8.5]	>8.5
样本数	0	0	0	1	0	0
占比（%）	0.00	0.00	0.00	100.00	0.00	0.00

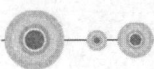

石灰（岩）土—红色石灰土—红色石灰土耕地土壤主要理化性状

项目名称	样本数（个）	平均值	标准差	变异系数（%）	范围
有效土层厚（cm）	151	64.9	22.42	34.53	27.0~156.0
耕层厚度（cm）	151	21.1	3.87	18.37	15.0~35.0
耕层容重（g/cm³）	151	1.35	0.14	10.09	1.00~1.67
有机质（g/kg）	149	27.6	12.73	46.10	7.3~70.6
全氮（g/kg）	145	1.462	0.53	35.96	0.186~3.190
有效磷（mg/kg）	151	25.3	26.03	102.75	1.1~179.6
速效钾（mg/kg）	147	148	75.05	50.68	35~377
缓效钾（mg/kg）	150	376	254.85	67.74	57~1 603
有效铜（mg/kg）	109	4.60	5.12	111.33	0.04~24.29
有效锌（mg/kg）	109	1.58	1.03	65.46	0.06~4.79
有效铁（mg/kg）	108	109.87	115.68	105.28	0.10~479.06
有效锰（mg/kg）	107	27.72	25.63	92.46	0.30~112.20
有效硼（mg/kg）	104	0.38	0.23	59.98	0.09~1.06
有效钼（mg/kg）	83	0.486	0.60	123.92	0.040~2.460
有效硫（mg/kg）	102	61.60	84.33	136.90	8.69~395.52
有效硅（mg/kg）	91	213.34	101.90	47.76	61.85~476.89

耕层质地

	砂土	砂壤土	轻壤土	中壤土	重壤土	黏土
样本数	7	11	21	21	34	57
占比（%）	4.64	7.28	13.91	13.91	22.52	37.75

土壤 pH

	≤4.5	(4.5~5.5]	(5.5~6.5]	(6.5~7.5]	(7.5~8.5]	>8.5
样本数	0	13	14	45	78	1
占比（%）	0.00	8.61	9.27	29.80	51.66	0.66

石灰（岩）土—黑色石灰土—黑色石灰土耕地土壤主要理化性状

项目名称	样本数（个）	平均值	标准差	变异系数（%）	范　围
有效土层厚（cm）	119	67.5	21.91	32.46	25.0～160.0
耕层厚度（cm）	119	20.4	5.26	25.73	8.0～40.0
耕层容重（g/cm³）	119	1.32	0.15	11.46	0.94～1.70
有机质（g/kg）	118	33.0	13.56	41.07	10.2～68.7
全氮（g/kg）	118	1.860	0.66	35.53	0.410～3.729
有效磷（mg/kg）	119	30.7	27.02	87.91	2.2～148.1
速效钾（mg/kg）	117	154	82.13	53.40	27～348
缓效钾（mg/kg）	119	284	218.15	76.78	51～1 538
有效铜（mg/kg）	91	6.41	6.11	95.34	0.07～27.00
有效锌（mg/kg）	90	2.44	2.23	91.19	0.20～13.70
有效铁（mg/kg）	90	142.83	131.20	91.86	4.50～472.25
有效锰（mg/kg）	87	35.76	24.47	68.43	1.00～162.10
有效硼（mg/kg）	88	0.52	0.60	116.84	0.11～2.94
有效钼（mg/kg）	56	1.033	0.71	69.12	0.030～2.500
有效硫（mg/kg）	84	95.89	100.12	104.42	5.60～386.17
有效硅（mg/kg）	77	233.27	136.59	58.55	27.45～493.12

耕层质地

砂土		砂壤土		轻壤土		中壤土		重壤土		黏土	
样本数	占比（%）	样本数	占比（%）	样本数	占比（%）	样本数	占比（%）	样本数	占比（%）	样本数	占比（%）
3	2.52	14	11.76	67	56.30	17	14.29	6	5.04	12	10.08

土壤 pH

≤4.5		(4.5～5.5]		(5.5～6.5]		(6.5～7.5]		(7.5～8.5]		>8.5	
样本数	占比（%）	样本数	占比（%）	样本数	占比（%）	样本数	占比（%）	样本数	占比（%）	样本数	占比（%）
2	1.68	12	10.08	23	19.33	46	38.66	34	28.57	2	1.68

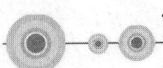

石灰（岩）土—棕色石灰土—棕色石灰土耕地土壤主要理化性状

项目名称	样本数（个）	平均值	标准差	变异系数（%）	范　围
有效土层厚（cm）	606	72.5	25.90	35.70	10.0～102.0
耕层厚度（cm）	606	21.3	5.48	25.73	10.0～40.0
耕层容重（g/cm³）	606	1.45	0.18	12.33	0.85～1.70
有机质（g/kg）	595	27.2	11.39	41.85	6.8～73.7
全氮（g/kg）	602	1.601	0.63	39.22	0.256～3.738
有效磷（mg/kg）	604	25.9	22.29	86.17	1.0～185.8
速效钾（mg/kg）	596	150	69.91	46.65	30～383
缓效钾（mg/kg）	604	496	283.87	57.26	48～1 562
有效铜（mg/kg）	560	1.85	1.20	64.64	0.34～12.24
有效锌（mg/kg）	555	2.22	2.11	95.29	0.55～22.17
有效铁（mg/kg）	558	44.52	37.63	84.52	6.70～239.43
有效锰（mg/kg）	541	27.46	19.85	72.30	1.30～156.00
有效硼（mg/kg）	542	0.46	0.29	63.09	0.07～2.15
有效钼（mg/kg）	73	0.306	0.30	98.06	0.020～1.340
有效硫（mg/kg）	545	41.13	31.05	75.49	4.07～162.27
有效硅（mg/kg）	529	190.82	78.60	41.19	25.36～497.20

耕层质地

砂土		砂壤土		轻壤土		中壤土		重壤土		黏土	
样本数	占比（%）	样本数	占比（%）	样本数	占比（%）	样本数	占比（%）	样本数	占比（%）	样本数	占比（%）
6	0.99	63	10.40	117	19.31	292	48.18	101	16.67	27	4.46

土壤pH

≤4.5		(4.5～5.5]		(5.5～6.5]		(6.5～7.5)		(7.5～8.5)		>8.5	
样本数	占比（%）	样本数	占比（%）	样本数	占比（%）	样本数	占比（%）	样本数	占比（%）	样本数	占比（%）
3	0.50	44	7.26	96	15.84	207	34.16	251	41.42	5	0.83

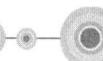
石灰（岩）土—黄色石灰土—黄色石灰土耕地土壤主要理化性状

项目名称	样本数（个）	平均值	标准差	变异系数（%）	范 围
有效土层厚（cm）	1 235	74.2	25.35	34.17	15.0～180.0
耕层厚度（cm）	1 235	22.6	7.54	33.31	10.0～40.0
耕层容重（g/cm³）	1 235	1.33	0.15	11.25	0.85～1.76
有机质（g/kg）	1 211	32.2	13.23	41.08	6.8～75.1
全氮（g/kg）	1 182	1.686	0.67	39.89	0.148～3.641
有效磷（mg/kg）	1 231	23.4	24.90	106.47	1.0～190.6
速效钾（mg/kg）	1 198	151	76.19	50.50	28～388
缓效钾（mg/kg）	1 229	360	211.86	58.85	48～1 507
有效铜（mg/kg）	519	6.46	6.89	106.76	0.06～33.08
有效锌（mg/kg）	514	2.29	2.27	99.12	0.05～22.05
有效铁（mg/kg）	514	125.03	127.75	102.18	1.80～475.79
有效锰（mg/kg）	478	38.41	30.02	78.17	1.30～164.20
有效硼（mg/kg）	471	0.42	0.29	69.49	0.07～3.00
有效钼（mg/kg）	322	0.969	0.74	76.13	0.024～2.510
有效硫（mg/kg）	461	62.87	63.56	101.09	4.80～376.92
有效硅（mg/kg）	325	291.37	122.75	42.13	50.48～497.20

耕层质地

	砂土	砂壤土	轻壤土	中壤土	重壤土	黏土
样本数	119	281	313	230	144	148
占比（%）	9.64	22.75	25.34	18.62	11.66	11.98

土壤 pH

	≤4.5	(4.5～5.5]	(5.5～6.5]	(6.5～7.5]	(7.5～8.5]	>8.5
样本数	3	125	182	329	590	6
占比（%）	0.24	10.12	14.74	26.64	47.77	0.49

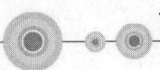

火山灰土——典型火山灰土——典型火山灰土耕地土壤主要理化性状

项目名称	样本数（个）	平均值	标准差	变异系数（%）	范围
有效土层厚（cm）	4	100.0	0.00	0.00	100.0~100.0
耕层厚度（cm）	4	17.0	0.00	0.00	17.0~17.0
耕层容重（g/cm³）	4	1.45	0.00	0.00	1.45~1.45
有机质（g/kg）	4	54.9	6.79	12.37	47.9~63.9
全氮（g/kg）	4	2.535	0.21	8.21	2.300~2.720
有效磷（mg/kg）	4	23.1	13.40	58.09	7.0~37.6
速效钾（mg/kg）	4	158	28.32	17.92	134~193
缓效钾（mg/kg）	4	383	32.34	8.45	346~424
有效铜（mg/kg）	4	10.10	6.43	63.65	3.43~16.41
有效锌（mg/kg）	4	1.78	1.42	79.58	0.34~3.16
有效铁（mg/kg）	4	205.58	69.64	33.87	122.02~290.66
有效锰（mg/kg）	4	14.30	15.65	109.46	2.20~37.30
有效硼（mg/kg）	4	0.23	0.16	67.82	0.12~0.46
有效钼（mg/kg）	4	1.103	0.51	46.12	0.450~1.690
有效硫（mg/kg）	4	282.60	65.74	23.26	188.80~341.17
有效硅（mg/kg）	4	240.38	34.88	14.51	203.51~283.12

耕层质地

	砂土		砂壤土		轻壤土		中壤土		重壤土		黏土	
	样本数	占比（%）	样本数	占比（%）	样本数	占比（%）	样本数	占比（%）	样本数	占比（%）	样本数	占比（%）
	0	0.00	0	0.00	0	0.00	0	0.00	4	100.00	0	0.00

土壤 pH

	≤4.5		(4.5~5.5]		(5.5~6.5]		(6.5~7.5]		(7.5~8.5]		>8.5	
	样本数	占比（%）	样本数	占比（%）	样本数	占比（%）	样本数	占比（%）	样本数	占比（%）	样本数	占比（%）
	0	0.00	4	100.00	0	0.00	0	0.00	0	0.00	0	0.00

紫色土—酸性紫色土—酸紫砂泥土耕地土壤主要理化性状

项目名称	样本数（个）	平均值	标准差	变异系数（%）	范围
有效土层厚（cm）	45	73.7	18.45	25.03	40.0~100.0
耕层厚度（cm）	45	22.2	7.50	33.80	14.0~40.0
耕层容重（g/cm³）	45	1.38	0.15	11.17	1.13~1.61
有机质（g/kg）	44	22.5	10.20	45.29	10.6~55.3
全氮（g/kg）	45	1.286	0.50	38.62	0.500~2.524
有效磷（mg/kg）	44	33.7	29.27	86.96	1.8~147.0
速效钾（mg/kg）	44	84	52.36	62.52	32~344
缓效钾（mg/kg）	45	330	189.48	57.43	117~860
有效铜（mg/kg）	45	2.30	0.95	41.18	0.92~6.28
有效锌（mg/kg）	45	1.52	0.60	39.54	0.87~2.70
有效铁（mg/kg）	45	63.13	32.46	51.42	18.88~153.52
有效锰（mg/kg）	45	23.91	11.68	48.85	5.61~46.92
有效硼（mg/kg）	45	0.77	0.62	80.89	0.17~2.13
有效钼（mg/kg）	0	—	—	—	—
有效硫（mg/kg）	45	57.57	42.77	74.29	18.92~174.13
有效硅（mg/kg）	45	200.07	74.05	37.01	61.62~344.25

耕层质地

	砂土	砂壤土	轻壤土	中壤土	重壤土	黏土
样本数	0	3	14	24	4	0
占比（%）	0.00	6.67	31.11	53.33	8.89	0.00

土壤pH

	≤4.5	(4.5~5.5]	(5.5~6.5]	(6.5~7.5]	(7.5~8.5]	>8.5
样本数	4	18	17	5	1	0
占比（%）	8.89	40.00	37.78	11.11	2.22	0.00

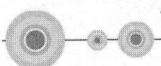

紫色土—酸性紫色土—酸紫砂土耕地土壤主要理化性状

项目名称	样本数（个）	平均值	标准差	变异系数（%）	范 围
有效土层厚（cm）	924	65.0	23.41	36.01	15.0～137.6
耕层厚度（cm）	924	19.9	5.75	28.87	10.0～40.0
耕层容重（g/cm³）	923	1.36	0.11	7.87	0.84～1.74
有机质（g/kg）	915	28.0	14.21	50.66	6.9～75.3
全氮（g/kg）	910	1.523	0.65	42.98	0.162～3.769
有效磷（mg/kg）	904	31.6	33.17	104.95	1.1～196.1
速效钾（mg/kg）	920	135	77.53	57.51	27～355
缓效钾（mg/kg）	923	291	187.18	64.26	48～1 542
有效铜（mg/kg）	711	9.46	7.42	78.51	0.10～32.87
有效锌（mg/kg）	725	2.48	2.26	91.01	0.10～22.17
有效铁（mg/kg）	724	197.52	145.16	73.50	2.04～479.76
有效锰（mg/kg）	709	37.41	27.68	73.98	1.60～170.70
有效硼（mg/kg）	715	0.50	0.35	70.43	0.08～2.07
有效钼（mg/kg）	593	1.075	0.76	71.07	0.058～2.510
有效硫（mg/kg）	685	66.22	75.34	113.77	4.70～403.74
有效硅（mg/kg）	687	251.00	126.85	50.54	43.07～497.43

耕层质地

砂土		砂壤土		轻壤土		中壤土		重壤土		黏土	
样本数	占比（%）	样本数	占比（%）	样本数	占比（%）	样本数	占比（%）	样本数	占比（%）	样本数	占比（%）
56	6.06	681	73.70	101	10.93	44	4.76	33	3.57	9	0.97

土壤 pH

≤4.5		(4.5～5.5]		(5.5～6.5]		(6.5～7.5]		(7.5～8.5]		>8.5	
样本数	占比（%）	样本数	占比（%）	样本数	占比（%）	样本数	占比（%）	样本数	占比（%）	样本数	占比（%）
42	4.55	334	36.15	305	33.01	155	16.77	87	9.42	1	0.11

紫色土—酸性紫色土—酸性紫色土耕地土壤主要理化性状

项目名称	样本数（个）	平均值	标准差	变异系数（%）	范　围
有效土层厚 (cm)	255	55.8	22.95	41.16	17.0～160.0
耕层厚度 (cm)	255	22.0	4.60	20.94	13.0～40.0
耕层容重 (g/cm³)	255	1.31	0.15	11.42	0.93～1.67
有机质 (g/kg)	247	23.2	12.97	55.81	7.4～70.6
全氮 (g/kg)	244	1.271	0.56	44.09	0.145～3.434
有效磷 (mg/kg)	248	34.8	39.36	113.23	1.2～197.9
速效钾 (mg/kg)	247	132	71.14	54.05	28～377
缓效钾 (mg/kg)	252	300	176.82	58.90	51～1 090
有效铜 (mg/kg)	53	3.47	4.52	130.16	0.31～25.09
有效锌 (mg/kg)	47	2.97	2.94	98.76	0.10～13.51
有效铁 (mg/kg)	53	81.03	94.00	116.01	6.51～442.00
有效锰 (mg/kg)	39	32.93	31.78	96.50	0.30～172.31
有效硼 (mg/kg)	37	0.37	0.48	128.46	0.07～2.98
有效钼 (mg/kg)	24	0.324	0.43	133.14	0.050～1.910
有效硫 (mg/kg)	30	37.66	55.23	146.64	5.80～301.20
有效硅 (mg/kg)	20	134.57	77.42	57.53	25.53～385.98

耕层质地

	砂土	砂壤土	轻壤土	中壤土	重壤土	黏土
样本数	13	44	63	108	23	4
占比（%）	5.10	17.25	24.71	42.35	9.02	1.57

土壤 pH

	≤4.5	(4.5～5.5]	(5.5～6.5]	(6.5～7.5]	(7.5～8.5]	>8.5
样本数	22	124	77	18	13	1
占比（%）	8.63	48.63	30.20	7.06	5.10	0.39

紫色土——酸性紫色土耕地土壤主要理化性状

项目名称	样本数 (个)	平均值	标准差	变异系数 (%)	范 围
有效土层厚 (cm)	90	64.2	25.01	38.97	30.0~150.0
耕层厚度 (cm)	90	23.5	5.87	25.02	15.0~40.0
耕层容重 (g/cm³)	90	1.32	0.15	11.36	0.90~1.67
有机质 (g/kg)	89	20.2	10.55	52.14	7.3~72.9
全氮 (g/kg)	89	1.174	0.47	40.28	0.169~2.870
有效磷 (mg/kg)	89	25.1	25.70	102.30	1.5~144.2
速效钾 (mg/kg)	88	123	63.16	51.45	32~325
缓效钾 (mg/kg)	90	357	202.57	56.71	80~1 142
有效铜 (mg/kg)	12	2.67	2.24	84.12	0.27~6.72
有效锌 (mg/kg)	12	3.85	4.60	119.51	0.83~17.61
有效铁 (mg/kg)	12	91.99	89.32	97.10	23.10~298.00
有效锰 (mg/kg)	9	27.52	28.30	102.85	11.30~99.40
有效硼 (mg/kg)	10	0.30	0.19	62.80	0.15~0.81
有效钼 (mg/kg)	7	0.211	0.24	113.00	0.060~0.740
有效硫 (mg/kg)	9	48.63	41.73	85.82	15.95~147.40
有效硅 (mg/kg)	8	123.10	34.66	28.15	86.09~182.96

耕层质地

砂土		砂壤土		轻壤土		中壤土		重壤土		黏土	
样本数	占比 (%)	样本数	占比 (%)	样本数	占比 (%)	样本数	占比 (%)	样本数	占比 (%)	样本数	占比 (%)
2	2.22	14	15.56	5	5.56	23	25.56	29	32.22	17	18.89

土壤 pH

≤4.5		(4.5~5.5]		(5.5~6.5]		(6.5~7.5]		(7.5~8.5]		>8.5	
样本数	占比 (%)	样本数	占比 (%)	样本数	占比 (%)	样本数	占比 (%)	样本数	占比 (%)	样本数	占比 (%)
3	3.33	44	48.89	22	24.44	7	7.78	13	14.44	1	1.11

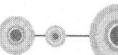

紫色土—中性紫色土—紫砂泥土耕地土壤主要理化性状

项目名称	样本数（个）	平均值	标准差	变异系数（%）	范围
有效土层厚（cm）	417	51.4	25.82	50.19	15.0~150.0
耕层厚度（cm）	417	24.2	6.61	27.27	12.0~40.0
耕层容重（g/cm³）	417	1.36	0.16	11.65	0.84~1.80
有机质（g/kg）	400	16.1	7.24	44.94	6.8~51.5
全氮（g/kg）	399	1.004	0.39	39.36	0.163~2.660
有效磷（mg/kg）	413	25.6	27.87	108.96	1.1~199.8
速效钾（mg/kg）	412	114	62.74	54.88	27~369
缓效钾（mg/kg）	415	451	193.32	42.89	67~1 288
有效铜（mg/kg）	70	1.99	1.33	67.00	0.25~6.17
有效锌（mg/kg）	70	1.51	0.81	53.88	0.12~3.98
有效铁（mg/kg）	70	66.74	49.09	73.55	3.70~312.00
有效锰（mg/kg）	68	26.48	14.03	52.97	3.40~84.10
有效硼（mg/kg）	66	0.66	0.61	93.42	0.09~2.20
有效钼（mg/kg）	23	0.169	0.15	90.13	0.040~0.680
有效硫（mg/kg）	52	44.67	41.64	93.20	5.52~163.82
有效硅（mg/kg）	52	162.65	69.34	42.63	42.23~337.03

耕层质地

	砂土	砂壤土	轻壤土	中壤土	重壤土	黏土
样本数	57	99	89	129	35	8
占比（%）	13.67	23.74	21.34	30.94	8.39	1.92

土壤 pH

	≤4.5	(4.5~5.5]	(5.5~6.5]	(6.5~7.5]	(7.5~8.5]	>8.5
样本数	8	98	121	81	99	10
占比（%）	1.92	23.50	29.02	19.42	23.74	2.40

紫色土—中性紫色土—紫砂土耕地土壤主要理化性状

项目名称	样本数（个）	平均值	标准差	变异系数（%）	范围
有效土层厚（cm）	476	49.8	26.03	52.25	20.0~153.6
耕层厚度（cm）	475	22.3	7.36	32.96	10.0~40.0
耕层容重（g/cm³）	476	1.31	0.12	9.47	0.84~1.74
有机质（g/kg）	465	17.1	7.29	42.65	6.8~64.0
全氮（g/kg）	470	1.132	0.46	40.24	0.160~3.050
有效磷（mg/kg）	473	33.3	35.25	105.89	1.0~201.0
速效钾（mg/kg）	468	112	63.24	56.55	27~351
缓效钾（mg/kg）	476	377	169.96	45.08	76~1 406
有效铜（mg/kg）	65	1.91	0.97	50.80	0.24~4.84
有效锌（mg/kg）	65	1.96	1.09	55.65	0.59~4.91
有效铁（mg/kg）	65	94.88	74.71	78.74	5.80~335.00
有效锰（mg/kg）	63	31.95	19.72	61.73	6.12~96.00
有效硼（mg/kg）	60	0.51	0.48	94.11	0.07~1.98
有效钼（mg/kg）	17	0.210	0.19	90.84	0.030~0.730
有效硫（mg/kg）	56	62.49	58.19	93.12	10.20~245.20
有效硅（mg/kg）	42	187.49	87.32	46.57	51.68~402.80

耕层质地

	砂土	砂壤土	轻壤土	中壤土	重壤土	黏土
样本数	149	157	58	61	37	14
占比（%）	31.30	32.98	12.18	12.82	7.77	2.94

土壤 pH

	≤4.5	(4.5~5.5]	(5.5~6.5]	(6.5~7.5]	(7.5~8.5]	>8.5
样本数	11	147	107	108	92	11
占比（%）	2.31	30.88	22.48	22.69	19.33	2.31

紫色土—中性紫色土—紫泥土耕地土壤主要理化性状

项目名称	样本数（个）	平均值	标准差	变异系数（%）	范围
有效土层厚（cm）	1 488	57.0	24.61	43.20	18.0~150.0
耕层厚度（cm）	1 487	24.0	6.14	25.58	10.0~40.0
耕层容重（g/cm³）	1 487	1.31	0.14	10.58	0.83~1.79
有机质（g/kg）	1 442	17.1	8.03	46.93	6.8~68.7
全氮（g/kg）	1 474	1.042	0.39	37.84	0.153~3.230
有效磷（mg/kg）	1 473	34.9	38.59	110.58	0.9~204.0
速效钾（mg/kg）	1 463	120	64.18	53.31	28~385
缓效钾（mg/kg）	1 486	448	186.24	41.61	73~1 312
有效铜（mg/kg）	156	1.53	1.50	98.14	0.23~10.00
有效锌（mg/kg）	156	1.39	0.90	64.75	0.14~5.95
有效铁（mg/kg）	155	74.04	77.03	104.05	4.63~388.00
有效锰（mg/kg）	152	27.42	19.99	72.90	1.60~86.10
有效硼（mg/kg）	149	0.24	0.13	56.12	0.07~0.73
有效钼（mg/kg）	75	0.136	0.10	76.19	0.025~0.500
有效硫（mg/kg）	88	24.20	30.38	125.54	4.38~260.38
有效硅（mg/kg）	65	173.02	97.10	56.12	31.90~368.01

耕层质地

	砂土	砂壤土	轻壤土	中壤土	重壤土	黏土
样本数	61	328	248	628	191	32
占比（%）	4.10	22.04	16.67	42.20	12.84	2.15

土壤pH

	≤4.5	(4.5~5.5]	(5.5~6.5]	(6.5~7.5]	(7.5~8.5]	>8.5
样本数	39	500	363	275	298	13
占比（%）	2.62	33.60	24.40	18.48	20.03	0.87

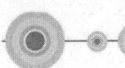

紫色土——中性紫色土——紫泥土耕地土壤主要理化性状

项目名称	样本数（个）	平均值	标准差	变异系数（%）	范 围
有效土层厚（cm）	732	62.9	23.82	37.85	20.0～150.0
耕层厚度（cm）	732	22.3	6.64	29.75	10.0～40.0
耕层容重（g/cm³）	732	1.35	0.15	10.92	0.92～1.79
有机质（g/kg）	725	20.8	11.06	53.13	7.0～73.8
全氮（g/kg）	725	1.222	0.55	45.29	0.150～3.800
有效磷（mg/kg）	726	25.5	26.98	105.96	0.8～194.8
速效钾（mg/kg）	726	125	67.75	54.29	28～373
缓效钾（mg/kg）	732	405	191.73	47.33	52～1 432
有效铜（mg/kg）	206	10.65	8.08	75.86	0.27～33.13
有效锌（mg/kg）	208	2.24	2.43	108.44	0.12～14.97
有效铁（mg/kg）	207	214.94	140.18	65.22	5.88～479.75
有效锰（mg/kg）	206	37.77	26.72	70.75	3.40～167.10
有效硼（mg/kg）	208	0.43	0.23	53.18	0.09～1.42
有效钼（mg/kg）	186	1.017	0.73	72.28	0.030～2.480
有效硫（mg/kg）	185	59.83	75.26	125.78	4.59～397.65
有效硅（mg/kg）	185	269.78	133.49	49.48	62.64～497.29

耕层质地

砂土		砂壤土		轻壤土		中壤土		重壤土		黏土	
样本数	占比（%）	样本数	占比（%）	样本数	占比（%）	样本数	占比（%）	样本数	占比（%）	样本数	占比（%）
20	2.73	38	5.19	147	20.08	189	25.82	256	34.97	82	11.20

土壤 pH

≤4.5		(4.5～5.5]		(5.5～6.5]		(6.5～7.5]		(7.5～8.5]		>8.5	
样本数	占比（%）	样本数	占比（%）	样本数	占比（%）	样本数	占比（%）	样本数	占比（%）	样本数	占比（%）
11	1.50	151	20.63	242	33.06	145	19.81	175	23.91	8	1.09

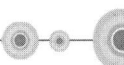
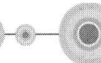

紫色土—石灰性紫色土—灰紫紫砾泥土耕地土壤主要理化性状

项目名称	样本数（个）	平均值	标准差	变异系数（%）	范 围
有效土层厚（cm）	339	50.6	22.49	44.44	14.0～185.0
耕层厚度（cm）	335	22.6	6.77	29.93	10.0～40.0
耕层容重（g/cm³）	339	1.40	0.15	10.89	1.00～1.75
有机质（g/kg）	326	17.2	7.61	44.14	6.9～65.5
全氮（g/kg）	328	1.110	0.38	34.05	0.148～2.770
有效磷（mg/kg）	338	23.0	27.43	119.38	1.1～192.0
速效钾（mg/kg）	337	143	67.65	47.19	31～365
缓效钾（mg/kg）	338	569	265.46	46.69	118～1 587
有效铜（mg/kg）	99	2.17	1.52	70.06	0.17～9.26
有效锌（mg/kg）	99	2.11	2.28	108.12	0.17～22.03
有效铁（mg/kg）	99	60.89	55.08	90.45	4.66～189.00
有效锰（mg/kg）	99	22.57	21.30	94.37	2.70～166.00
有效硼（mg/kg）	101	0.66	0.49	74.44	0.07～1.76
有效钼（mg/kg）	37	0.184	0.24	128.89	0.030～1.450
有效硫（mg/kg）	91	60.69	51.74	85.26	6.27～156.98
有效硅（mg/kg）	88	178.48	69.98	39.21	56.30～381.99

耕层质地

	砂土	砂壤土	轻壤土	中壤土	重壤土	黏土
样本数	24	62	68	123	35	27
占比（%）	7.08	18.29	20.06	36.28	10.32	7.96

土壤 pH

	≤4.5	(4.5～5.5]	(5.5～6.5]	(6.5～7.5]	(7.5～8.5]	>8.5
样本数	4	17	22	34	240	22
占比（%）	1.18	5.01	6.49	10.03	70.80	6.49

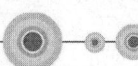

紫色土—石灰性紫色土—灰紫砂土耕地土壤主要理化性状

项目名称	样本数（个）	平均值	标准差	变异系数（%）	范围
有效土层厚 (cm)	159	59.1	24.18	40.91	20.0~138.4
耕层厚度 (cm)	159	22.6	5.91	26.18	14.0~40.0
耕层容重 (g/cm³)	159	1.33	0.16	12.03	0.93~1.71
有机质 (g/kg)	157	17.1	7.38	43.30	7.4~55.0
全氮 (g/kg)	153	1.148	0.43	37.71	0.154~2.830
有效磷 (mg/kg)	159	23.5	28.77	122.36	1.3~183.7
速效钾 (mg/kg)	159	138	59.89	43.32	32~338
缓效钾 (mg/kg)	159	463	178.02	38.46	108~1 076
有效铜 (mg/kg)	33	2.16	1.64	75.77	0.20~9.35
有效锌 (mg/kg)	33	1.81	1.40	77.30	0.16~7.16
有效铁 (mg/kg)	33	74.31	74.75	100.59	4.20~247.20
有效锰 (mg/kg)	33	24.51	17.09	69.74	6.20~84.50
有效硼 (mg/kg)	33	0.43	0.32	73.65	0.08~1.81
有效钼 (mg/kg)	18	0.184	0.12	66.30	0.020~0.580
有效硫 (mg/kg)	31	32.15	28.75	89.42	4.38~117.90
有效硅 (mg/kg)	29	183.63	82.21	44.77	64.44~347.92

耕层质地

	砂土	砂壤土	轻壤土	中壤土	重壤土	黏土
样本数	24	51	33	41	7	3
占比（%）	15.09	32.08	20.75	25.79	4.40	1.89

土壤 pH

	≤4.5	(4.5~5.5]	(5.5~6.5]	(6.5~7.5]	(7.5~8.5]	>8.5
样本数	0	16	13	15	103	12
占比（%）	0.00	10.06	8.18	9.43	64.78	7.55

紫色土—石灰性紫色土—灰紫泥土耕地土壤主要理化性状

项目名称	样本数（个）	平均值	标准差	变异系数（%）	范围
有效土层厚 (cm)	868	61.6	24.03	39.01	20.0~145.0
耕层厚度 (cm)	865	21.2	3.69	17.43	12.0~40.0
耕层容重 (g/cm³)	867	1.36	0.17	12.19	0.84~1.80
有机质 (g/kg)	858	17.4	7.96	45.77	6.7~75.1
全氮 (g/kg)	820	1.170	0.43	36.40	0.148~3.494
有效磷 (mg/kg)	866	19.8	25.23	127.28	0.9~190.0
速效钾 (mg/kg)	861	139	64.20	46.34	27~372
缓效钾 (mg/kg)	867	532	189.47	35.59	69~1 178
有效铜 (mg/kg)	96	1.41	1.11	79.18	0.12~5.77
有效锌 (mg/kg)	95	1.51	1.58	104.63	0.23~10.29
有效铁 (mg/kg)	95	52.47	68.30	130.16	3.90~332.50
有效锰 (mg/kg)	93	21.26	27.26	128.26	0.30~173.00
有效硼 (mg/kg)	91	0.28	0.15	53.10	0.08~0.76
有效钼 (mg/kg)	81	0.165	0.14	81.78	0.020~0.640
有效硫 (mg/kg)	88	33.35	45.41	136.18	5.53~294.19
有效硅 (mg/kg)	83	186.23	90.44	48.56	47.00~477.26

耕层质地

	砂土	砂壤土	轻壤土	中壤土	重壤土	黏土
样本数	18	160	125	499	39	27
占比（%）	2.07	18.43	14.40	57.49	4.49	3.11

土壤 pH

	≤4.5	(4.5~5.5]	(5.5~6.5]	(6.5~7.5]	(7.5~8.5]	>8.5
样本数	2	53	68	126	584	35
占比（%）	0.23	6.11	7.83	14.52	67.28	4.03

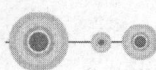

紫色土—石灰性紫色土—灰紫泥土耕地土壤主要理化性状

项目名称	样本数（个）	平均值	标准差	变异系数（%）	范围
有效土层厚 (cm)	1 010	65.6	23.60	35.99	20.0~180.0
耕层厚度 (cm)	1 009	22.1	4.69	21.18	10.0~40.0
耕层容重 (g/cm³)	1 010	1.37	0.14	9.84	0.84~1.79
有机质 (g/kg)	989	17.6	7.76	43.97	6.8~70.0
全氮 (g/kg)	990	1.192	0.42	34.87	0.148~3.620
有效磷 (mg/kg)	1 009	21.1	28.14	133.51	1.1~197.8
速效钾 (mg/kg)	993	148	68.35	46.31	27~388
缓效钾 (mg/kg)	1 010	511	206.44	40.39	50~1 456
有效铜 (mg/kg)	166	3.29	4.60	139.66	0.16~22.05
有效锌 (mg/kg)	166	1.50	1.25	83.34	0.11~9.52
有效铁 (mg/kg)	165	75.94	105.22	138.56	0.69~479.17
有效锰 (mg/kg)	165	26.08	25.05	96.04	1.30~123.60
有效硼 (mg/kg)	164	0.37	0.26	70.74	0.09~1.56
有效钼 (mg/kg)	119	0.582	0.75	128.19	0.020~2.510
有效硫 (mg/kg)	152	40.82	50.36	123.37	4.00~378.83
有效硅 (mg/kg)	144	243.11	104.34	42.92	42.60~480.90

耕层质地

	砂土	砂壤土	轻壤土	中壤土	重壤土	黏土
样本数	14	52	148	339	271	186
占比（%）	1.39	5.15	14.65	33.56	26.83	18.42

土壤 pH

	≤4.5	(4.5~5.5]	(5.5~6.5]	(6.5~7.5]	(7.5~8.5]	>8.5
样本数	7	76	72	108	703	44
占比（%）	0.69	7.52	7.13	10.69	69.60	4.36

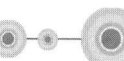

粗骨土—酸性粗骨土—泥质酸性粗骨土耕地土壤主要理化性状

项目名称	样本数（个）	平均值	标准差	变异系数（%）	范　围
有效土层厚（cm）	45	62.2	12.61	20.28	40.0~75.0
耕层厚度（cm）	45	19.3	3.26	16.95	15.7~31.0
耕层容重（g/cm³）	45	1.27	0.16	12.45	0.96~1.50
有机质（g/kg）	45	32.2	13.67	42.38	10.7~70.4
全氮（g/kg）	44	1.754	0.55	31.47	0.865~3.339
有效磷（mg/kg）	43	26.2	31.47	119.89	2.9~185.7
速效钾（mg/kg）	44	147	75.45	51.40	44~333
缓效钾（mg/kg）	44	238	144.80	60.84	54~717
有效铜（mg/kg）	24	2.71	2.20	81.11	0.42~9.39
有效锌（mg/kg）	25	1.62	1.01	62.29	0.47~4.58
有效铁（mg/kg）	25	68.03	73.27	107.71	8.60~343.87
有效锰（mg/kg）	20	36.26	27.65	76.26	9.00~107.30
有效硼（mg/kg）	22	0.38	0.15	40.70	0.21~0.87
有效钼（mg/kg）	6	0.122	0.13	104.53	0.040~0.380
有效硫（mg/kg）	22	54.61	32.79	60.04	12.46~146.50
有效硅（mg/kg）	8	130.17	55.50	42.63	62.61~228.54

耕层质地

	砂土		砂壤土		轻壤土		中壤土		重壤土		黏土	
	样本数	占比（%）	样本数	占比（%）	样本数	占比（%）	样本数	占比（%）	样本数	占比（%）	样本数	占比（%）
	14	31.11	20	44.44	4	8.89	2	4.44	3	6.67	2	4.44

土壤 pH

	≤4.5		(4.5~5.5]		(5.5~6.5]		(6.5~7.5]		(7.5~8.5]		>8.5	
	样本数	占比（%）	样本数	占比（%）	样本数	占比（%）	样本数	占比（%）	样本数	占比（%）	样本数	占比（%）
	1	2.22	29	64.44	13	28.89	1	2.22	1	2.22	0	0.00

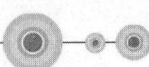

粗骨土—钙质粗骨土—灰泥质钙质粗骨土耕地土壤主要理化性状

项目名称	样本数（个）	平均值	标准差	变异系数（%）	范　围
有效土层厚（cm）	28	62.8	11.96	19.05	45.0～75.0
耕层厚度（cm）	28	19.4	2.49	12.89	15.8～24.0
耕层容重（g/cm³）	28	1.27	0.09	7.35	1.10～1.44
有机质（g/kg）	27	38.2	15.52	40.66	14.3～73.7
全氮（g/kg）	28	1.890	0.61	32.00	0.730～3.519
有效磷（mg/kg）	28	20.0	26.34	131.54	3.9～143.5
速效钾（mg/kg）	26	141	71.74	50.83	28～334
缓效钾（mg/kg）	28	382	221.96	58.14	58～793
有效铜（mg/kg）	10	3.11	2.48	79.89	0.09～6.33
有效锌（mg/kg）	10	2.66	2.33	87.66	0.47～7.06
有效铁（mg/kg）	10	51.29	56.28	109.73	9.44～188.60
有效锰（mg/kg）	7	46.77	43.81	93.67	5.34～110.30
有效硼（mg/kg）	9	0.41	0.19	45.89	0.27～0.88
有效钼（mg/kg）	2	0.110	0.08	77.14	0.050～0.170
有效硫（mg/kg）	9	44.09	33.88	76.84	4.70～118.60
有效硅（mg/kg）	3	282.84	135.67	47.97	128.22～381.98

耕层质地

砂土		砂壤土		轻壤土		中壤土		重壤土		黏土	
样本数	占比（%）	样本数	占比（%）	样本数	占比（%）	样本数	占比（%）	样本数	占比（%）	样本数	占比（%）
8	28.57	18	64.29	2	7.14	0	0.00	0	0.00	0	0.00

土壤 pH

≤4.5		(4.5～5.5]		(5.5～6.5]		(6.5～7.5]		(7.5～8.5]		>8.5	
样本数	占比（%）	样本数	占比（%）	样本数	占比（%）	样本数	占比（%）	样本数	占比（%）	样本数	占比（%）
0	0.00	0	0.00	0	0.00	12	42.86	16	57.14	0	0.00

石质土——中性石质土——硅质中性石质土耕地土壤主要理化性状

项目名称	样本数（个）	平均值	标准差	变异系数（%）	范　围
有效土层厚（cm）	5	94.8	38.89	41.03	40.0～150.0
耕层厚度（cm）	5	18.6	2.61	14.02	15.0～22.0
耕层容重（g/cm³）	5	1.27	0.04	3.45	1.21～1.33
有机质（g/kg）	5	13.8	0.54	3.94	13.1～14.5
全氮（g/kg）	5	1.228	0.41	33.24	0.710～1.680
有效磷（mg/kg）	5	14.1	3.23	22.92	11.3～19.2
速效钾（mg/kg）	5	209	102.77	49.22	83～344
缓效钾（mg/kg）	5	621	153.96	24.81	450～846
有效铜（mg/kg）	5	0.77	0.10	13.64	0.70～0.95
有效锌（mg/kg）	5	0.89	0.21	23.01	0.69～1.22
有效铁（mg/kg）	5	8.18	3.06	37.45	3.17～10.75
有效锰（mg/kg）	5	8.79	1.41	16.07	6.75～10.30
有效硼（mg/kg）	5	0.61	0.13	20.49	0.52～0.80
有效钼（mg/kg）	5	0.358	0.16	43.81	0.241～0.621
有效硫（mg/kg）	5	14.06	3.39	24.07	9.27～17.79
有效硅（mg/kg）	5	120.10	26.29	21.89	85.00～158.40

耕层质地

砂土		砂壤土		轻壤土		中壤土		重壤土		黏土	
样本数	占比（%）	样本数	占比（%）	样本数	占比（%）	样本数	占比（%）	样本数	占比（%）	样本数	占比（%）
0	0.00	0	0.00	0	0.00	1	20.00	4	80.00	0	0.00

土壤 pH

≤4.5		(4.5～5.5]		(5.5～6.5]		(6.5～7.5]		(7.5～8.5]		>8.5	
样本数	占比（%）	样本数	占比（%）	样本数	占比（%）	样本数	占比（%）	样本数	占比（%）	样本数	占比（%）
0	0.00	0	0.00	0	0.00	0	0.00	5	100.00	0	0.00

237

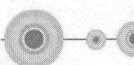

草甸土—典型草甸土—草甸壤土耕地土壤主要理化性状

项目名称	样本数（个）	平均值	标准差	变异系数（%）	范围
有效土层厚（cm）	7	75.1	23.40	31.14	51.0~100.0
耕层厚度（cm）	7	20.0	5.00	25.00	15.0~30.0
耕层容重（g/cm³）	7	1.12	0.19	17.11	0.95~1.41
有机质（g/kg）	7	32.5	7.99	24.56	23.1~46.9
全氮（g/kg）	7	2.137	0.56	26.02	1.426~2.890
有效磷（mg/kg）	7	30.8	27.59	89.70	7.8~90.2
速效钾（mg/kg）	7	202	77.36	38.32	100~339
缓效钾（mg/kg）	7	418	93.92	22.47	333~580
有效铜（mg/kg）	6	2.75	0.56	20.47	1.90~3.55
有效锌（mg/kg）	6	2.72	0.27	9.96	2.34~2.98
有效铁（mg/kg）	6	48.84	7.55	15.47	40.37~59.11
有效锰（mg/kg）	6	27.46	4.67	17.02	20.75~34.28
有效硼（mg/kg）	6	1.26	0.39	31.03	0.84~1.84
有效钼（mg/kg）	0	—	—	—	—
有效硫（mg/kg）	6	94.75	26.77	28.25	63.46~132.04
有效硅（mg/kg）	6	141.52	8.04	5.68	132.28~155.43

耕层质地

	砂土	砂壤土	轻壤土	中壤土	重壤土	黏土
样本数	0	0	0	7	0	0
占比（%）	0.00	0.00	0.00	100.00	0.00	0.00

土壤pH

	≤4.5	(4.5~5.5]	(5.5~6.5]	(6.5~7.5]	(7.5~8.5]	>8.5
样本数	0	2	5	0	0	0
占比（%）	0.00	28.57	71.43	0.00	0.00	0.00

潮土——典型潮土——潮砂土耕地土壤主要理化性状

项目名称	样本数（个）	平均值	标准差	变异系数（%）	范围
有效土层厚（cm）	67	65.8	36.32	55.17	10.0~148.0
耕层厚度（cm）	67	19.5	4.58	23.48	7.0~30.0
耕层容重（g/cm³）	67	1.28	0.16	12.49	1.00~1.56
有机质（g/kg）	66	22.7	10.61	46.67	6.8~59.7
全氮（g/kg）	67	1.422	0.63	44.42	0.380~3.765
有效磷（mg/kg）	67	35.0	21.74	62.10	4.6~81.4
速效钾（mg/kg）	65	143	82.33	57.62	42~366
缓效钾（mg/kg）	64	479	309.92	64.64	91~1 528
有效铜（mg/kg）	57	2.34	1.98	84.43	0.47~12.73
有效锌（mg/kg）	57	1.55	0.98	63.49	0.44~5.78
有效铁（mg/kg）	57	90.33	81.38	90.09	3.98~289.00
有效锰（mg/kg）	57	24.32	21.07	86.64	1.37~112.20
有效硼（mg/kg）	57	0.35	0.18	50.36	0.14~1.25
有效钼（mg/kg）	38	0.284	0.29	100.96	0.080~1.330
有效硫（mg/kg）	57	53.53	54.03	100.93	9.68~302.70
有效硅（mg/kg）	57	140.49	47.21	33.60	50.84~326.30

耕层质地

	砂土	砂壤土	轻壤土	中壤土	重壤土	黏土
样本数	19	9	14	21	0	4
占比（%）	28.36	13.43	20.90	31.34	0.00	5.97

土壤 pH

	≤4.5	(4.5~5.5]	(5.5~6.5]	(6.5~7.5]	(7.5~8.5]	>8.5
样本数	3	14	25	11	14	0
占比（%）	4.48	20.90	37.31	16.42	20.90	0.00

潮土—典型潮土—潮壤土耕地土壤主要理化性状

项目名称	样本数（个）	平均值	标准差	变异系数（%）	范　围
有效土层厚（cm）	32	78.8	25.30	32.13	25.0~100.0
耕层厚度（cm）	32	21.1	5.77	27.31	8.0~30.0
耕层容重（g/cm³）	32	1.34	0.20	14.63	1.00~1.59
有机质（g/kg）	32	25.5	9.94	39.05	9.0~54.4
全氮（g/kg）	32	1.625	0.78	47.90	0.370~3.291
有效磷（mg/kg）	31	47.0	49.47	105.34	4.4~185.4
速效钾（mg/kg）	31	129	56.52	43.98	47~250
缓效钾（mg/kg）	32	366	277.42	75.73	71~1 151
有效铜（mg/kg）	24	2.41	0.63	26.22	1.09~3.63
有效锌（mg/kg）	24	1.83	0.64	34.96	0.95~3.20
有效铁（mg/kg）	24	77.53	36.92	47.62	17.99~173.40
有效锰（mg/kg）	24	31.21	9.14	29.29	12.66~49.14
有效硼（mg/kg）	24	0.54	0.34	61.83	0.26~1.73
有效钼（mg/kg）	2	0.650	0.81	124.02	0.080~1.220
有效硫（mg/kg）	24	52.19	33.48	64.16	17.18~119.97
有效硅（mg/kg）	24	171.81	44.87	26.12	121.10~307.61

耕层质地

	砂土	砂壤土	轻壤土	中壤土	重壤土	黏土
样本数	0	8	16	6	2	0
占比（%）	0.00	25.00	50.00	18.75	6.25	0.00

土壤 pH

	≤4.5	(4.5~5.5]	(5.5~6.5]	(6.5~7.5]	(7.5~8.5]	>8.5
样本数	0	6	15	8	3	0
占比（%）	0.00	18.75	46.88	25.00	9.38	0.00

潮土—典型潮土—潮黏土耕地土壤主要理化性状

项目名称	样本数（个）	平均值	标准差	变异系数（%）	范　围
有效土层厚（cm）	12	88.5	31.07	35.10	25.0~152.0
耕层厚度（cm）	12	19.5	2.07	10.60	15.0~23.0
耕层容重（g/cm³）	12	1.22	0.21	17.05	0.91~1.55
有机质（g/kg）	12	32.9	10.35	31.44	17.0~46.4
全氮（g/kg）	12	2.021	0.54	26.66	1.180~2.870
有效磷（mg/kg）	12	21.6	46.71	216.16	1.6~167.8
速效钾（mg/kg）	12	153	65.83	42.91	65~246
缓效钾（mg/kg）	12	369	177.87	48.23	86~586
有效铜（mg/kg）	5	2.89	1.66	57.21	1.27~5.38
有效锌（mg/kg）	5	2.83	2.74	97.04	0.59~7.56
有效铁（mg/kg）	5	132.18	103.18	78.06	41.59~277.00
有效锰（mg/kg）	5	19.33	11.78	60.93	6.80~36.96
有效硼（mg/kg）	5	0.51	0.25	49.16	0.25~0.87
有效钼（mg/kg）	3	0.133	0.04	31.22	0.100~0.180
有效硫（mg/kg）	5	81.22	51.61	63.54	33.70~161.30
有效硅（mg/kg）	5	171.56	86.85	50.62	69.34~274.45

耕层质地

	砂土		砂壤土		轻壤土		中壤土		重壤土		黏土	
	样本数	占比（%）	样本数	占比（%）	样本数	占比（%）	样本数	占比（%）	样本数	占比（%）	样本数	占比（%）
	0	0.00	3	25.00	2	16.67	0	0.00	2	16.67	8	66.67

土壤pH

	≤4.5		(4.5~5.5]		(5.5~6.5]		(6.5~7.5]		(7.5~8.5]		>8.5	
	样本数	占比（%）	样本数	占比（%）	样本数	占比（%）	样本数	占比（%）	样本数	占比（%）	样本数	占比（%）
	1	8.33	3	25.00	2	16.67	0	0.00	6	50.00	0	0.00

潮土—典型潮土—石灰性潮砂土耕地土壤主要理化性状

项目名称	样本数（个）	平均值	标准差	变异系数（%）	范围
有效土层厚（cm）	13	41.5	15.92	38.34	18.0~80.0
耕层厚度（cm）	13	19.3	3.50	18.11	14.0~25.0
耕层容重（g/cm³）	13	1.27	0.12	9.09	1.08~1.45
有机质（g/kg）	13	19.6	8.18	41.74	8.0~34.3
全氮（g/kg）	13	1.158	0.47	40.62	0.510~1.860
有效磷（mg/kg）	13	30.8	18.08	58.73	5.2~64.6
速效钾（mg/kg）	13	194	103.46	53.36	72~379
缓效钾（mg/kg）	12	815	322.88	39.63	348~1 590
有效铜（mg/kg）	6	1.11	0.70	63.20	0.58~2.47
有效锌（mg/kg）	6	0.45	0.03	7.03	0.39~0.48
有效铁（mg/kg）	6	4.77	0.15	3.22	4.58~4.97
有效锰（mg/kg）	6	6.92	0.38	5.55	6.55~7.28
有效硼（mg/kg）	6	0.31	0.03	10.81	0.28~0.36
有效钼（mg/kg）	6	0.160	0.02	12.50	0.130~0.180
有效硫（mg/kg）	6	22.36	6.93	31.01	16.06~31.59
有效硅（mg/kg）	6	98.00	12.90	13.16	86.00~121.00

耕层质地

	砂土	砂壤土	轻壤土	中壤土	重壤土	黏土
样本数	6	1	3	3	0	0
占比（%）	46.15	7.69	23.08	23.08	0.00	0.00

土壤 pH

	≤4.5	(4.5~5.5]	(5.5~6.5]	(6.5~7.5]	(7.5~8.5]	>8.5
样本数	0	3	2	1	6	1
占比（%）	0.00	23.08	15.38	7.69	46.15	7.69

潮土—典型潮土—石灰性潮壤土耕地土壤主要理化性状

项目名称	样本数（个）	平均值	标准差	变异系数（%）	范围
有效土层厚 (cm)	10	50.0	22.48	44.97	30.0~100.0
耕层厚度 (cm)	10	24.0	5.68	23.65	15.0~30.0
耕层容重 (g/cm³)	10	1.25	0.12	9.86	1.07~1.54
有机质 (g/kg)	9	23.5	9.77	41.61	8.3~36.9
全氮 (g/kg)	10	1.429	0.49	34.00	0.547~2.160
有效磷 (mg/kg)	10	21.9	11.96	54.51	4.4~45.9
速效钾 (mg/kg)	10	104	65.53	62.98	38~264
缓效钾 (mg/kg)	8	755	367.93	48.72	282~1 304
有效铜 (mg/kg)	1	1.25	—	—	—
有效锌 (mg/kg)	1	0.88	—	—	—
有效铁 (mg/kg)	1	16.41	—	—	—
有效锰 (mg/kg)	1	51.45	—	—	—
有效硼 (mg/kg)	1	0.79	—	—	—
有效钼 (mg/kg)	1	0.172	—	—	—
有效硫 (mg/kg)	1	16.73	—	—	—
有效硅 (mg/kg)	1	167.47	—	—	—

耕层质地

	砂土		砂壤土		轻壤土		中壤土		重壤土		黏土	
	样本数	占比（%）	样本数	占比（%）	样本数	占比（%）	样本数	占比（%）	样本数	占比（%）	样本数	占比（%）
	1	10.00	1	10.00	2	20.00	7	70.00	0	0.00	0	0.00

土壤 pH

	≤4.5		(4.5~5.5]		(5.5~6.5]		(6.5~7.5]		(7.5~8.5]		>8.5	
	样本数	占比（%）	样本数	占比（%）	样本数	占比（%）	样本数	占比（%）	样本数	占比（%）	样本数	占比（%）
	0	0.00	1	10.00	3	30.00	2	20.00	4	40.00	0	0.00

潮土—典型潮土—石灰性潮黏土耕地土壤主要理化性状

项目名称	样本数（个）	平均值	标准差	变异系数（%）	范 围
有效土层厚（cm）	14	43.5	36.82	84.64	16.0～100.0
耕层厚度（cm）	14	18.3	1.27	6.91	16.0～20.0
耕层容重（g/cm³）	14	1.17	0.13	10.97	0.96～1.38
有机质（g/kg）	14	23.9	13.44	56.13	8.3～57.9
全氮（g/kg）	14	1.518	0.75	49.57	0.630～3.060
有效磷（mg/kg）	14	25.0	27.27	109.15	3.0～104.2
速效钾（mg/kg）	12	184	79.15	42.92	68～316
缓效钾（mg/kg）	13	946	344.61	36.42	437～1 533
有效铜（mg/kg）	1	1.31	—	—	—
有效锌（mg/kg）	1	3.58	—	—	—
有效铁（mg/kg）	1	44.21	—	—	—
有效锰（mg/kg）	1	23.03	—	—	—
有效硼（mg/kg）	1	0.91	—	—	—
有效钼（mg/kg）	1	0.260	—	—	—
有效硫（mg/kg）	1	9.55	—	—	—
有效硅（mg/kg）	1	283.86	—	—	—

耕层质地

砂土		砂壤土		轻壤土		中壤土		重壤土		黏土	
样本数	占比（%）	样本数	占比（%）	样本数	占比（%）	样本数	占比（%）	样本数	占比（%）	样本数	占比（%）
0	0.00	8	57.14	0	0.00	0	0.00	1	7.14	5	35.71

土壤 pH

≤4.5		(4.5～5.5]		(5.5～6.5]		(6.5～7.5]		(7.5～8.5]		>8.5	
样本数	占比（%）	样本数	占比（%）	样本数	占比（%）	样本数	占比（%）	样本数	占比（%）	样本数	占比（%）
0	0.00	0	0.00	1	7.14	5	35.71	8	57.14	0	0.00

潮土—灰潮土—石灰性灰潮壤土耕地土壤主要理化性状

项目名称	样本数（个）	平均值	标准差	变异系数（%）	范 围
有效土层厚（cm）	227	65.2	27.57	42.26	15.0~151.0
耕层厚度（cm）	227	24.7	6.85	27.74	10.0~40.0
耕层容重（g/cm³）	227	1.31	0.15	11.39	0.89~1.73
有机质（g/kg）	222	21.7	11.29	51.95	6.8~64.2
全氮（g/kg）	223	1.246	0.58	46.47	0.155~3.100
有效磷（mg/kg）	223	31.7	33.59	106.11	1.2~168.6
速效钾（mg/kg）	225	115	66.10	57.43	29~361
缓效钾（mg/kg）	227	386	169.70	43.96	74~1 018
有效铜（mg/kg）	62	2.37	2.13	89.69	0.08~10.60
有效锌（mg/kg）	61	1.81	1.41	78.06	0.06~8.82
有效铁（mg/kg）	61	97.48	90.17	92.49	0.10~326.00
有效锰（mg/kg）	56	26.16	22.47	85.89	0.30~118.00
有效硼（mg/kg）	57	0.29	0.21	72.78	0.08~1.00
有效钼（mg/kg）	20	0.143	0.11	79.42	0.030~0.510
有效硫（mg/kg）	43	39.84	33.03	82.92	6.90~180.00
有效硅（mg/kg）	17	203.91	103.85	50.93	76.00~391.14

耕层质地

	砂土	砂壤土	轻壤土	中壤土	重壤土	黏土
样本数	31	72	41	59	9	15
占比（%）	13.66	31.72	18.06	25.99	3.96	6.61

土壤 pH

	≤4.5	(4.5~5.5]	(5.5~6.5]	(6.5~7.5]	(7.5~8.5]	>8.5
样本数	2	45	56	40	79	5
占比（%）	0.88	19.82	24.67	17.62	34.80	2.20

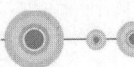

潮土—灰潮土—石灰性灰潮黏土耕地土壤主要理化性状

项目名称	样本数（个）	平均值	标准差	变异系数（%）	范　围
有效土层厚（cm）	30	73.6	19.93	27.06	35.0～110.0
耕层厚度（cm）	30	22.0	4.25	19.37	18.0～40.0
耕层容重（g/cm³）	30	1.35	0.09	6.99	1.13～1.56
有机质（g/kg）	30	18.3	7.49	40.97	10.8～42.6
全氮（g/kg）	30	1.235	0.41	32.98	0.545～2.198
有效磷（mg/kg）	30	47.1	46.34	98.35	5.3～183.8
速效钾（mg/kg）	28	126	65.42	51.89	41～324
缓效钾（mg/kg）	30	458	205.36	44.83	131～934
有效铜（mg/kg）	2	3.11	0.35	11.37	2.86～3.36
有效锌（mg/kg）	2	2.42	0.61	25.13	1.99～2.85
有效铁（mg/kg）	2	27.25	7.57	27.77	21.90～32.60
有效锰（mg/kg）	2	6.40	1.41	22.10	5.40～7.40
有效硼（mg/kg）	2	0.52	0.46	89.25	0.19～0.84
有效钼（mg/kg）	2	0.560	0.59	106.07	0.140～0.980
有效硫（mg/kg）	2	27.35	3.19	11.66	25.09～29.60
有效硅（mg/kg）	1	154.53	—	—	—

耕层质地

	砂土	砂壤土	轻壤土	中壤土	重壤土	黏土
样本数	1	7	3	14	4	1
占比（%）	3.33	23.33	10.00	46.67	13.33	3.33

土壤 pH

	≤4.5	(4.5～5.5]	(5.5～6.5]	(6.5～7.5]	(7.5～8.5]	>8.5
样本数	0	1	2	7	20	0
占比（%）	0.00	3.33	6.67	23.33	66.67	0.00

潮土—灰潮土—灰潮砂土耕地土壤主要理化性状

项目名称	样本数（个）	平均值	标准差	变异系数（%）	范 围
有效土层厚（cm）	13	56.7	32.86	57.96	15.0～100.0
耕层厚度（cm）	13	16.2	4.00	24.74	7.0～20.0
耕层容重（g/cm³）	13	1.34	0.18	13.06	1.05～1.58
有机质（g/kg）	13	19.5	9.19	47.00	8.8～39.0
全氮（g/kg）	13	1.232	0.63	51.09	0.530～2.490
有效磷（mg/kg）	11	36.7	46.15	125.89	3.0～157.0
速效钾（mg/kg）	10	96	61.42	64.32	40～246
缓效钾（mg/kg）	12	177	109.47	61.82	52～332
有效铜（mg/kg）	13	1.99	0.71	35.90	0.67～2.95
有效锌（mg/kg）	13	1.81	1.00	55.41	0.52～3.99
有效铁（mg/kg）	13	69.26	46.17	66.67	24.00～182.00
有效锰（mg/kg）	13	41.53	46.73	112.52	4.40～174.00
有效硼（mg/kg）	13	0.35	0.16	45.51	0.13～0.70
有效钼（mg/kg）	8	0.224	0.28	123.97	0.040～0.880
有效硫（mg/kg）	12	47.37	30.05	63.44	6.64～112.80
有效硅（mg/kg）	11	90.90	54.66	60.14	40.50～232.88

耕层质地

	砂土		砂壤土		轻壤土		中壤土		重壤土		黏土
样本数	1	样本数	6	样本数	1	样本数	3	样本数	2	样本数	0
占比（%）	7.69	占比（%）	46.15	占比（%）	7.69	占比（%）	23.08	占比（%）	15.38	占比（%）	0.00

土壤 pH

	≤4.5		(4.5～5.5]		(5.5～6.5]		(6.5～7.5]		(7.5～8.5]		>8.5
样本数	0	样本数	6	样本数	0	样本数	1	样本数	6	样本数	0
占比（%）	0.00	占比（%）	46.15	占比（%）	0.00	占比（%）	7.69	占比（%）	46.15	占比（%）	0.00

潮土—灰潮土耕地土壤主要理化性状

项目名称	样本数（个）	平均值	标准差	变异系数（%）	范围
有效土层厚（cm）	29	72.2	23.15	32.08	25.0~100.0
耕层厚度（cm）	29	20.0	5.11	25.55	11.0~30.0
耕层容重（g/cm³）	29	1.50	0.11	7.26	1.20~1.60
有机质（g/kg）	29	20.7	8.69	41.90	9.0~55.6
全氮（g/kg）	29	1.298	0.45	34.78	0.540~2.777
有效磷（mg/kg）	29	21.8	14.26	65.47	2.6~76.2
速效钾（mg/kg）	29	115	67.53	58.91	27~283
缓效钾（mg/kg）	29	423	309.28	73.18	81~1 369
有效铜（mg/kg）	29	1.98	0.95	47.91	0.94~4.96
有效锌（mg/kg）	29	1.73	0.61	35.50	0.57~4.24
有效铁（mg/kg）	29	39.13	17.33	44.27	15.44~94.96
有效锰（mg/kg）	29	33.68	29.67	88.09	14.38~159.43
有效硼（mg/kg）	29	0.50	0.17	34.34	0.15~0.86
有效钼（mg/kg）	4	0.205	0.04	20.50	0.150~0.250
有效硫（mg/kg）	29	37.05	20.70	55.87	17.85~96.25
有效硅（mg/kg）	28	202.58	95.12	46.95	61.42~377.12

耕层质地

	砂土	砂壤土	轻壤土	中壤土	重壤土	黏土
样本数	1	3	10	14	1	0
占比（%）	3.45	10.34	34.48	48.28	3.45	0.00

土壤pH

	≤4.5	(4.5~5.5]	(5.5~6.5]	(6.5~7.5]	(7.5~8.5]	>8.5
样本数	0	2	1	6	20	0
占比（%）	0.00	6.90	3.45	20.69	68.97	0.00

潮土—湿潮土—湿潮砂土耕地土壤主要理化性状

项目名称	样本数（个）	平均值	标准差	变异系数（%）	范围
有效土层厚（cm）	18	39.4	7.05	17.87	20.0~45.0
耕层厚度（cm）	18	24.4	5.39	22.06	15.0~30.0
耕层容重（g/cm³）	18	1.28	0.06	4.54	1.21~1.41
有机质（g/kg）	18	19.5	5.01	25.62	12.7~33.6
全氮（g/kg）	18	1.328	0.34	25.59	0.850~2.170
有效磷（mg/kg）	18	24.7	16.35	66.05	3.9~65.0
速效钾（mg/kg）	18	102	62.15	61.07	31~231
缓效钾（mg/kg）	18	925	314.68	34.01	472~1 535
有效铜（mg/kg）	3	0.31	0.26	82.15	0.15~0.61
有效锌（mg/kg）	3	1.55	0.58	37.22	1.12~2.20
有效铁（mg/kg）	3	16.38	7.46	45.56	10.76~24.85
有效锰（mg/kg）	3	29.60	28.86	97.52	6.54~61.97
有效硼（mg/kg）	3	0.39	0.04	10.98	0.37~0.44
有效钼（mg/kg）	3	0.176	0.02	12.13	0.155~0.198
有效硫（mg/kg）	1	16.70	—	—	—
有效硅（mg/kg）	1	139.45	—	—	—

耕层质地

	砂土	砂壤土	轻壤土	中壤土	重壤土	黏土
样本数	7	0	9	1	1	0
占比（%）	38.89	0.00	50.00	5.56	5.56	0.00

土壤 pH

	≤4.5	(4.5~5.5]	(5.5~6.5]	(6.5~7.5]	(7.5~8.5]	>8.5
样本数	0	3	8	6	1	0
占比（%）	0.00	16.67	44.44	33.33	5.56	0.00

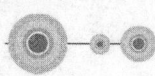

潮土—湿潮土—湿潮黏土耕地土壤主要理化性状

项目名称	样本数（个）	平均值	标准差	变异系数（%）	范　围
有效土层厚（cm）	1	50.0	—	—	—
耕层厚度（cm）	1	30.0	—	—	—
耕层容重（g/cm³）	1	1.20	—	—	—
有机质（g/kg）	1	16.2	—	—	—
全氮（g/kg）	1	1.057	—	—	—
有效磷（mg/kg）	1	37.7	—	—	—
速效钾（mg/kg）	1	91	—	—	—
缓效钾（mg/kg）	1	1 050	—	—	—
有效铜（mg/kg）	1	1.59	—	—	—
有效锌（mg/kg）	1	1.28	—	—	—
有效铁（mg/kg）	1	107.43	—	—	—
有效锰（mg/kg）	1	25.69	—	—	—
有效硼（mg/kg）	0	—	—	—	—
有效钼（mg/kg）	0	—	—	—	—
有效硫（mg/kg）	0	—	—	—	—
有效硅（mg/kg）	1	163.40	—	—	—

耕层质地

砂土		砂壤土		轻壤土		中壤土		重壤土		黏土	
样本数	占比（%）	样本数	占比（%）	样本数	占比（%）	样本数	占比（%）	样本数	占比（%）	样本数	占比（%）
0	0.00	0	0.00	0	0.00	0	0.00	1	100.00	0	0.00

土壤pH

≤4.5		(4.5~5.5]		(5.5~6.5]		(6.5~7.5]		(7.5~8.5]		>8.5	
样本数	占比（%）	样本数	占比（%）	样本数	占比（%）	样本数	占比（%）	样本数	占比（%）	样本数	占比（%）
0	0.00	0	0.00	0	0.00	1	100.00	0	0.00	0	0.00

山地草甸土—典型山地草甸土—山地草甸壤土耕地土壤主要理化性状

项目名称	样本数（个）	平均值	标准差	变异系数（%）	范 围
有效土层厚（cm）	5	38.0	4.47	11.77	30.0~40.0
耕层厚度（cm）	5	19.0	6.52	34.31	15.0~30.0
耕层容重（g/cm³）	5	1.19	0.14	11.48	1.02~1.40
有机质（g/kg）	5	20.8	10.09	48.56	8.8~35.1
全氮（g/kg）	5	1.251	0.55	43.78	0.563~2.030
有效磷（mg/kg）	5	17.3	11.21	64.90	8.0~32.1
速效钾（mg/kg）	5	172	51.02	29.72	128~245
缓效钾（mg/kg）	5	590	18.89	3.20	573~617
有效铜（mg/kg）	5	0.60	0.26	42.62	0.33~1.02
有效锌（mg/kg）	5	0.70	0.54	77.57	0.26~1.61
有效铁（mg/kg）	5	6.57	2.77	42.21	4.49~10.80
有效锰（mg/kg）	5	5.21	1.57	30.16	3.90~6.99
有效硼（mg/kg）	5	0.57	0.41	72.08	0.31~1.30
有效钼（mg/kg）	5	0.152	0.05	30.29	0.100~0.200
有效硫（mg/kg）	5	16.25	3.87	23.82	10.05~19.24
有效硅（mg/kg）	5	94.66	28.76	30.38	69.10~127.00

耕层质地

	砂土		砂壤土		轻壤土		中壤土		重壤土		黏土	
样本数	占比（%）	样本数	占比（%）	样本数	占比（%）	样本数	占比（%）	样本数	占比（%）	样本数	占比（%）
4	80.00	0	0.00	0	0.00	1	20.00	0	0.00	0	0.00

土壤 pH

≤4.5		(4.5~5.5]		(5.5~6.5]		(6.5~7.5]		(7.5~8.5]		>8.5	
样本数	占比（%）	样本数	占比（%）	样本数	占比（%）	样本数	占比（%）	样本数	占比（%）	样本数	占比（%）
0	0.00	0	0.00	0	0.00	1	20.00	4	80.00	0	0.00

山地草甸土——山地灌丛草甸土耕地土壤主要理化性状

项目名称	样本数（个）	平均值	标准差	变异系数（%）	范围
有效土层厚（cm）	1	30.0	—	—	—
耕层厚度（cm）	1	25.0	—	—	—
耕层容重（g/cm³）	1	1.33	—	—	—
有机质（g/kg）	1	59.4	—	—	—
全氮（g/kg）	1	1.970	—	—	—
有效磷（mg/kg）	1	13.1	—	—	—
速效钾（mg/kg）	1	347	—	—	—
缓效钾（mg/kg）	1	1 045	—	—	—
有效铜（mg/kg）	1	0.76	—	—	—
有效锌（mg/kg）	1	0.52	—	—	—
有效铁（mg/kg）	1	17.96	—	—	—
有效锰（mg/kg）	1	8.36	—	—	—
有效硼（mg/kg）	1	0.25	—	—	—
有效钼（mg/kg）	0	—	—	—	—
有效硫（mg/kg）	0	—	—	—	—
有效硅（mg/kg）	0	—	—	—	—

耕层质地

砂土		砂壤土		轻壤土		中壤土		重壤土		黏土	
样本数	占比（%）	样本数	占比（%）	样本数	占比（%）	样本数	占比（%）	样本数	占比（%）	样本数	占比（%）
0	0.00	0	0.00	0	0.00	1	100.00	1	100.00	0	0.00

土壤 pH

≤4.5		(4.5~5.5]		(5.5~6.5]		(6.5~7.5]		(7.5~8.5]		>8.5	
样本数	占比（%）	样本数	占比（%）	样本数	占比（%）	样本数	占比（%）	样本数	占比（%）	样本数	占比（%）
0	0.00	0	0.00	0	0.00	1	100.00	0	0.00	0	0.00

沼泽土—腐泥沼泽土—腐泥沼泽土耕地土壤主要理化性状

项目名称	样本数（个）	平均值	标准差	变异系数（%）	范围
有效土层厚（cm）	1	25.0	—	—	—
耕层厚度（cm）	1	17.0	—	—	—
耕层容重（g/cm³）	1	1.02	—	—	—
有机质（g/kg）	1	24.6	—	—	—
全氮（g/kg）	1	1.998	—	—	—
有效磷（mg/kg）	1	60.9	—	—	—
速效钾（mg/kg）	1	82	—	—	—
缓效钾（mg/kg）	1	158	—	—	—
有效铜（mg/kg）	1	2.36	—	—	—
有效锌（mg/kg）	1	1.23	—	—	—
有效铁（mg/kg）	1	65.86	—	—	—
有效锰（mg/kg）	1	25.22	—	—	—
有效硼（mg/kg）	1	0.16	—	—	—
有效钼（mg/kg）	0	—	—	—	—
有效硫（mg/kg）	1	115.51	—	—	—
有效硅（mg/kg）	1	117.11	—	—	—

耕层质地

	砂土	砂壤土	轻壤土	中壤土	重壤土	黏土
样本数	0	0	0	1	0	0
占比（%）	0.00	0.00	0.00	100.00	0.00	0.00

土壤 pH

	≤4.5	(4.5~5.5]	(5.5~6.5]	(6.5~7.5]	(7.5~8.5]	>8.5
样本数	0	0	1	0	0	0
占比（%）	0.00	0.00	100.00	0.00	0.00	0.00

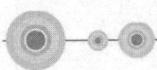
沼泽土—泥炭沼泽土—泥炭沼泽土耕地土壤主要理化性状

项目名称	样本数（个）	平均值	标准差	变异系数（%）	范围
有效土层厚（cm）	8	86.5	11.44	13.22	75.0~100.0
耕层厚度（cm）	8	22.2	3.82	17.18	15.8~27.0
耕层容重（g/cm³）	8	1.07	0.13	12.16	0.85~1.31
有机质（g/kg）	8	48.1	15.15	31.50	17.0~64.4
全氮（g/kg）	8	2.296	0.56	24.20	1.140~3.150
有效磷（mg/kg）	8	17.2	8.20	47.69	5.6~27.1
速效钾（mg/kg）	7	203	86.68	42.61	94~326
缓效钾（mg/kg）	8	284	208.04	73.29	115~775
有效铜（mg/kg）	3	6.39	5.74	89.84	2.94~13.01
有效锌（mg/kg）	4	1.64	1.83	111.78	0.25~4.25
有效铁（mg/kg）	4	201.57	206.90	102.64	21.00~471.83
有效锰（mg/kg）	3	18.33	0.50	2.75	17.80~18.80
有效硼（mg/kg）	3	0.43	0.12	26.82	0.32~0.55
有效钼（mg/kg）	3	0.133	0.06	43.30	0.100~0.200
有效硫（mg/kg）	3	19.23	9.46	49.17	10.70~29.40
有效硅（mg/kg）	3	169.82	87.38	51.45	107.97~269.78

耕层质地

	砂土	砂壤土	轻壤土	中壤土	重壤土	黏土
样本数	0	2	2	2	2	4
占比（%）	0.00	25.00	25.00	25.00	25.00	50.00

土壤 pH

	≤4.5	(4.5~5.5]	(5.5~6.5]	(6.5~7.5]	(7.5~8.5]	>8.5
样本数	0	2	2	2	2	0
占比（%）	0.00	25.00	25.00	25.00	25.00	0.00

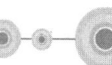

水稻土—潴育水稻土—潮泥田耕地土壤主要理化性状

项目名称	样本数（个）	平均值	标准差	变异系数（%）	范围
有效土层厚（cm）	919	76.6	31.95	41.72	13.0~180.0
耕层厚度（cm）	919	20.1	4.15	20.62	8.0~40.0
耕层容重（g/cm³）	919	1.29	0.17	13.24	0.81~1.80
有机质（g/kg）	908	30.1	11.23	37.31	7.2~72.8
全氮（g/kg）	900	1.728	0.63	36.43	0.145~3.710
有效磷（mg/kg）	910	25.0	28.12	112.41	0.8~200.0
速效钾（mg/kg）	890	104	58.67	56.65	27~382
缓效钾（mg/kg）	907	342	230.03	67.36	48~1 588
有效铜（mg/kg）	411	3.88	2.51	64.66	0.04~20.33
有效锌（mg/kg）	406	2.21	1.92	86.63	0.05~15.20
有效铁（mg/kg）	401	146.09	97.41	66.67	0.10~445.51
有效锰（mg/kg）	407	29.39	28.15	95.77	0.20~172.00
有效硼（mg/kg）	397	0.37	0.22	58.59	0.08~1.51
有效钼（mg/kg）	318	0.259	0.34	131.46	0.020~2.460
有效硫（mg/kg）	389	43.16	40.85	94.65	4.38~392.20
有效硅（mg/kg）	357	150.33	69.94	46.52	25.24~474.64

耕层质地

	砂土	砂壤土	轻壤土	中壤土	重壤土	黏土
样本数	22	345	73	318	114	47
占比（%）	2.39	37.54	7.94	34.60	12.40	5.11

土壤 pH

	≤4.5	(4.5~5.5]	(5.5~6.5]	(6.5~7.5]	(7.5~8.5]	>8.5
样本数	7	234	370	187	121	0
占比（%）	0.76	25.46	40.26	20.35	13.17	0.00

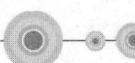

水稻土—潴育水稻土—潮泥砂田耕地土壤主要理化性状

项目名称	样本数（个）	平均值	标准差	变异系数（%）	范 围
有效土层厚（cm）	111	76.4	33.25	43.54	11.0～154.0
耕层厚度（cm）	111	18.1	4.02	22.26	10.0～30.0
耕层容重（g/cm³）	111	1.22	0.16	12.97	0.90～1.58
有机质（g/kg）	108	36.2	12.59	34.80	9.9～69.0
全氮（g/kg）	109	2.038	0.64	31.41	0.820～3.657
有效磷（mg/kg）	110	19.8	25.85	130.83	1.0～161.4
速效钾（mg/kg）	106	93	50.33	53.93	27～289
缓效钾（mg/kg）	102	201	146.71	73.00	50～1 032
有效铜（mg/kg）	91	4.39	3.19	72.67	0.06～12.10
有效锌（mg/kg）	89	2.61	2.36	90.28	0.08～12.80
有效铁（mg/kg）	85	139.82	107.23	76.69	0.10～450.30
有效锰（mg/kg）	87	41.40	42.89	103.59	0.30～171.31
有效硼（mg/kg）	82	0.36	0.22	60.97	0.07～1.27
有效钼（mg/kg）	66	0.148	0.30	206.02	0.020～2.497
有效硫（mg/kg）	78	41.40	42.56	102.79	4.15～266.94
有效硅（mg/kg）	59	98.94	56.55	57.16	26.45～273.16

耕层质地

砂土		砂壤土		轻壤土		中壤土		重壤土		黏土	
样本数	占比（%）	样本数	占比（%）	样本数	占比（%）	样本数	占比（%）	样本数	占比（%）	样本数	占比（%）
1	0.90	30	27.03	14	12.61	45	40.54	16	14.41	5	4.50

土壤pH

≤4.5		(4.5～5.5]		(5.5～6.5]		(6.5～7.5]		(7.5～8.5]		>8.5	
样本数	占比（%）	样本数	占比（%）	样本数	占比（%）	样本数	占比（%）	样本数	占比（%）	样本数	占比（%）
0	0.00	43	38.74	42	37.84	22	19.82	4	3.60	0	0.00

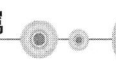

水稻土—潴育水稻土—湖泥田耕地土壤主要理化性状

项目名称	样本数（个）	平均值	标准差	变异系数（%）	范　围
有效土层厚 (cm)	206	58.8	15.57	26.47	51.0~100.0
耕层厚度 (cm)	206	19.2	1.49	7.76	19.0~40.0
耕层容重 (g/cm³)	206	1.19	0.00	0.00	1.19~1.19
有机质 (g/kg)	202	36.4	15.85	43.49	9.5~75.2
全氮 (g/kg)	189	1.836	0.76	41.64	0.524~3.770
有效磷 (mg/kg)	206	29.7	27.36	92.01	5.0~180.8
速效钾 (mg/kg)	203	131	75.93	57.97	27~345
缓效钾 (mg/kg)	205	298	235.84	79.07	50~1 527
有效铜 (mg/kg)	202	11.76	7.02	59.71	0.58~33.12
有效锌 (mg/kg)	206	2.44	1.91	78.12	0.37~14.48
有效铁 (mg/kg)	205	231.31	139.35	60.24	6.45~477.72
有效锰 (mg/kg)	206	22.41	21.64	96.56	1.40~155.70
有效硼 (mg/kg)	206	0.42	0.26	62.83	0.10~1.50
有效钼 (mg/kg)	205	1.013	0.76	75.17	0.090~2.480
有效硫 (mg/kg)	199	121.23	115.74	95.47	7.00~399.09
有效硅 (mg/kg)	205	287.30	139.72	48.63	60.82~496.30

耕层质地

	砂土	砂壤土	轻壤土	中壤土	重壤土	黏土
样本数	20	160	0	1	25	0
占比（%）	9.71	77.67	0.00	0.49	12.14	0.00

土壤 pH

	≤4.5	(4.5~5.5]	(5.5~6.5]	(6.5~7.5]	(7.5~8.5]	>8.5
样本数	3	43	54	60	45	1
占比（%）	1.46	20.87	26.21	29.13	21.84	0.49

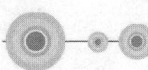

水稻土—潴育水稻土—涂泥田耕地土壤主要理化性状

项目名称	样本数（个）	平均值	标准差	变异系数（%）	范 围
有效土层厚（cm）	97	61.2	27.66	45.18	25.0～100.0
耕层厚度（cm）	97	21.6	7.21	33.46	12.0～40.0
耕层容重（g/cm³）	97	1.42	0.18	12.73	0.88～1.59
有机质（g/kg）	96	27.6	10.84	39.23	7.3～60.7
全氮（g/kg）	97	1.521	0.79	51.74	0.336～3.255
有效磷（mg/kg）	97	29.6	27.45	92.67	1.2～103.6
速效钾（mg/kg）	94	105	64.19	61.12	31～327
缓效钾（mg/kg）	97	338	179.71	53.20	52～993
有效铜（mg/kg）	97	2.98	1.25	41.97	0.67～6.28
有效锌（mg/kg）	97	1.87	0.50	26.69	0.90～3.34
有效铁（mg/kg）	97	78.77	44.98	57.10	8.90～187.01
有效锰（mg/kg）	97	25.43	9.99	39.29	9.56～61.58
有效硼（mg/kg）	97	0.54	0.40	72.98	0.14～1.83
有效钼（mg/kg）	0				—
有效硫（mg/kg）	97	73.37	43.19	58.86	13.91～176.47
有效硅（mg/kg）	97	150.89	60.08	39.82	55.57～350.96

耕层质地

	砂土		砂壤土		轻壤土		中壤土		重壤土		黏土	
	样本数	占比（%）	样本数	占比（%）	样本数	占比（%）	样本数	占比（%）	样本数	占比（%）	样本数	占比（%）
	1	1.03	12	12.37	31	31.96	41	42.27	10	10.31	2	2.06

土壤 pH

	≤4.5		(4.5～5.5]		(5.5～6.5]		(6.5～7.5]		(7.5～8.5]		>8.5	
	样本数	占比（%）	样本数	占比（%）	样本数	占比（%）	样本数	占比（%）	样本数	占比（%）	样本数	占比（%）
	12	12.37	21	21.65	21	21.65	34	35.05	9	9.28	0	0.00

水稻土—潴育水稻土—麻砂泥田耕地土壤主要理化性状

项目名称	样本数（个）	平均值	标准差	变异系数（%）	范 围
有效土层厚（cm）	104	88.7	23.09	26.03	22.0~139.0
耕层厚度（cm）	104	21.1	4.30	20.39	10.0~30.0
耕层容重（g/cm³）	104	1.33	0.20	14.64	0.99~1.68
有机质（g/kg）	102	33.6	13.40	39.85	9.0~72.4
全氮（g/kg）	101	2.001	0.68	34.00	0.500~3.744
有效磷（mg/kg）	103	25.1	20.83	82.87	2.0~100.2
速效钾（mg/kg）	103	116	54.43	46.97	31~345
缓效钾（mg/kg）	104	504	319.11	63.31	90~1 542
有效铜（mg/kg）	104	2.93	2.72	92.88	0.15~16.75
有效锌（mg/kg）	104	1.74	0.78	44.89	0.26~6.26
有效铁（mg/kg）	104	84.81	80.58	95.02	6.66~410.85
有效锰（mg/kg）	104	30.23	21.99	72.76	4.67~112.20
有效硼（mg/kg）	103	0.43	0.19	45.24	0.07~1.09
有效钼（mg/kg）	31	0.348	0.49	140.44	0.020~1.970
有效硫（mg/kg）	103	39.74	46.44	116.87	15.49~353.62
有效硅（mg/kg）	104	207.57	84.94	40.92	48.01~470.77

耕层质地

	砂土	砂壤土	轻壤土	中壤土	重壤土	黏土
样本数	1	27	20	39	14	3
占比（%）	0.96	25.96	19.23	37.50	13.46	2.88

土壤 pH

	≤4.5	（4.5~5.5]	（5.5~6.5]	（6.5~7.5]	（7.5~8.5]	>8.5
样本数	3	40	28	26	7	0
占比（%）	2.88	38.46	26.92	25.00	6.73	0.00

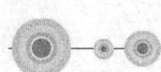

水稻土—潴育水稻土—砂泥田耕地土壤主要理化性状

项目名称	样本数（个）	平均值	标准差	变异系数（%）	范　围
有效土层厚（cm）	222	73.0	33.75	46.23	11.0~150.0
耕层厚度（cm）	222	17.5	3.91	22.35	11.0~30.0
耕层容重（g/cm³）	222	1.20	0.15	12.81	0.93~1.59
有机质（g/kg）	222	31.6	11.81	37.41	7.1~69.4
全氮（g/kg）	217	1.857	0.61	32.83	0.680~3.630
有效磷（mg/kg）	216	23.5	24.49	104.26	0.9~156.8
速效钾（mg/kg）	209	98	65.54	67.03	27~335
缓效钾（mg/kg）	210	193	151.98	78.62	48~844
有效铜（mg/kg）	221	4.96	4.07	82.14	0.79~29.23
有效锌（mg/kg）	221	2.48	2.31	92.98	0.17~17.20
有效铁（mg/kg）	217	160.28	102.13	63.72	6.30~474.61
有效锰（mg/kg）	221	31.40	29.08	92.60	0.80~173.20
有效硼（mg/kg）	212	0.47	0.39	84.16	0.07~2.76
有效钼（mg/kg）	200	0.297	0.43	143.26	0.020~2.510
有效硫（mg/kg）	218	53.01	42.59	80.34	4.70~350.40
有效硅（mg/kg）	211	160.77	100.71	62.64	26.15~495.66

耕层质地

	砂土	砂壤土	轻壤土	中壤土	重壤土	黏土
样本数	1	68	38	56	48	11
占比（%）	0.45	30.63	17.12	25.23	21.62	4.95

土壤pH

	≤4.5	(4.5~5.5]	(5.5~6.5]	(6.5~7.5]	(7.5~8.5]	>8.5
样本数	1	76	97	40	8	0
占比（%）	0.45	34.23	43.69	18.02	3.60	0.00

水稻土——潴育水稻土——鳝泥田耕地土壤主要理化性状

项目名称	样本数（个）	平均值	标准差	变异系数（%）	范　围
有效土层厚（cm）	329	82.3	29.16	35.43	22.0~180.0
耕层厚度（cm）	329	20.5	4.65	22.67	12.0~40.0
耕层容重（g/cm³）	329	1.24	0.13	10.35	0.91~1.63
有机质（g/kg）	327	30.9	10.34	33.46	8.1~62.5
全氮（g/kg）	329	1.915	0.59	30.61	0.520~3.701
有效磷（mg/kg）	328	22.1	21.03	95.20	2.0~143.1
速效钾（mg/kg）	325	104	62.53	59.85	29~388
缓效钾（mg/kg）	329	217	145.80	67.09	50~1 361
有效铜（mg/kg）	274	4.06	3.45	85.18	0.27~32.56
有效锌（mg/kg）	275	1.99	1.62	81.47	0.26~12.20
有效铁（mg/kg）	275	166.69	93.38	56.02	10.60~469.30
有效锰（mg/kg）	275	28.90	27.17	93.98	3.90~148.70
有效硼（mg/kg）	273	0.30	0.13	43.44	0.08~1.20
有效钼（mg/kg）	266	0.310	0.43	138.49	0.020~2.310
有效硫（mg/kg）	262	49.46	41.39	83.69	9.40~302.70
有效硅（mg/kg）	269	163.96	69.43	42.34	61.07~471.95

耕层质地

	砂土	砂壤土	轻壤土	中壤土	重壤土	黏土
样本数	1	16	51	30	171	60
占比（%）	0.30	4.86	15.50	9.12	51.98	18.24

土壤 pH

	≤4.5	(4.5~5.5]	(5.5~6.5]	(6.5~7.5]	(7.5~8.5]	>8.5
样本数	5	163	122	32	7	0
占比（%）	1.52	49.54	37.08	9.73	2.13	0.00

水稻土—潴育水稻土—灰泥田耕地土壤主要理化性状

项目名称	样本数（个）	平均值	标准差	变异系数（%）	范围
有效土层厚（cm）	740	82.4	24.61	29.86	12.0~158.4
耕层厚度（cm）	740	19.9	3.75	18.83	10.0~35.0
耕层容重（g/cm³）	740	1.25	0.15	12.37	0.88~1.78
有机质（g/kg）	717	39.0	15.04	38.59	7.1~75.2
全氮（g/kg）	702	2.122	0.65	30.83	0.680~3.800
有效磷（mg/kg）	737	22.7	20.45	90.28	0.8~161.0
速效钾（mg/kg）	719	135	71.90	53.08	27~384
缓效钾（mg/kg）	732	282	174.15	61.87	51~1 519
有效铜（mg/kg）	518	4.75	4.59	96.68	0.04~29.93
有效锌（mg/kg）	518	2.32	1.98	85.27	0.05~15.18
有效铁（mg/kg）	511	138.56	109.77	79.22	0.10~476.89
有效锰（mg/kg）	502	28.76	25.26	87.83	0.20~122.14
有效硼（mg/kg）	491	0.41	0.33	80.64	0.07~3.20
有效钼（mg/kg）	357	0.335	0.42	125.67	0.020~2.400
有效硫（mg/kg）	499	61.31	62.55	102.03	5.00~400.37
有效硅（mg/kg）	394	180.66	96.27	53.29	26.94~493.68

耕层质地

	砂土		砂壤土		轻壤土		中壤土		重壤土		黏土	
	样本数	占比（%）	样本数	占比（%）	样本数	占比（%）	样本数	占比（%）	样本数	占比（%）	样本数	占比（%）
	3	0.41	58	7.84	98	13.24	188	25.41	185	25.00	208	28.11

土壤pH

	≤4.5		(4.5~5.5]		(5.5~6.5]		(6.5~7.5]		(7.5~8.5]		>8.5	
	样本数	占比（%）	样本数	占比（%）	样本数	占比（%）	样本数	占比（%）	样本数	占比（%）	样本数	占比（%）
	3	0.41	83	11.22	193	26.08	259	35.00	202	27.30	0	0.00

水稻土—潴育水稻土—紫泥田耕地土壤主要理化性状

项目名称	样本数（个）	平均值	标准差	变异系数（%）	范围
有效土层厚（cm）	1 440	70.7	26.79	37.90	20.0～157.0
耕层厚度（cm）	1 440	23.1	5.73	24.82	13.0～40.0
耕层容重（g/cm³）	1 440	1.30	0.14	10.82	0.81～1.75
有机质（g/kg）	1 428	25.3	9.73	38.47	6.8～70.6
全氮（g/kg）	1 398	1.463	0.54	36.65	0.145～3.812
有效磷（mg/kg）	1 407	17.9	24.71	137.99	0.9～203.0
速效钾（mg/kg）	1 420	113	54.94	48.77	27～367
缓效钾（mg/kg）	1 438	379	170.95	45.07	51～1 243
有效铜（mg/kg）	403	3.83	3.68	95.97	0.07～22.98
有效锌（mg/kg）	404	1.68	1.30	77.17	0.10～12.38
有效铁（mg/kg）	403	129.34	99.60	77.01	0.10～443.09
有效锰（mg/kg）	398	26.08	22.61	86.70	0.30～131.00
有效硼（mg/kg）	402	0.42	0.38	89.32	0.08～3.11
有效钼（mg/kg）	267	0.387	0.55	142.37	0.020～2.410
有效硫（mg/kg）	371	49.53	46.29	93.46	4.54～345.70
有效硅（mg/kg）	354	173.01	85.59	49.47	36.20～470.91

耕层质地

	砂土	砂壤土	轻壤土	中壤土	重壤土	黏土
样本数	7	78	126	524	460	245
占比（%）	0.49	5.42	8.75	36.39	31.94	17.01

土壤 pH

	≤4.5	(4.5～5.5]	(5.5～6.5]	(6.5～7.5]	(7.5～8.5]	>8.5
样本数	12	345	389	255	430	9
占比（%）	0.83	23.96	27.01	17.71	29.86	0.63

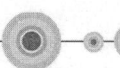

水稻土—潴育水稻土—红砂泥田耕地土壤主要理化性状

项目名称	样本数（个）	平均值	标准差	变异系数（%）	范围
有效土层厚（cm）	182	79.1	25.76	32.55	22.0～120.0
耕层厚度（cm）	182	21.9	5.10	23.27	15.0～35.0
耕层容重（g/cm³）	182	1.43	0.19	13.10	0.89～1.68
有机质（g/kg）	179	26.6	10.50	39.44	8.3～66.7
全氮（g/kg）	181	1.672	0.60	36.12	0.330～3.453
有效磷（mg/kg）	182	21.4	23.34	108.87	1.0～191.3
速效钾（mg/kg）	179	118	58.35	49.47	27～350
缓效钾（mg/kg）	181	447	291.32	65.11	48～1 577
有效铜（mg/kg）	164	2.82	2.00	70.97	0.11～15.89
有效锌（mg/kg）	163	1.91	0.68	35.77	0.55～4.98
有效铁（mg/kg）	163	76.66	65.43	85.34	11.68～455.58
有效锰（mg/kg）	163	28.29	18.13	64.08	4.30～154.90
有效硼（mg/kg）	163	0.51	0.23	46.20	0.11～1.63
有效钼（mg/kg）	19	0.500	0.72	144.72	0.020～2.260
有效硫（mg/kg）	163	36.76	19.66	53.48	6.59～120.96
有效硅（mg/kg）	161	209.80	90.11	42.95	36.38～462.71

耕层质地

	砂土	砂壤土	轻壤土	中壤土	重壤土	黏土
样本数	0	28	27	97	24	6
占比（%）	0.00	15.38	14.84	53.30	13.19	3.30

土壤 pH

	≤4.5	(4.5～5.5]	(5.5～6.5]	(6.5～7.5]	(7.5～8.5]	>8.5
样本数	3	48	64	54	13	0
占比（%）	1.65	26.37	35.16	29.67	7.14	0.00

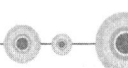

水稻土—潴育水稻土—红泥田耕地土壤主要理化性状

项目名称	样本数 (个)	平均值	标准差	变异系数 (%)	范 围
有效土层厚 (cm)	599	57.9	34.94	60.35	22.0~154.0
耕层厚度 (cm)	599	20.3	2.97	14.61	8.0~35.0
耕层容重 (g/cm³)	599	1.30	0.17	13.10	0.82~1.76
有机质 (g/kg)	591	30.5	12.92	42.43	6.9~73.6
全氮 (g/kg)	592	1.641	0.76	46.03	0.277~3.760
有效磷 (mg/kg)	593	23.8	23.60	99.30	1.1~183.4
速效钾 (mg/kg)	590	115	68.15	59.48	28~342
缓效钾 (mg/kg)	595	311	203.64	65.47	48~1 374
有效铜 (mg/kg)	551	6.94	6.28	90.49	0.50~31.22
有效锌 (mg/kg)	558	2.34	2.14	91.45	0.19~14.95
有效铁 (mg/kg)	557	145.09	131.29	90.49	3.97~479.34
有效锰 (mg/kg)	555	29.60	21.30	71.94	1.31~146.70
有效硼 (mg/kg)	556	0.48	0.33	69.89	0.10~2.78
有效钼 (mg/kg)	286	1.023	0.82	79.67	0.020~2.500
有效硫 (mg/kg)	539	72.58	79.77	109.90	4.00~400.11
有效硅 (mg/kg)	539	228.68	119.86	52.41	26.54~495.30

耕层质地

	砂土	砂壤土	轻壤土	中壤土	重壤土	黏土
样本数	1	25	51	177	310	35
占比 (%)	0.17	4.17	8.51	29.55	51.75	5.84

土壤 pH

	≤4.5	(4.5~5.5]	(5.5~6.5]	(6.5~7.5]	(7.5~8.5]	>8.5
样本数	17	168	173	176	65	0
占比 (%)	2.84	28.05	28.88	29.38	10.85	0.00

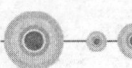

水稻土—潴育水稻土—黄泥田耕地土壤主要理化性状

项目名称	样本数 (个)	平均值	标准差	变异系数 (%)	范 围
有效土层厚 (cm)	1 007	74.0	27.13	36.69	20.0~185.0
耕层厚度 (cm)	1 007	21.2	4.98	23.48	12.0~40.0
耕层容重 (g/cm³)	1 007	1.26	0.17	13.74	0.81~1.79
有机质 (g/kg)	988	34.1	13.01	38.19	7.8~75.2
全氮 (g/kg)	992	1.923	0.64	33.22	0.152~3.770
有效磷 (mg/kg)	994	23.5	28.74	122.47	0.8~203.8
速效钾 (mg/kg)	991	123	69.01	56.29	27~387
缓效钾 (mg/kg)	989	289	173.74	60.11	49~1 491
有效铜 (mg/kg)	332	3.50	3.06	87.68	0.04~21.60
有效锌 (mg/kg)	329	2.08	2.06	99.29	0.05~16.79
有效铁 (mg/kg)	328	124.17	112.91	90.93	0.10~476.00
有效锰 (mg/kg)	324	30.24	31.33	103.61	0.20~169.40
有效硼 (mg/kg)	272	0.59	0.60	101.52	0.08~3.20
有效钼 (mg/kg)	158	0.226	0.22	97.96	0.029~2.173
有效硫 (mg/kg)	264	57.71	55.10	95.48	5.26~375.00
有效硅 (mg/kg)	164	152.87	88.88	58.14	38.12~459.46

耕层质地

	砂土	砂壤土	轻壤土	中壤土	重壤土	黏土
样本数	2	98	107	316	239	245
占比 (%)	0.20	9.73	10.63	31.38	23.73	24.33

土壤 pH

	≤4.5	(4.5~5.5]	(5.5~6.5]	(6.5~7.5]	(7.5~8.5]	>8.5
样本数	17	306	371	216	96	1
占比 (%)	1.69	30.39	36.84	21.45	9.53	0.10

水稻土—潴育水稻土—马肝泥田耕地土壤主要理化性状

项目名称	样本数（个）	平均值	标准差	变异系数（%）	范围
有效土层厚（cm）	45	86.0	17.65	20.53	45.0~100.0
耕层厚度（cm）	45	21.4	3.74	17.48	15.0~40.0
耕层容重（g/cm³）	45	1.51	0.14	9.47	1.16~1.77
有机质（g/kg）	42	26.1	8.84	33.88	12.6~53.8
全氮（g/kg）	45	1.312	0.67	51.03	0.350~2.795
有效磷（mg/kg）	45	19.6	16.87	86.24	2.9~88.7
速效钾（mg/kg）	45	119	59.20	49.55	36~278
缓效钾（mg/kg）	43	446	228.11	51.15	146~1 476
有效铜（mg/kg）	45	2.21	1.09	49.47	0.46~5.36
有效锌（mg/kg）	45	1.80	0.53	29.61	0.76~2.93
有效铁（mg/kg）	45	39.19	22.65	57.78	9.33~155.59
有效锰（mg/kg）	45	22.44	12.33	54.94	1.24~42.57
有效硼（mg/kg）	45	0.56	0.23	40.36	0.13~1.35
有效钼（mg/kg）	0	—	—	—	—
有效硫（mg/kg）	45	38.58	21.17	54.87	17.29~144.57
有效硅（mg/kg）	45	205.93	75.76	36.79	83.99~330.20

耕层质地

	砂土	砂壤土	轻壤土	中壤土	重壤土	黏土
样本数	0	1	7	25	10	2
占比（%）	0.00	2.22	15.56	55.56	22.22	4.44

土壤 pH

	≤4.5	(4.5~5.5]	(5.5~6.5]	(6.5~7.5]	(7.5~8.5]	>8.5
样本数	2	3	15	15	10	0
占比（%）	4.44	6.67	33.33	33.33	22.22	0.00

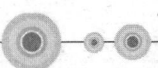

水稻土—淹育水稻土—浅潮泥田耕地土壤主要理化性状

项目名称	样本数（个）	平均值	标准差	变异系数（%）	范　　围
有效土层厚（cm）	180	67.7	20.19	29.81	16.0～109.0
耕层厚度（cm）	180	20.0	3.81	19.02	14.0～30.0
耕层容重（g/cm³）	180	1.21	0.11	8.69	0.92～1.58
有机质（g/kg）	179	33.7	13.86	41.18	6.9～73.7
全氮（g/kg）	172	1.925	0.69	35.64	0.510～3.660
有效磷（mg/kg）	180	25.9	25.12	97.03	1.0～198.0
速效钾（mg/kg）	174	122	69.14	56.73	29～338
缓效钾（mg/kg）	176	385	274.52	71.21	48～1 203
有效铜（mg/kg）	146	9.33	7.08	75.84	0.23～30.14
有效锌（mg/kg）	148	2.07	1.82	88.05	0.22～12.30
有效铁（mg/kg）	148	185.93	133.13	71.60	13.40～475.47
有效锰（mg/kg）	147	28.00	22.97	82.03	2.30～137.50
有效硼（mg/kg）	146	0.45	0.27	59.10	0.10～1.26
有效钼（mg/kg）	118	0.739	0.73	98.64	0.020～2.440
有效硫（mg/kg）	133	83.79	94.16	112.38	4.10～393.56
有效硅（mg/kg）	135	208.07	138.35	66.49	26.11～490.89

耕层质地

	砂土		砂壤土		轻壤土		中壤土		重壤土		黏土	
	样本数	占比（%）	样本数	占比（%）	样本数	占比（%）	样本数	占比（%）	样本数	占比（%）	样本数	占比（%）
	0	0.00	12	6.67	99	55.00	46	25.56	16	8.89	7	3.89

土壤 pH

	≤4.5		(4.5～5.5]		(5.5～6.5]		(6.5～7.5]		(7.5～8.5]		>8.5	
	样本数	占比（%）	样本数	占比（%）	样本数	占比（%）	样本数	占比（%）	样本数	占比（%）	样本数	占比（%）
	4	2.22	31	17.22	62	34.44	54	30.00	29	16.11	0	0.00

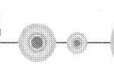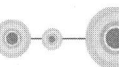

水稻土—淹育水稻土—浅潮泥砂田耕地土壤主要理化性状

项目名称	样本数（个）	平均值	标准差	变异系数（%）	范围
有效土层厚（cm）	87	58.6	26.54	45.31	10.0~110.0
耕层厚度（cm）	88	23.0	7.08	30.83	8.0~40.0
耕层容重（g/cm³）	88	1.32	0.16	12.18	0.90~1.70
有机质（g/kg）	87	26.6	9.83	36.93	7.0~66.3
全氮（g/kg）	87	1.546	0.46	29.93	0.570~2.950
有效磷（mg/kg）	87	21.7	27.07	124.59	1.6~169.1
速效钾（mg/kg）	88	109	69.94	63.93	28~374
缓效钾（mg/kg）	86	347	193.29	55.66	71~884
有效铜（mg/kg）	29	3.55	3.22	90.69	0.42~15.20
有效锌（mg/kg）	30	2.09	1.50	71.71	0.47~6.99
有效铁（mg/kg）	30	107.22	109.11	101.76	9.24~375.50
有效锰（mg/kg）	30	31.41	19.55	62.25	2.56~76.19
有效硼（mg/kg）	29	0.33	0.21	64.63	0.08~0.85
有效钼（mg/kg）	13	0.261	0.39	150.19	0.040~1.470
有效硫（mg/kg）	23	31.99	22.60	70.65	4.65~86.92
有效硅（mg/kg）	10	111.66	73.65	65.96	25.16~278.20

耕层质地

	砂土	砂壤土	轻壤土	中壤土	重壤土	黏土
样本数	5	49	11	14	5	4
占比（%）	5.68	55.68	12.50	15.91	5.68	4.55

土壤 pH

	≤4.5	(4.5~5.5]	(5.5~6.5]	(6.5~7.5]	(7.5~8.5]	>8.5
样本数	1	17	36	16	18	0
占比（%）	1.14	19.32	40.91	18.18	20.45	0.00

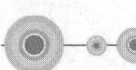

水稻土—淹育水稻土—浅潮白土田耕地土壤主要理化性状

项目名称	样本数（个）	平均值	标准差	变异系数（%）	范围
有效土层厚（cm）	23	74.9	25.13	33.55	20.0～100.0
耕层厚度（cm）	23	23.5	4.13	17.57	15.0～30.0
耕层容重（g/cm³）	23	1.47	0.15	10.50	1.15～1.60
有机质（g/kg）	23	20.6	6.52	31.72	10.1～36.2
全氮（g/kg）	23	0.986	0.47	47.73	0.328～2.350
有效磷（mg/kg）	23	23.1	32.19	139.34	1.5～146.0
速效钾（mg/kg）	23	106	41.37	38.89	32～184
缓效钾（mg/kg）	22	588	408.89	69.58	146～1 529
有效铜（mg/kg）	23	2.25	0.84	37.44	0.84～3.63
有效锌（mg/kg）	23	1.50	0.60	39.84	0.54～2.99
有效铁（mg/kg）	23	49.21	33.13	67.31	12.44～130.93
有效锰（mg/kg）	23	29.42	13.99	47.54	11.54～63.48
有效硼（mg/kg）	23	0.58	0.49	83.10	0.29～2.05
有效钼（mg/kg）	0	—	—	—	—
有效硫（mg/kg）	23	25.62	11.45	44.69	14.20～51.91
有效硅（mg/kg）	23	224.15	60.75	27.10	118.10～337.21

耕层质地

砂土		砂壤土		轻壤土		中壤土		重壤土		黏土	
样本数	占比（%）	样本数	占比（%）	样本数	占比（%）	样本数	占比（%）	样本数	占比（%）	样本数	占比（%）
0	0.00	4	17.39	6	26.09	13	56.52	0	0.00	0	0.00

土壤 pH

≤4.5		(4.5～5.5]		(5.5～6.5]		(6.5～7.5]		(7.5～8.5]		>8.5	
样本数	占比（%）	样本数	占比（%）	样本数	占比（%）	样本数	占比（%）	样本数	占比（%）	样本数	占比（%）
0	0.00	3	13.04	12	52.17	7	30.43	1	4.35	0	0.00

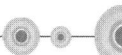

水稻土—淹育水稻土—浅暗泥田耕地土壤主要理化性状

项目名称	样本数（个）	平均值	标准差	变异系数（%）	范围
有效土层厚（cm）	3	100.0	0.00	0.00	100.0~100.0
耕层厚度（cm）	3	29.0	0.00	0.00	29.0~29.0
耕层容重（g/cm³）	3	1.19	0.00	0.00	1.19~1.19
有机质（g/kg）	3	38.1	28.15	73.89	21.3~70.6
全氮（g/kg）	3	2.153	0.87	40.28	1.570~3.150
有效磷（mg/kg）	3	29.2	5.35	18.30	23.2~33.4
速效钾（mg/kg）	3	141	82.61	58.59	86~236
缓效钾（mg/kg）	3	329	92.71	28.18	223~395
有效铜（mg/kg）	3	17.66	1.74	9.85	15.79~19.23
有效锌（mg/kg）	3	1.89	1.10	58.34	0.99~3.12
有效铁（mg/kg）	3	155.26	101.72	65.52	95.65~272.72
有效锰（mg/kg）	3	16.13	8.85	54.88	7.90~25.50
有效硼（mg/kg）	3	0.19	0.06	28.49	0.14~0.25
有效钼（mg/kg）	3	1.310	0.31	23.39	0.960~1.530
有效硫（mg/kg）	2	51.65	53.67	103.91	13.70~89.60
有效硅（mg/kg）	3	217.25	186.01	85.62	82.54~429.48

耕层质地

	砂土		砂壤土		轻壤土		中壤土		重壤土		黏土	
	样本数	占比（%）	样本数	占比（%）	样本数	占比（%）	样本数	占比（%）	样本数	占比（%）	样本数	占比（%）
	0	0.00	0	0.00	0	0.00	0	0.00	0	0.00	3	100.00

土壤 pH

	≤4.5		(4.5~5.5]		(5.5~6.5]		(6.5~7.5]		(7.5~8.5]		>8.5	
	样本数	占比（%）	样本数	占比（%）	样本数	占比（%）	样本数	占比（%）	样本数	占比（%）	样本数	占比（%）
	1	33.33	0	0.00	0	0.00	1	33.33	1	33.33	0	0.00

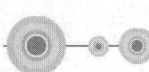
水稻土—淹育水稻土—浅麻砂泥田耕地土壤主要理化性状

项目名称	样本数（个）	平均值	标准差	变异系数（%）	范围
有效土层厚（cm）	25	81.6	24.05	29.48	45.0～135.0
耕层厚度（cm）	25	22.4	4.17	18.66	17.0～30.0
耕层容重（g/cm³）	25	1.22	0.20	16.34	0.84～1.59
有机质（g/kg）	24	32.3	11.27	34.94	15.6～56.1
全氮（g/kg）	25	1.875	0.61	32.77	0.500～2.715
有效磷（mg/kg）	25	21.6	23.67	109.61	2.0～102.6
速效钾（mg/kg）	25	102	65.03	63.60	37～276
缓效钾（mg/kg）	25	320	265.97	83.21	108～1 253
有效铜（mg/kg）	25	3.35	1.35	40.28	0.48～5.94
有效锌（mg/kg）	25	1.49	0.55	36.96	0.87～2.71
有效铁（mg/kg）	25	81.38	63.33	77.82	6.97～323.90
有效锰（mg/kg）	25	32.90	13.42	40.78	6.81～59.75
有效硼（mg/kg）	25	0.48	0.46	94.66	0.13～2.23
有效钼（mg/kg）	2	0.215	0.06	29.60	0.170～0.260
有效硫（mg/kg）	25	35.46	17.28	48.72	15.10～86.99
有效硅（mg/kg）	25	156.95	38.83	24.74	84.03～226.73

耕层质地

	砂土		砂壤土		轻壤土		中壤土		重壤土		黏土	
	样本数	占比（%）	样本数	占比（%）	样本数	占比（%）	样本数	占比（%）	样本数	占比（%）	样本数	占比（%）
	0	0.00	4	16.00	6	24.00	12	48.00	1	4.00	2	8.00

土壤pH

	≤4.5		(4.5～5.5]		(5.5～6.5]		(6.5～7.5]		(7.5～8.5]		>8.5	
	样本数	占比（%）	样本数	占比（%）	样本数	占比（%）	样本数	占比（%）	样本数	占比（%）	样本数	占比（%）
	1	4.00	13	52.00	8	32.00	2	8.00	1	4.00	0	0.00

水稻土—淹育水稻土—浅砂泥田耕地土壤主要理化性状

项目名称	样本数（个）	平均值	标准差	变异系数（%）	范围
有效土层厚（cm）	212	57.2	26.09	45.62	11.0～118.4
耕层厚度（cm）	212	18.8	4.27	22.66	10.0～30.0
耕层容重（g/cm³）	212	1.31	0.16	11.85	0.94～1.60
有机质（g/kg）	212	27.1	11.76	43.46	6.9～75.1
全氮（g/kg）	211	1.601	0.66	41.18	0.350～3.760
有效磷（mg/kg）	210	18.6	16.40	88.42	0.8～90.5
速效钾（mg/kg）	207	116	67.97	58.48	27～331
缓效钾（mg/kg）	205	447	340.68	76.20	48～1 585
有效铜（mg/kg）	190	2.93	2.36	80.43	0.43～18.01
有效锌（mg/kg）	190	1.96	1.54	78.51	0.09～8.38
有效铁（mg/kg）	188	86.69	80.13	92.43	0.10～427.50
有效锰（mg/kg）	188	26.66	25.42	95.33	0.30～152.74
有效硼（mg/kg）	187	0.42	0.23	54.84	0.09～1.61
有效钼（mg/kg）	98	0.250	0.27	107.06	0.020～1.580
有效硫（mg/kg）	185	41.74	28.40	68.05	4.54～165.00
有效硅（mg/kg）	174	141.41	69.70	49.29	25.50～454.03

耕层质地

	砂土		砂壤土		轻壤土		中壤土		重壤土		黏土	
	样本数	占比（%）	样本数	占比（%）	样本数	占比（%）	样本数	占比（%）	样本数	占比（%）	样本数	占比（%）
	4	1.89	65	30.66	41	19.34	69	32.55	26	12.26	7	3.30

土壤 pH

	≤4.5		(4.5～5.5]		(5.5～6.5]		(6.5～7.5]		(7.5～8.5]		>8.5	
	样本数	占比（%）	样本数	占比（%）	样本数	占比（%）	样本数	占比（%）	样本数	占比（%）	样本数	占比（%）
	4	1.89	58	27.36	73	34.43	42	19.81	34	16.04	1	0.47

水稻土—淹育水稻土—浅鳝泥田耕地土壤主要理化性状

项目名称	样本数（个）	平均值	标准差	变异系数（%）	范围
有效土层厚 (cm)	219	75.7	21.45	28.33	40.0~120.0
耕层厚度 (cm)	219	19.6	3.18	16.19	15.8~29.0
耕层容重 (g/cm³)	219	1.22	0.16	13.08	0.89~1.58
有机质 (g/kg)	215	35.8	12.29	34.34	12.0~71.2
全氮 (g/kg)	217	2.030	0.56	27.37	0.620~3.550
有效磷 (mg/kg)	215	24.3	26.41	108.91	1.5~152.2
速效钾 (mg/kg)	214	138	75.70	54.81	31~371
缓效钾 (mg/kg)	215	296	207.73	70.16	48~1 328
有效铜 (mg/kg)	109	3.18	3.38	106.38	0.07~22.19
有效锌 (mg/kg)	110	2.09	2.26	107.84	0.06~14.04
有效铁 (mg/kg)	107	104.31	108.70	104.21	0.10~459.22
有效锰 (mg/kg)	97	33.02	27.42	83.04	0.30~158.80
有效硼 (mg/kg)	93	0.44	0.36	81.25	0.09~3.20
有效钼 (mg/kg)	41	0.375	0.51	134.52	0.040~2.280
有效硫 (mg/kg)	85	49.41	37.98	76.86	5.33~226.10
有效硅 (mg/kg)	46	169.84	99.77	58.74	58.35~470.37

耕层质地

	砂土	砂壤土	轻壤土	中壤土	重壤土	黏土
样本数	1	42	26	69	33	48
占比（%）	0.46	19.18	11.87	31.51	15.07	21.92

土壤 pH

	≤4.5	(4.5~5.5]	(5.5~6.5]	(6.5~7.5]	(7.5~8.5]	>8.5
样本数	2	102	59	33	23	0
占比（%）	0.91	46.58	26.94	15.07	10.50	0.00

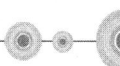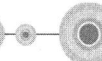

水稻土—淹育水稻土—浅灰泥田耕地土壤主要理化性状

项目名称	样本数（个）	平均值	标准差	变异系数（%）	范 围
有效土层厚 (cm)	205	75.3	24.38	32.39	15.0~147.3
耕层厚度 (cm)	205	19.9	3.85	19.31	13.0~33.0
耕层容重 (g/cm³)	205	1.27	0.17	13.71	0.86~1.59
有机质 (g/kg)	199	34.6	14.07	40.66	7.2~70.1
全氮 (g/kg)	203	1.887	0.63	33.23	0.430~3.700
有效磷 (mg/kg)	204	23.6	21.06	89.33	1.3~107.4
速效钾 (mg/kg)	202	136	73.85	54.43	28~365
缓效钾 (mg/kg)	200	325	179.44	55.15	67~1 348
有效铜 (mg/kg)	160	2.94	2.05	69.54	0.04~12.81
有效锌 (mg/kg)	160	1.79	0.97	54.04	0.06~6.11
有效铁 (mg/kg)	160	95.90	80.20	83.63	0.10~326.73
有效锰 (mg/kg)	158	34.32	29.47	85.86	0.30~170.20
有效硼 (mg/kg)	153	0.36	0.18	50.91	0.07~1.41
有效钼 (mg/kg)	68	0.200	0.28	139.53	0.040~2.250
有效硫 (mg/kg)	138	41.95	38.27	91.24	5.96~392.20
有效硅 (mg/kg)	108	175.06	79.61	45.47	40.20~471.80

耕层质地

	砂土	砂壤土	轻壤土	中壤土	重壤土	黏土
样本数	0	18	42	62	36	47
占比（%）	0.00	8.78	20.49	30.24	17.56	22.93

土壤 pH

	≤4.5	(4.5~5.5]	(5.5~6.5]	(6.5~7.5]	(7.5~8.5]	>8.5
样本数	0	53	72	42	38	0
占比（%）	0.00	25.85	35.12	20.49	18.54	0.00

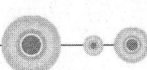

水稻土—淹育水稻土—浅紫泥田耕地土壤主要理化性状

项目名称	样本数（个）	平均值	标准差	变异系数（%）	范围
有效土层厚（cm）	927	63.1	25.86	40.99	15.0~185.0
耕层厚度（cm）	927	23.3	5.61	24.03	10.0~40.0
耕层容重（g/cm³）	927	1.32	0.15	11.42	0.82~1.80
有机质（g/kg）	921	23.8	9.89	41.65	6.9~73.5
全氮（g/kg）	918	1.355	0.52	38.14	0.144~3.350
有效磷（mg/kg）	905	18.9	29.45	155.45	0.9~193.0
速效钾（mg/kg）	907	113	57.81	51.19	28~351
缓效钾（mg/kg）	927	377	182.92	48.52	56~1 234
有效铜（mg/kg）	167	4.72	4.93	104.42	0.05~21.78
有效锌（mg/kg）	168	1.74	1.40	80.33	0.15~8.62
有效铁（mg/kg）	168	125.55	101.85	81.12	5.30~468.26
有效锰（mg/kg）	167	30.45	23.47	77.08	0.50~129.63
有效硼（mg/kg）	164	0.59	0.55	93.21	0.10~3.01
有效钼（mg/kg）	99	0.541	0.68	125.51	0.020~2.460
有效硫（mg/kg）	148	47.81	53.95	112.84	4.40~403.40
有效硅（mg/kg）	136	196.32	103.17	52.55	28.22~490.93

耕层质地

	砂土	砂壤土	轻壤土	中壤土	重壤土	黏土
样本数	43	167	166	268	131	152
占比（%）	4.64	18.02	17.91	28.91	14.13	16.40

土壤pH

	≤4.5	(4.5~5.5]	(5.5~6.5]	(6.5~7.5]	(7.5~8.5]	>8.5
样本数	7	263	280	140	236	1
占比（%）	0.76	28.37	30.20	15.10	25.46	0.11

水稻土—潴育水稻土—浅红砂泥田耕地土壤主要理化性状

项目名称	样本数（个）	平均值	标准差	变异系数（%）	范 围
有效土层厚 (cm)	35	74.5	23.05	30.93	35.0~130.0
耕层厚度 (cm)	35	20.6	3.70	17.95	15.0~29.0
耕层容重 (g/cm³)	35	1.36	0.18	13.56	0.85~1.58
有机质 (g/kg)	35	22.2	9.96	44.86	7.6~52.5
全氮 (g/kg)	34	1.234	0.52	42.05	0.370~2.420
有效磷 (mg/kg)	35	16.8	14.42	86.00	2.7~62.6
速效钾 (mg/kg)	35	128	66.70	52.25	31~300
缓效钾 (mg/kg)	35	501	319.65	63.77	138~1356
有效铜 (mg/kg)	35	2.77	1.25	45.21	0.68~5.32
有效锌 (mg/kg)	35	1.76	0.61	34.70	0.89~3.69
有效铁 (mg/kg)	35	97.25	81.42	83.72	16.28~343.00
有效锰 (mg/kg)	35	34.85	22.14	63.51	6.30~99.40
有效硼 (mg/kg)	35	0.32	0.11	35.25	0.10~0.67
有效钼 (mg/kg)	14	0.181	0.11	61.83	0.060~0.480
有效硫 (mg/kg)	35	50.78	32.48	63.96	10.20~134.50
有效硅 (mg/kg)	35	169.00	75.74	44.82	70.23~383.57

耕层质地

	砂土	砂壤土	轻壤土	中壤土	重壤土	黏土
样本数	0	9	8	16	2	0
占比（%）	0.00	25.71	22.86	45.71	5.71	0.00

土壤 pH

	≤4.5	(4.5~5.5]	(5.5~6.5]	(6.5~7.5]	(7.5~8.5]	>8.5
样本数	0	9	11	7	8	0
占比（%）	0.00	25.71	31.43	20.00	22.86	0.00

水稻土—淹育水稻土—浅白粉泥田耕地土壤主要理化性状

项目名称	样本数（个）	平均值	标准差	变异系数（%）	范围
有效土层厚（cm）	6	87.0	31.84	36.60	22.0～100.0
耕层厚度（cm）	6	16.7	2.94	17.66	14.0～22.0
耕层容重（g/cm³）	6	1.18	0.11	9.41	0.97～1.27
有机质（g/kg）	6	36.4	18.02	49.47	20.6～69.5
全氮（g/kg）	5	1.836	0.56	30.37	1.400～2.630
有效磷（mg/kg）	5	49.5	25.64	51.80	30.6～90.4
速效钾（mg/kg）	4	51	17.51	34.34	33～67
缓效钾（mg/kg）	4	99	17.52	17.79	77～116
有效铜（mg/kg）	6	3.03	2.46	81.16	1.00～7.62
有效锌（mg/kg）	6	1.97	1.51	76.51	0.70～4.26
有效铁（mg/kg）	6	89.12	52.21	58.58	15.00～167.00
有效锰（mg/kg）	6	17.24	24.55	142.46	1.50～67.00
有效硼（mg/kg）	6	0.38	0.25	67.44	0.11～0.66
有效钼（mg/kg）	6	0.293	0.18	61.73	0.060～0.590
有效硫（mg/kg）	6	47.72	21.31	44.65	12.43～68.91
有效硅（mg/kg）	5	98.39	39.78	40.43	33.74～136.38

耕层质地

	砂土		砂壤土		轻壤土		中壤土		重壤土		黏土
	样本数	占比（%）	样本数	占比（%）	样本数	占比（%）	样本数	占比（%）	样本数	占比（%）	样本数	占比（%）
	0	0.00	0	0.00	2	33.33	3	50.00	1	16.67	0	0.00

土壤 pH

	≤4.5		(4.5～5.5]		(5.5～6.5]		(6.5～7.5]		(7.5～8.5]		>8.5
	样本数	占比（%）	样本数	占比（%）	样本数	占比（%）	样本数	占比（%）	样本数	占比（%）	样本数	占比（%）
	1	16.67	3	50.00	0	0.00	2	33.33	0	0.00	0	0.00

水稻土—淹育水稻土—浅红泥田耕地土壤主要理化性状

项目名称	样本数（个）	平均值	标准差	变异系数（%）	范　围
有效土层厚（cm）	73	92.3	17.40	18.85	20.0~102.0
耕层厚度（cm）	73	26.2	4.89	18.68	14.0~29.0
耕层容重（g/cm³）	73	1.20	0.09	7.57	0.90~1.52
有机质（g/kg）	73	33.7	12.87	38.13	10.7~70.5
全氮（g/kg）	72	1.779	0.59	33.16	0.740~3.530
有效磷（mg/kg）	73	34.4	29.23	84.97	3.1~140.4
速效钾（mg/kg）	73	145	77.96	53.74	30~338
缓效钾（mg/kg）	73	269	129.78	48.26	50~622
有效铜（mg/kg）	66	10.99	7.50	68.25	1.08~31.25
有效锌（mg/kg）	68	2.27	1.65	72.94	0.07~9.55
有效铁（mg/kg）	68	204.35	142.73	69.85	0.10~470.61
有效锰（mg/kg）	68	31.92	22.80	71.43	0.30~118.90
有效硼（mg/kg）	64	0.41	0.28	69.42	0.08~1.43
有效钼（mg/kg）	62	0.963	0.85	88.36	0.070~2.470
有效硫（mg/kg）	62	90.79	104.49	115.10	5.00~377.36
有效硅（mg/kg）	63	264.47	126.24	47.73	34.78~493.77

耕层质地

	砂土	砂壤土	轻壤土	中壤土	重壤土	黏土
样本数	0	4	1	4	6	58
占比（%）	0.00	5.48	1.37	5.48	8.22	79.45

土壤pH

	≤4.5	(4.5~5.5]	(5.5~6.5]	(6.5~7.5]	(7.5~8.5]	>8.5
样本数	2	20	20	23	8	0
占比（%）	2.74	27.40	27.40	31.51	10.96	0.00

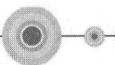

水稻土—淹育水稻土—浅黄泥田耕地土壤主要理化性状

项目名称	样本数（个）	平均值	标准差	变异系数（%）	范围
有效土层厚（cm）	159	63.9	27.17	42.51	20.0~143.0
耕层厚度（cm）	159	23.2	6.79	29.24	12.0~40.0
耕层容重（g/cm³）	159	1.28	0.15	11.56	0.99~1.75
有机质（g/kg）	157	28.7	10.03	34.97	9.9~68.1
全氮（g/kg）	159	1.696	0.50	29.21	0.490~3.050
有效磷（mg/kg）	159	19.9	23.96	120.63	1.0~190.4
速效钾（mg/kg）	157	101	57.35	56.74	28~331
缓效钾（mg/kg）	158	346	242.12	70.05	67~1 559
有效铜（mg/kg）	56	3.62	2.56	70.64	0.62~17.48
有效锌（mg/kg）	56	1.89	1.51	80.12	0.45~9.86
有效铁（mg/kg）	56	154.17	100.41	65.13	14.27~464.50
有效锰（mg/kg）	56	27.52	27.00	98.13	1.90~112.20
有效硼（mg/kg）	54	0.31	0.19	59.97	0.08~1.19
有效钼（mg/kg）	48	0.221	0.20	92.35	0.040~1.180
有效硫（mg/kg）	49	35.05	28.40	81.03	7.30~117.90
有效硅（mg/kg）	46	142.68	33.85	23.72	76.54~207.67

耕层质地

	砂土	砂壤土	轻壤土	中壤土	重壤土	黏土
样本数	2	31	21	42	36	27
占比（%）	1.26	19.50	13.21	26.42	22.64	16.98

土壤 pH

	≤4.5	(4.5~5.5]	(5.5~6.5]	(6.5~7.5]	(7.5~8.5]	>8.5
样本数	1	57	45	28	27	1
占比（%）	0.63	35.85	28.30	17.61	16.98	0.63

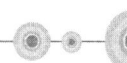

水稻土—淹育水稻土—浅马肝泥田耕地土壤主要理化性状

项目名称	样本数（个）	平均值	标准差	变异系数（%）	范　围
有效土层厚（cm）	9	69.6	12.52	18.00	55.0~95.0
耕层厚度（cm）	9	17.4	2.55	14.65	15.0~23.0
耕层容重（g/cm³）	9	1.26	0.09	7.26	1.08~1.35
有机质（g/kg）	9	33.2	13.01	39.13	19.2~56.3
全氮（g/kg）	9	1.853	0.59	31.62	1.210~2.953
有效磷（mg/kg）	9	25.7	22.08	85.78	3.8~68.1
速效钾（mg/kg）	9	105	50.63	48.14	48~193
缓效钾（mg/kg）	9	242	56.13	23.23	186~342
有效铜（mg/kg）	9	3.22	0.96	29.94	1.70~5.01
有效锌（mg/kg）	9	1.48	0.98	66.65	0.64~3.89
有效铁（mg/kg）	9	198.11	62.77	31.69	121.90~314.29
有效锰（mg/kg）	9	14.86	11.91	80.17	6.30~44.80
有效硼（mg/kg）	9	0.26	0.07	28.22	0.15~0.40
有效钼（mg/kg）	9	0.174	0.07	40.55	0.050~0.230
有效硫（mg/kg）	9	52.14	28.59	54.84	19.70~97.90
有效硅（mg/kg）	9	146.50	28.87	19.70	110.79~193.97

耕层质地

	砂土	砂壤土	轻壤土	中壤土	重壤土	黏土
样本数	0	0	0	0	6	3
占比（%）	0.00	0.00	0.00	0.00	66.67	33.33

土壤pH

	≤4.5	(4.5~5.5]	(5.5~6.5]	(6.5~7.5]	(7.5~8.5]	>8.5
样本数	0	0	4	1	4	0
占比（%）	0.00	0.00	44.44	11.11	44.44	0.00

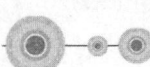

水稻土—渗育水稻土—渗潮泥田耕地土壤主要理化性状

项目名称	样本数（个）	平均值	标准差	变异系数（%）	范围
有效土层厚（cm）	620	78.7	33.42	42.48	20.0~185.0
耕层厚度（cm）	620	21.3	4.24	19.94	10.0~35.0
耕层容重（g/cm³）	619	1.30	0.15	11.67	0.82~1.77
有机质（g/kg）	615	28.2	11.68	41.38	6.9~73.5
全氮（g/kg）	611	1.581	0.61	38.36	0.180~3.548
有效磷（mg/kg）	613	22.0	27.22	123.51	0.9~191.0
速效钾（mg/kg）	606	116	64.24	55.31	27~374
缓效钾（mg/kg）	620	393	208.08	53.00	52~1 426
有效铜（mg/kg）	108	4.14	2.58	62.22	0.05~9.99
有效锌（mg/kg）	107	2.46	2.95	119.57	0.07~20.93
有效铁（mg/kg）	105	136.36	103.56	75.94	0.10~407.00
有效锰（mg/kg）	107	17.13	17.56	102.54	0.20~102.00
有效硼（mg/kg）	105	0.51	0.34	66.27	0.07~1.55
有效钼（mg/kg）	95	0.219	0.31	142.57	0.038~2.080
有效硫（mg/kg）	87	40.38	48.05	119.00	4.23~282.81
有效硅（mg/kg）	94	146.47	63.04	43.04	32.29~429.09

耕层质地

	砂土		砂壤土		轻壤土		中壤土		重壤土		黏土	
	样本数	占比（%）	样本数	占比（%）	样本数	占比（%）	样本数	占比（%）	样本数	占比（%）	样本数	占比（%）
	5	0.81	81	13.06	84	13.55	325	52.42	104	16.77	21	3.39

土壤pH

	≤4.5		(4.5~5.5]		(5.5~6.5]		(6.5~7.5]		(7.5~8.5]		>8.5	
	样本数	占比（%）	样本数	占比（%）	样本数	占比（%）	样本数	占比（%）	样本数	占比（%）	样本数	占比（%）
	6	0.97	95	15.32	214	34.52	133	21.45	166	26.77	6	0.97

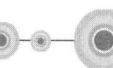

水稻土—渗育水稻土—渗潮泥砂田耕地土壤主要理化性状

项目名称	样本数（个）	平均值	标准差	变异系数（%）	范围
有效土层厚（cm）	287	67.7	32.66	48.23	20.0~170.0
耕层厚度（cm）	287	22.6	5.09	22.50	12.0~30.0
耕层容重（g/cm³）	287	1.31	0.14	10.82	0.84~1.66
有机质（g/kg）	284	28.4	12.80	45.13	8.5~74.9
全氮（g/kg）	284	1.511	0.61	40.18	0.145~3.580
有效磷（mg/kg）	286	23.3	26.00	111.62	1.1~202.0
速效钾（mg/kg）	282	112	58.84	52.67	27~344
缓效钾（mg/kg）	287	379	184.62	48.69	74~1 052
有效铜（mg/kg）	39	3.68	2.12	57.52	0.84~8.91
有效锌（mg/kg）	39	2.04	1.40	68.97	0.41~6.03
有效铁（mg/kg）	37	154.17	103.80	67.33	14.00~431.00
有效锰（mg/kg）	39	25.17	26.80	106.45	2.62~110.00
有效硼（mg/kg）	37	0.45	0.40	89.69	0.07~1.58
有效钼（mg/kg）	39	0.216	0.25	115.21	0.020~1.370
有效硫（mg/kg）	36	46.95	55.30	117.80	7.92~262.25
有效硅（mg/kg）	37	146.01	65.34	44.75	44.37~342.00

耕层质地

	砂土	砂壤土	轻壤土	中壤土	重壤土	黏土
样本数	13	35	60	165	5	9
占比（%）	4.53	12.20	20.91	57.49	1.74	3.14

土壤 pH

	≤4.5	(4.5~5.5]	(5.5~6.5]	(6.5~7.5]	(7.5~8.5]	>8.5
样本数	6	56	95	64	66	0
占比（%）	2.09	19.51	33.10	22.30	23.00	0.00

水稻土—渗育水稻土—渗砂泥田耕地土壤主要理化性状

项目名称	样本数（个）	平均值	标准差	变异系数（%）	范　围
有效土层厚（cm）	256	70.7	17.64	24.93	40.0～126.5
耕层厚度（cm）	256	19.4	3.38	17.45	15.8～31.0
耕层容重（g/cm³）	256	1.29	0.19	14.59	0.85～1.58
有机质（g/kg）	246	39.8	12.56	31.58	13.0～74.1
全氮（g/kg）	248	2.217	0.59	26.45	0.156～3.690
有效磷（mg/kg）	253	32.0	35.19	109.95	1.0～192.0
速效钾（mg/kg）	247	116	64.61	55.74	28～330
缓效钾（mg/kg）	246	213	171.23	80.53	50～1 159
有效铜（mg/kg）	143	4.04	3.05	75.35	0.05～19.87
有效锌（mg/kg）	141	2.91	2.84	97.65	0.12～17.78
有效铁（mg/kg）	138	123.30	98.71	80.06	1.60～429.80
有效锰（mg/kg）	142	22.71	24.46	107.70	0.30～172.90
有效硼（mg/kg）	127	0.41	0.26	64.04	0.07～1.37
有效钼（mg/kg）	67	0.203	0.29	141.65	0.035～2.130
有效硫（mg/kg）	122	51.11	54.69	107.00	5.18～310.00
有效硅（mg/kg）	66	126.93	81.62	64.30	28.85～451.27

耕层质地

	砂土	砂壤土	轻壤土	中壤土	重壤土	黏土
样本数	3	88	38	73	30	24
占比（%）	1.17	34.38	14.84	28.52	11.72	9.38

土壤 pH

	≤4.5	(4.5～5.5]	(5.5～6.5]	(6.5～7.5]	(7.5～8.5]	>8.5
样本数	6	141	65	32	12	0
占比（%）	2.34	55.08	25.39	12.50	4.69	0.00

水稻土—渗育水稻土—渗鳢泥田耕地土壤主要理化性状

项目名称	样本数（个）	平均值	标准差	变异系数（%）	范围
有效土层厚（cm）	413	68.2	26.46	38.80	20.0～170.0
耕层厚度（cm）	413	21.9	5.00	22.86	13.0～40.0
耕层容重（g/cm³）	413	1.25	0.14	11.43	0.84～1.76
有机质（g/kg）	404	32.5	12.49	38.38	8.2～74.7
全氮（g/kg）	406	1.799	0.61	34.00	0.150～3.731
有效磷（mg/kg）	409	20.0	24.47	122.24	0.9～190.3
速效钾（mg/kg）	402	115	63.69	55.57	27～352
缓效钾（mg/kg）	411	306	185.90	60.72	54～1 314
有效铜（mg/kg）	136	3.37	2.67	79.22	0.04～15.80
有效锌（mg/kg）	133	2.60	3.23	124.35	0.06～20.92
有效铁（mg/kg）	136	96.56	99.18	102.71	0.10～456.00
有效锰（mg/kg）	130	30.29	29.61	97.76	0.30～167.10
有效硼（mg/kg）	114	0.45	0.33	74.82	0.14～2.94
有效钼（mg/kg）	54	0.253	0.29	115.68	0.020～1.356
有效硫（mg/kg）	115	49.74	36.48	73.33	4.70～230.70
有效硅（mg/kg）	61	136.23	67.33	49.43	36.59～316.65

耕层质地

	砂土	砂壤土	轻壤土	中壤土	重壤土	黏土
样本数	2	58	80	156	78	39
占比（%）	0.48	14.04	19.37	37.77	18.89	9.44

土壤 pH

	≤4.5	(4.5～5.5]	(5.5～6.5]	(6.5～7.5]	(7.5～8.5]	>8.5
样本数	19	139	123	66	66	0
占比（%）	4.60	33.66	29.78	15.98	15.98	0.00

水稻土—潴育水稻土—渗灰泥田耕地土壤主要理化性状

项目名称	样本数（个）	平均值	标准差	变异系数（%）	范　围
有效土层厚（cm）	181	74.6	16.75	22.46	40.0～120.0
耕层厚度（cm）	181	19.1	2.62	13.70	15.6～30.2
耕层容重（g/cm³）	181	1.27	0.14	11.20	0.85～1.54
有机质（g/kg）	170	40.0	14.19	35.46	13.0～74.5
全氮（g/kg）	173	2.164	0.62	28.87	0.751～3.702
有效磷（mg/kg）	181	20.5	19.19	93.58	1.2～128.4
速效钾（mg/kg）	179	140	77.28	55.26	36～367
缓效钾（mg/kg）	178	314	235.38	74.86	52～1 453
有效铜（mg/kg）	83	3.33	2.90	86.95	0.09～18.25
有效锌（mg/kg）	81	2.15	1.52	70.89	0.25～7.90
有效铁（mg/kg）	82	89.17	83.11	93.20	7.20～447.52
有效锰（mg/kg）	74	40.34	29.27	72.54	3.50～107.70
有效硼（mg/kg）	71	0.76	0.75	99.12	0.10～3.20
有效钼（mg/kg）	21	0.240	0.16	67.84	0.065～0.730
有效硫（mg/kg）	69	60.00	43.66	72.77	6.51～220.00
有效硅（mg/kg）	24	155.81	78.86	50.61	46.41～328.44

耕层质地

砂土		砂壤土		轻壤土		中壤土		重壤土		黏土	
样本数	占比（%）	样本数	占比（%）	样本数	占比（%）	样本数	占比（%）	样本数	占比（%）	样本数	占比（%）
0	0.00	27	14.92	24	13.26	50	27.62	24	13.26	56	30.94

土壤 pH

≤4.5		(4.5～5.5]		(5.5～6.5]		(6.5～7.5]		(7.5～8.5]		>8.5	
样本数	占比（%）	样本数	占比（%）	样本数	占比（%）	样本数	占比（%）	样本数	占比（%）	样本数	占比（%）
1	0.55	33	18.23	52	28.73	59	32.60	35	19.34	1	0.55

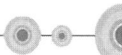

水稻土—渗育水稻土—渗黄泥耕田耕地土壤主要理化性状

项目名称	样本数（个）	平均值	标准差	变异系数（%）	范　围
有效土层厚（cm）	1 919	66.1	25.47	38.52	16.0~180.0
耕层厚度（cm）	1 918	23.1	4.05	17.55	10.0~40.0
耕层容重（g/cm³）	1 918	1.30	0.16	12.07	0.80~1.80
有机质（g/kg）	1 904	23.8	9.48	39.81	6.7~72.4
全氮（g/kg）	1 901	1.386	0.50	35.76	0.147~3.700
有效磷（mg/kg）	1 885	15.1	20.77	137.93	0.8~178.2
速效钾（mg/kg）	1 911	120	59.16	49.46	27~384
缓效钾（mg/kg）	1 919	423	198.09	46.78	55~1 243
有效铜（mg/kg）	218	2.76	1.88	68.16	0.14~10.48
有效锌（mg/kg）	217	1.75	2.01	115.15	0.22~15.50
有效铁（mg/kg）	218	117.17	93.21	79.55	1.00~415.00
有效锰（mg/kg）	215	22.81	21.86	95.84	1.07~115.00
有效硼（mg/kg）	202	0.34	0.20	56.97	0.07~1.47
有效钼（mg/kg）	205	0.215	0.33	153.32	0.020~2.340
有效硫（mg/kg）	202	47.18	58.17	123.28	4.25~379.86
有效硅（mg/kg）	201	174.91	96.02	54.90	40.67~485.68

耕层质地

	砂土	砂壤土	轻壤土	中壤土	重壤土	黏土
样本数	10	226	218	839	474	152
占比（%）	0.52	11.78	11.36	43.72	24.70	7.92

土壤pH

	≤4.5	(4.5~5.5]	(5.5~6.5]	(6.5~7.5]	(7.5~8.5]	>8.5
样本数	28	397	453	337	687	17
占比（%）	1.46	20.69	23.61	17.56	35.80	0.89

水稻土—渗育水稻土—渗红泥田耕地土壤主要理化性状

项目名称	样本数（个）	平均值	标准差	变异系数（%）	范围
有效土层厚 (cm)	103	72.3	38.37	53.05	17.0~154.0
耕层厚度 (cm)	103	21.3	4.27	20.08	12.0~31.0
耕层容重 (g/cm³)	103	1.35	0.17	12.86	0.85~1.77
有机质 (g/kg)	103	31.5	11.73	37.24	11.6~68.7
全氮 (g/kg)	101	1.676	0.63	37.68	0.173~3.020
有效磷 (mg/kg)	101	19.6	22.70	115.90	0.8~131.5
速效钾 (mg/kg)	102	114	68.65	60.43	31~368
缓效钾 (mg/kg)	101	308	220.57	71.57	60~1 353
有效铜 (mg/kg)	55	3.47	2.33	67.06	0.06~13.80
有效锌 (mg/kg)	55	2.79	3.05	109.12	0.08~20.40
有效铁 (mg/kg)	55	116.13	86.40	74.40	0.10~413.48
有效锰 (mg/kg)	54	27.30	22.90	83.87	5.60~102.60
有效硼 (mg/kg)	53	0.49	0.30	61.06	0.10~1.14
有效钼 (mg/kg)	35	0.285	0.44	155.25	0.030~2.180
有效硫 (mg/kg)	50	33.36	21.97	65.85	12.20~125.90
有效硅 (mg/kg)	28	160.36	51.80	32.30	70.22~285.60

耕层质地

砂土		砂壤土		轻壤土		中壤土		重壤土		黏土	
样本数	占比（%）	样本数	占比（%）	样本数	占比（%）	样本数	占比（%）	样本数	占比（%）	样本数	占比（%）
3	2.91	9	8.74	6	5.83	38	36.89	23	22.33	24	23.30

土壤 pH

≤4.5		(4.5~5.5]		(5.5~6.5]		(6.5~7.5]		(7.5~8.5]		>8.5	
样本数	占比（%）	样本数	占比（%）	样本数	占比（%）	样本数	占比（%）	样本数	占比（%）	样本数	占比（%）
0	0.00	33	32.04	29	28.16	28	27.18	12	11.65	1	0.97

水稻土—渗育水稻土—渗马肝泥田耕地土壤主要理化性状

项目名称	样本数（个）	平均值	标准差	变异系数（%）	范　围
有效土层厚（cm）	6	65.2	22.18	34.04	21.0~80.0
耕层厚度（cm）	6	24.8	5.85	23.54	14.0~30.0
耕层容重（g/cm³）	6	1.21	0.06	4.94	1.10~1.25
有机质（g/kg）	6	28.1	6.90	24.55	20.9~36.1
全氮（g/kg）	6	1.800	0.44	24.55	1.342~2.314
有效磷（mg/kg）	6	23.5	4.04	17.23	18.7~29.7
速效钾（mg/kg）	6	173	68.97	39.92	72~258
缓效钾（mg/kg）	6	761	349.47	45.90	302~1 255
有效铜（mg/kg）	3	3.27	0.58	17.88	2.61~3.73
有效锌（mg/kg）	3	1.47	1.19	80.92	0.47~2.79
有效铁（mg/kg）	3	125.32	7.70	6.14	120.29~134.18
有效锰（mg/kg）	3	24.33	17.89	73.50	8.50~43.73
有效硼（mg/kg）	3	0.56	0.30	52.99	0.36~0.90
有效钼（mg/kg）	3	0.202	0.08	41.99	0.147~0.300
有效硫（mg/kg）	2	21.61	16.22	75.07	10.14~33.07
有效硅（mg/kg）	2	73.36	7.10	9.68	68.34~78.38

耕层质地

	砂土	砂壤土	轻壤土	中壤土	重壤土	黏土
样本数	0	5	0	1	0	0
占比（%）	0.00	83.33	0.00	16.67	0.00	0.00

土壤 pH

	≤4.5	(4.5~5.5]	(5.5~6.5]	(6.5~7.5]	(7.5~8.5]	>8.5
样本数	0	0	3	3	0	0
占比（%）	0.00	0.00	50.00	50.00	0.00	0.00

水稻土—潴育水稻土—潴煤锈田耕地土壤主要理化性状

项目名称	样本数（个）	平均值	标准差	变异系数（%）	范围
有效土层厚（cm）	22	65.4	15.35	23.48	40.0~100.0
耕层厚度（cm）	22	19.7	3.71	18.87	15.8~30.0
耕层容重（g/cm³）	22	1.08	0.16	15.01	0.90~1.56
有机质（g/kg）	19	53.2	18.75	35.24	22.2~74.8
全氮（g/kg）	18	2.607	0.89	34.31	1.080~3.620
有效磷（mg/kg）	20	21.0	33.10	157.92	0.8~142.6
速效钾（mg/kg）	21	155	91.39	59.00	40~360
缓效钾（mg/kg）	22	211	173.54	82.28	50~871
有效铜（mg/kg）	4	6.94	5.60	80.75	2.59~15.04
有效锌（mg/kg）	4	5.26	4.88	92.95	1.68~12.46
有效铁（mg/kg）	4	95.24	33.41	35.08	47.46~125.40
有效锰（mg/kg）	4	49.69	16.46	33.12	33.40~71.69
有效硼（mg/kg）	3	0.39	0.13	33.53	0.24~0.48
有效钼（mg/kg）	2	0.325	0.04	10.88	0.300~0.350
有效硫（mg/kg）	3	71.41	20.67	28.95	50.50~91.84
有效硅（mg/kg）	2	135.24	21.63	15.99	119.94~150.53

耕层质地

	砂土		砂壤土		轻壤土		中壤土		重壤土		黏土	
	样本数	占比（%）	样本数	占比（%）	样本数	占比（%）	样本数	占比（%）	样本数	占比（%）	样本数	占比（%）
	0	0.00	4	18.18	8	36.36	4	18.18	2	9.09	4	18.18

土壤 pH

	≤4.5		(4.5~5.5]		(5.5~6.5]		(6.5~7.5]		(7.5~8.5]		>8.5	
	样本数	占比（%）	样本数	占比（%）	样本数	占比（%）	样本数	占比（%）	样本数	占比（%）	样本数	占比（%）
	2	9.09	8	36.36	8	36.36	2	9.09	2	9.09	0	0.00

水稻土—潜育水稻土—青潮泥田耕地土壤主要理化性状

项目名称	样本数（个）	平均值	标准差	变异系数（%）	范围
有效土层厚（cm）	123	71.1	41.69	58.59	16.0~180.0
耕层厚度（cm）	123	21.2	4.17	19.64	11.0~35.0
耕层容重（g/cm³）	123	1.22	0.21	17.38	0.82~1.68
有机质（g/kg）	119	34.2	13.40	39.23	7.4~74.3
全氮（g/kg）	119	2.045	0.75	36.50	0.229~3.740
有效磷（mg/kg）	122	20.1	24.16	119.91	0.9~155.2
速效钾（mg/kg）	120	110	59.04	53.71	28~320
缓效钾（mg/kg）	121	313	231.48	74.01	48~1576
有效铜（mg/kg）	84	5.20	5.14	98.79	0.32~27.47
有效锌（mg/kg）	83	2.38	2.13	89.81	0.05~12.89
有效铁（mg/kg）	82	119.03	116.43	97.81	6.69~467.51
有效锰（mg/kg）	84	29.79	20.60	69.14	2.80~116.40
有效硼（mg/kg）	84	0.61	0.43	71.21	0.10~2.12
有效钼（mg/kg）	35	0.712	0.71	99.55	0.030~2.330
有效硫（mg/kg）	81	51.13	52.18	102.05	4.78~293.52
有效硅（mg/kg）	76	169.23	91.47	54.05	43.25~477.89

耕层质地

	砂土		砂壤土		轻壤土		中壤土		重壤土		黏土	
	样本数	占比（%）	样本数	占比（%）	样本数	占比（%）	样本数	占比（%）	样本数	占比（%）	样本数	占比（%）
	0	0.00	8	6.50	20	16.26	47	38.21	17	13.82	31	25.20

土壤pH

	≤4.5		(4.5~5.5]		(5.5~6.5]		(6.5~7.5]		(7.5~8.5]		>8.5	
	样本数	占比（%）	样本数	占比（%）	样本数	占比（%）	样本数	占比（%）	样本数	占比（%）	样本数	占比（%）
	0	0.00	32	26.02	47	38.21	18	14.63	25	20.33	1	0.81

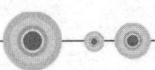

水稻土—潜育水稻土—青麻砂泥田耕地土壤主要理化性状

项目名称	样本数（个）	平均值	标准差	变异系数（%）	范　围
有效土层厚(cm)	5	80.0	18.37	22.96	65.0~100.0
耕层厚度(cm)	5	23.0	2.74	11.91	20.0~25.0
耕层容重(g/cm³)	5	1.19	0.19	15.62	1.00~1.39
有机质(g/kg)	5	33.1	6.66	20.13	26.9~43.5
全氮(g/kg)	5	2.099	0.32	15.06	1.808~2.564
有效磷(mg/kg)	5	24.7	18.27	74.07	5.7~54.9
速效钾(mg/kg)	5	109	94.33	86.53	42~275
缓效钾(mg/kg)	5	654	351.10	53.68	367~1 172
有效铜(mg/kg)	3	3.53	2.70	76.40	1.50~6.59
有效锌(mg/kg)	3	1.77	1.17	65.97	0.89~3.10
有效铁(mg/kg)	3	264.05	163.42	61.89	169.70~452.76
有效锰(mg/kg)	3	29.12	17.18	59.00	19.20~48.96
有效硼(mg/kg)	3	0.34	0.32	93.57	0.14~0.70
有效钼(mg/kg)	3	0.203	0.16	79.50	0.110~0.390
有效硫(mg/kg)	2	68.30	8.49	12.42	62.30~74.30
有效硅(mg/kg)	2	127.32	31.13	24.45	105.30~149.33

耕层质地

砂土		砂壤土		轻壤土		中壤土		重壤土		黏土	
样本数	占比（%）	样本数	占比（%）	样本数	占比（%）	样本数	占比（%）	样本数	占比（%）	样本数	占比（%）
0	0.00	5	100.00	0	0.00	0	0.00	0	0.00	0	0.00

土壤 pH

≤4.5		(4.5~5.5]		(5.5~6.5]		(6.5~7.5]		(7.5~8.5]		>8.5	
样本数	占比（%）	样本数	占比（%）	样本数	占比（%）	样本数	占比（%）	样本数	占比（%）	样本数	占比（%）
0	0.00	1	20.00	3	60.00	0	0.00	1	20.00	0	0.00

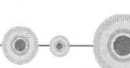

水稻土—潜育水稻土—青砂泥田耕地土壤主要理化性状

项目名称	样本数（个）	平均值	标准差	变异系数（%）	范 围
有效土层厚（cm）	34	66.6	33.10	49.73	20.0～170.0
耕层厚度（cm）	34	25.2	6.81	27.07	15.0～40.0
耕层容重（g/cm³）	34	1.30	0.17	13.36	0.81～1.70
有机质（g/kg）	34	33.8	12.48	36.94	10.4～64.3
全氮（g/kg）	34	1.782	0.67	37.45	0.252～3.300
有效磷（mg/kg）	33	15.4	15.74	102.23	2.3～69.6
速效钾（mg/kg）	33	113	65.83	58.49	35～325
缓效钾（mg/kg）	34	348	148.72	42.68	69～638
有效铜（mg/kg）	4	2.52	0.87	34.64	1.59～3.67
有效锌（mg/kg）	4	0.91	0.44	48.17	0.43～1.44
有效铁（mg/kg）	4	111.41	88.45	79.39	46.14～236.90
有效锰（mg/kg）	4	29.21	31.21	106.87	12.80～76.00
有效硼（mg/kg）	4	0.29	0.06	20.30	0.23～0.35
有效钼（mg/kg）	3	0.150	0.05	30.55	0.100～0.190
有效硫（mg/kg）	3	49.40	56.56	114.49	15.61～114.70
有效硅（mg/kg）	3	230.70	65.25	28.29	155.49～272.32

耕层质地

	砂土		砂壤土		轻壤土		中壤土		重壤土		黏土	
	样本数	占比（%）	样本数	占比（%）	样本数	占比（%）	样本数	占比（%）	样本数	占比（%）	样本数	占比（%）
	2	5.88	0	0.00	1	2.94	8	23.53	17	50.00	6	17.65

土壤 pH

	≤4.5		(4.5～5.5]		(5.5～6.5]		(6.5～7.5]		(7.5～8.5]		>8.5	
	占比（%）		占比（%）		占比（%）		占比（%）		占比（%）		占比（%）	
样本数	1	2.94	7	20.59	7	20.59	8	23.53	11	32.35	0	0.00

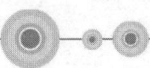

水稻土—潜育水稻土—青鳝泥田耕地土壤主要理化性状

项目名称	样本数（个）	平均值	标准差	变异系数（%）	范围
有效土层厚（cm）	18	76.6	19.14	25.00	45.0~100.0
耕层厚度（cm）	18	20.0	4.50	22.47	15.0~34.8
耕层容重（g/cm³）	18	1.23	0.15	12.56	1.00~1.53
有机质（g/kg）	18	37.2	11.39	30.59	17.3~54.8
全氮（g/kg）	18	2.090	0.45	21.76	1.220~2.721
有效磷（mg/kg）	18	31.8	46.68	146.90	1.2~201.0
速效钾（mg/kg）	18	143	94.12	65.63	40~389
缓效钾（mg/kg）	18	296	114.27	38.58	80~584
有效铜（mg/kg）	14	1.99	1.66	83.50	0.05~5.12
有效锌（mg/kg）	15	1.01	0.55	54.01	0.06~1.68
有效铁（mg/kg）	14	110.34	64.47	58.43	0.10~224.60
有效锰（mg/kg）	14	17.71	12.06	68.08	0.30~41.40
有效硼（mg/kg）	10	0.27	0.13	49.96	0.08~0.58
有效钼（mg/kg）	8	0.145	0.12	83.58	0.050~0.430
有效硫（mg/kg）	12	72.38	73.58	101.66	17.90~239.00
有效硅（mg/kg）	11	181.20	74.75	41.25	118.85~341.17

耕层质地

	砂土	砂壤土	轻壤土	中壤土	重壤土	黏土
样本数	0	1	1	3	7	6
占比（%）	0.00	5.56	5.56	16.67	38.89	33.33

土壤pH

	≤4.5	(4.5~5.5]	(5.5~6.5]	(6.5~7.5]	(7.5~8.5]	>8.5
样本数	0	2	6	4	6	0
占比（%）	0.00	11.11	33.33	22.22	33.33	0.00

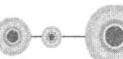

水稻土—潜育水稻土—青灰泥田耕地土壤主要理化性状

项目名称	样本数（个）	平均值	标准差	变异系数（%）	范 围
有效土层厚（cm）	71	82.2	23.13	28.13	30.0~150.0
耕层厚度（cm）	71	22.4	5.64	25.14	15.8~40.0
耕层容重（g/cm³）	71	1.21	0.18	14.79	0.90~1.60
有机质（g/kg）	66	38.5	14.49	37.65	15.3~74.7
全氮（g/kg）	65	2.194	0.69	31.25	0.670~3.768
有效磷（mg/kg）	70	17.4	17.71	101.97	0.9~102.9
速效钾（mg/kg）	70	145	69.18	47.86	52~385
缓效钾（mg/kg）	70	374	251.19	67.19	52~1 344
有效铜（mg/kg）	33	2.48	1.57	63.24	0.05~6.50
有效锌（mg/kg）	34	1.83	1.43	78.00	0.07~7.18
有效铁（mg/kg）	31	79.67	75.57	94.84	0.10~289.00
有效锰（mg/kg）	33	28.67	25.47	88.84	0.30~99.40
有效硼（mg/kg）	29	0.45	0.24	53.50	0.15~1.06
有效钼（mg/kg）	12	0.175	0.13	73.85	0.060~0.520
有效硫（mg/kg）	28	65.06	51.13	78.59	14.29~234.85
有效硅（mg/kg）	17	171.76	80.27	46.74	64.42~312.01

耕层质地

	砂土	砂壤土	轻壤土	中壤土	重壤土	黏土
样本数	0	6	8	11	17	29
占比（%）	0.00	8.45	11.27	15.49	23.94	40.85

土壤 pH

	≤4.5	(4.5~5.5]	(5.5~6.5]	(6.5~7.5]	(7.5~8.5]	>8.5
样本数	1	12	22	16	20	0
占比（%）	1.41	16.90	30.99	22.54	28.17	0.00

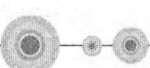

水稻土—潜育水稻土—青紫泥田耕地土壤主要理化性状

项目名称	样本数（个）	平均值	标准差	变异系数（%）	范　围
有效土层厚（cm）	137	71.1	34.87	49.02	20.0～170.0
耕层厚度（cm）	137	23.1	5.18	22.44	10.0～40.0
耕层容重（g/cm³）	136	1.23	0.20	16.00	0.80～1.71
有机质（g/kg）	136	31.0	13.22	42.67	11.2～73.1
全氮（g/kg）	134	1.717	0.68	39.46	0.232～3.680
有效磷（mg/kg）	136	16.3	23.08	141.50	1.0～192.0
速效钾（mg/kg）	135	117	55.56	47.48	33～336
缓效钾（mg/kg）	136	366	218.96	59.79	58～1 328
有效铜（mg/kg）	38	3.03	2.32	76.49	0.15～14.61
有效锌（mg/kg）	38	1.62	0.95	58.80	0.26～4.14
有效铁（mg/kg）	38	141.96	85.04	59.90	24.50～363.00
有效锰（mg/kg）	38	29.97	29.89	99.75	1.30～112.20
有效硼（mg/kg）	36	0.36	0.20	54.90	0.07～0.99
有效钼（mg/kg）	36	0.165	0.10	63.23	0.030～0.490
有效硫（mg/kg）	37	46.29	52.09	112.53	8.76～250.22
有效硅（mg/kg）	36	149.70	41.87	27.97	76.62～248.71

耕层质地

砂土		砂壤土		轻壤土		中壤土		重壤土		黏土	
样本数	占比（%）	样本数	占比（%）	样本数	占比（%）	样本数	占比（%）	样本数	占比（%）	样本数	占比（%）
0	0.00	16	11.68	15	10.95	43	31.39	41	29.93	22	16.06

土壤 pH

≤4.5		(4.5～5.5]		(5.5～6.5]		(6.5～7.5]		(7.5～8.5]		>8.5	
样本数	占比（%）	样本数	占比（%）	样本数	占比（%）	样本数	占比（%）	样本数	占比（%）	样本数	占比（%）
0	0.00	24	17.52	41	29.93	22	16.06	50	36.50	0	0.00

水稻土—潴育水稻土—青红砂泥田耕地土壤主要理化性状

项目名称	样本数（个）	平均值	标准差	变异系数（%）	范围
有效土层厚（cm）	18	97.4	27.95	28.69	65.0～140.0
耕层厚度（cm）	18	18.3	1.97	10.78	15.0～21.0
耕层容重（g/cm³）	18	1.18	0.15	12.34	0.89～1.58
有机质（g/kg）	18	35.7	12.46	34.96	17.4～63.1
全氮（g/kg）	18	2.284	0.71	31.30	1.050～3.421
有效磷（mg/kg）	18	21.6	20.45	94.45	2.7～61.2
速效钾（mg/kg）	18	94	42.84	45.39	42～168
缓效钾（mg/kg）	18	231	234.53	101.42	57～1 034
有效铜（mg/kg）	18	3.42	1.46	42.67	1.24～6.95
有效锌（mg/kg）	18	1.96	1.17	59.75	0.77～5.83
有效铁（mg/kg）	18	139.23	72.45	52.04	19.40～300.50
有效锰（mg/kg）	18	22.88	27.90	121.95	5.90～112.20
有效硼（mg/kg）	18	0.34	0.11	33.75	0.11～0.57
有效钼（mg/kg）	17	0.246	0.19	78.99	0.020～0.750
有效硫（mg/kg）	18	54.53	37.45	68.67	11.80～138.60
有效硅（mg/kg）	18	164.94	71.04	43.07	79.29～365.25

耕层质地

	砂土	砂壤土	轻壤土	中壤土	重壤土	黏土
样本数	0	17	1	0	0	0
占比（%）	0.00	94.44	5.56	0.00	0.00	0.00

土壤pH

	≤4.5	(4.5～5.5]	(5.5～6.5]	(6.5～7.5]	(7.5～8.5]	>8.5
样本数	0	12	3	2	1	0
占比（%）	0.00	66.67	16.67	11.11	5.56	0.00

水稻土—潜育水稻土—青红泥田耕地土壤主要理化性状

项目名称	样本数（个）	平均值	标准差	变异系数（%）	范围
有效土层厚（cm）	46	101.1	31.94	31.59	45.0～150.0
耕层厚度（cm）	46	19.1	2.35	12.32	12.0～25.0
耕层容重（g/cm³）	46	1.19	0.12	10.13	0.95～1.43
有机质（g/kg）	46	36.2	10.43	28.83	18.9～73.8
全氮（g/kg）	44	2.214	0.39	17.65	1.375～3.030
有效磷（mg/kg）	46	17.4	16.79	96.49	3.0～59.2
速效钾（mg/kg）	46	106	59.50	56.39	32～308
缓效钾（mg/kg）	46	196	106.89	54.48	53～385
有效铜（mg/kg）	44	3.26	1.40	42.95	0.52～6.82
有效锌（mg/kg）	45	1.85	1.13	61.14	0.13～6.77
有效铁（mg/kg）	44	178.43	97.43	54.60	0.10～391.94
有效锰（mg/kg）	45	27.34	24.92	91.16	0.20～99.40
有效硼（mg/kg）	45	0.27	0.10	38.25	0.07～0.52
有效钼（mg/kg）	42	0.221	0.24	107.22	0.050～1.410
有效硫（mg/kg）	44	47.70	27.93	58.55	12.60～116.30
有效硅（mg/kg）	44	146.44	41.03	28.02	78.44～295.75

耕层质地

	砂土		砂壤土		轻壤土		中壤土		重壤土		黏土	
	样本数	占比（%）	样本数	占比（%）	样本数	占比（%）	样本数	占比（%）	样本数	占比（%）	样本数	占比（%）
	0	0.00	0	0.00	0	0.00	1	2.17	29	63.04	16	34.78

土壤 pH

	≤4.5		(4.5～5.5]		(5.5～6.5]		(6.5～7.5]		(7.5～8.5]		>8.5	
	样本数	占比（%）	样本数	占比（%）	样本数	占比（%）	样本数	占比（%）	样本数	占比（%）	样本数	占比（%）
	0	0.00	20	43.48	19	41.30	7	15.22	0	0.00	0	0.00

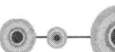

水稻土—潜育水稻土—烂泥田耕地土壤主要理化性状

项目名称	样本数（个）	平均值	标准差	变异系数（%）	范 围
有效土层厚 (cm)	158	61.3	33.75	55.05	10.0~136.0
耕层厚度 (cm)	158	19.6	3.70	18.88	10.0~32.0
耕层容重 (g/cm³)	158	1.26	0.19	15.43	0.89~1.60
有机质 (g/kg)	151	32.7	13.43	41.05	8.0~70.7
全氮 (g/kg)	154	2.049	0.71	34.59	0.690~3.730
有效磷 (mg/kg)	155	17.2	18.74	108.93	0.9~121.0
速效钾 (mg/kg)	152	112	66.32	59.37	28~387
缓效钾 (mg/kg)	153	301	229.08	76.04	50~1 029
有效铜 (mg/kg)	149	3.91	3.03	77.50	0.06~18.52
有效锌 (mg/kg)	149	2.13	1.80	84.61	0.06~11.96
有效铁 (mg/kg)	145	120.16	102.38	85.21	0.10~464.78
有效锰 (mg/kg)	144	31.56	28.37	89.89	0.30~172.80
有效硼 (mg/kg)	149	0.36	0.20	55.77	0.07~1.33
有效钼 (mg/kg)	99	0.292	0.41	139.32	0.020~2.240
有效硫 (mg/kg)	147	46.96	40.20	85.60	4.07~286.30
有效硅 (mg/kg)	134	162.62	77.49	47.65	25.87~394.19

耕层质地

	砂土	砂壤土	轻壤土	中壤土	重壤土	黏土
样本数	3	11	15	31	73	25
占比（%）	1.90	6.96	9.49	19.62	46.20	15.82

土壤 pH

	≤4.5	(4.5~5.5]	(5.5~6.5]	(6.5~7.5]	(7.5~8.5]	>8.5
样本数	0	48	60	35	15	0
占比（%）	0.00	30.38	37.97	22.15	9.49	0.00

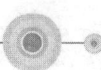

水稻土—潴育水稻土—锈水田耕地土壤主要理化性状

项目名称	样本数（个）	平均值	标准差	变异系数（%）	范围
有效土层厚（cm）	5	65.4	23.36	35.72	40.0～100.0
耕层厚度（cm）	5	18.4	1.49	8.11	17.0～20.0
耕层容重（g/cm³）	5	1.15	0.17	14.95	0.95～1.35
有机质（g/kg）	5	35.9	10.28	28.68	24.8～51.7
全氮（g/kg）	5	2.332	0.61	26.08	1.603～3.190
有效磷（mg/kg）	5	9.2	5.83	63.56	0.9～15.4
速效钾（mg/kg）	5	97	69.14	71.34	42～193
缓效钾（mg/kg）	5	153	77.91	50.82	83～277
有效铜（mg/kg）	3	3.36	2.23	66.41	1.49～5.83
有效锌（mg/kg）	3	2.13	0.78	36.55	1.24～2.69
有效铁（mg/kg）	3	125.40	16.18	12.90	107.00～137.40
有效锰（mg/kg）	3	7.43	1.36	18.31	5.90～8.50
有效硼（mg/kg）	3	0.38	0.12	30.66	0.31～0.51
有效钼（mg/kg）	3	0.210	0.07	33.33	0.130～0.260
有效硫（mg/kg）	3	35.53	32.20	90.62	16.00～72.70
有效硅（mg/kg）	3	169.74	37.90	22.33	126.09～194.31

耕层质地

砂土		砂壤土		轻壤土		中壤土		重壤土		黏土	
样本数	占比（%）	样本数	占比（%）	样本数	占比（%）	样本数	占比（%）	样本数	占比（%）	样本数	占比（%）
0	0.00	0	0.00	0	0.00	2	40.00	2	40.00	1	20.00

土壤pH

≤4.5		(4.5～5.5]		(5.5～6.5]		(6.5～7.5]		(7.5～8.5]		>8.5	
样本数	占比（%）	样本数	占比（%）	样本数	占比（%）	样本数	占比（%）	样本数	占比（%）	样本数	占比（%）
0	0.00	3	60.00	2	40.00	0	0.00	0	0.00	0	0.00

水稻土—潴育水稻土—表潴黄潴泥田耕地土壤主要理化性状

项目名称	样本数（个）	平均值	标准差	变异系数（%）	范围
有效土层厚（cm）	1	14.0	—	—	—
耕层厚度（cm）	1	10.0	—	—	—
耕层容重（g/cm³）	1	1.46	—	—	—
有机质（g/kg）	1	28.2	—	—	—
全氮（g/kg）	1	1.805	—	—	—
有效磷（mg/kg）	1	40.3	—	—	—
速效钾（mg/kg）	1	156	—	—	—
缓效钾（mg/kg）	1	595	—	—	—
有效铜（mg/kg）	0	—	—	—	—
有效锌（mg/kg）	0	—	—	—	—
有效铁（mg/kg）	0	—	—	—	—
有效锰（mg/kg）	0	—	—	—	—
有效硼（mg/kg）	0	—	—	—	—
有效钼（mg/kg）	0	—	—	—	—
有效硫（mg/kg）	0	—	—	—	—
有效硅（mg/kg）	0	—	—	—	—

耕层质地

	砂土	砂壤土	轻壤土	中壤土	重壤土	黏土
样本数	0	1	0	0	0	0
占比（%）	0.00	100.00	0.00	0.00	0.00	0.00

土壤pH

	≤4.5	(4.5~5.5]	(5.5~6.5]	(6.5~7.5]	(7.5~8.5]	>8.5
样本数	0	1	0	0	0	0
占比（%）	0.00	100.00	0.00	0.00	0.00	0.00

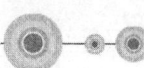

水稻土—潜育水稻土—泥炭土田耕地土壤主要理化性状

项目名称	样本数（个）	平均值	标准差	变异系数（%）	范　围
有效土层厚 (cm)	5	41.4	32.92	79.52	23.0~100.0
耕层厚度 (cm)	5	19.2	1.30	6.79	17.0~20.0
耕层容重 (g/cm³)	5	1.15	0.15	13.04	0.95~1.30
有机质 (g/kg)	5	29.4	8.36	28.45	15.9~38.9
全氮 (g/kg)	5	2.156	0.61	28.17	1.310~2.910
有效磷 (mg/kg)	5	21.5	16.59	77.25	6.2~48.7
速效钾 (mg/kg)	4	60	5.32	8.82	54~66
缓效钾 (mg/kg)	5	113	41.81	37.00	76~176
有效铜 (mg/kg)	5	3.67	1.84	50.29	1.03~5.49
有效锌 (mg/kg)	5	4.45	4.06	91.21	1.72~11.28
有效铁 (mg/kg)	5	82.50	68.48	83.01	19.04~182.10
有效锰 (mg/kg)	4	38.68	19.65	50.81	15.00~58.94
有效硼 (mg/kg)	5	0.26	0.08	29.82	0.14~0.34
有效钼 (mg/kg)	5	0.074	0.05	68.64	0.020~0.120
有效硫 (mg/kg)	5	40.62	10.32	25.40	27.79~55.44
有效硅 (mg/kg)	3	202.49	155.71	76.90	27.20~324.78

耕层质地

	砂土		砂壤土		轻壤土		中壤土		重壤土		黏土	
	样本数	占比（%）	样本数	占比（%）	样本数	占比（%）	样本数	占比（%）	样本数	占比（%）	样本数	占比（%）
	0	0.00	0	0.00	3	60.00	2	40.00	0	0.00	3	60.00

土壤 pH

	≤4.5		(4.5~5.5]		(5.5~6.5]		(6.5~7.5]		(7.5~8.5]		>8.5	
	样本数	占比（%）	样本数	占比（%）	样本数	占比（%）	样本数	占比（%）	样本数	占比（%）	样本数	占比（%）
	0	0.00	1	20.00	3	60.00	1	20.00	0	0.00	0	0.00

水稻土—脱潜水稻土—黄斑黏田耕地土壤主要理化性状

项目名称	样本数（个）	平均值	标准差	变异系数（%）	范　围
有效土层厚（cm）	42	79.5	22.16	27.86	45.0～128.0
耕层厚度（cm）	42	21.8	3.60	16.48	16.0～30.0
耕层容重（g/cm³）	42	1.19	0.16	13.38	0.90～1.53
有机质（g/kg）	39	39.8	11.96	30.07	20.0～74.8
全氮（g/kg）	39	2.279	0.62	27.18	1.109～3.540
有效磷（mg/kg）	42	19.5	13.13	67.37	2.5～68.7
速效钾（mg/kg）	41	138	58.54	42.36	39～251
缓效钾（mg/kg）	41	410	276.33	67.42	91～1 203
有效铜（mg/kg）	11	4.16	2.68	64.37	0.19～8.73
有效锌（mg/kg）	10	1.70	0.93	54.74	0.56～3.18
有效铁（mg/kg）	11	96.61	87.82	90.90	7.10～244.52
有效锰（mg/kg）	9	36.27	21.49	59.25	7.43～83.40
有效硼（mg/kg）	9	0.40	0.12	30.20	0.24～0.62
有效钼（mg/kg）	6	0.227	0.15	66.59	0.050～0.492
有效硫（mg/kg）	9	53.06	33.33	62.82	11.36～120.70
有效硅（mg/kg）	4	188.51	191.44	101.55	75.06～474.56

耕层质地

砂土		砂壤土		轻壤土		中壤土		重壤土		黏土	
样本数	占比（%）	样本数	占比（%）	样本数	占比（%）	样本数	占比（%）	样本数	占比（%）	样本数	占比（%）
0	0.00	13	30.95	0	0.00	17	40.48	7	16.67	5	11.90

土壤 pH

≤4.5		(4.5～5.5]		(5.5～6.5]		(6.5～7.5]		(7.5～8.5]		>8.5	
样本数	占比（%）	样本数	占比（%）	样本数	占比（%）	样本数	占比（%）	样本数	占比（%）	样本数	占比（%）
0	0.00	6	14.29	18	42.86	13	30.95	5	11.90	0	0.00

水稻土—脱潜水稻土—黄斑泥田耕地土壤主要理化性状

项目名称	样本数（个）	平均值	标准差	变异系数（%）	范围
有效土层厚（cm）	7	83.7	27.26	32.57	43.0～120.0
耕层厚度（cm）	7	19.7	1.70	8.65	16.0～21.0
耕层容重（g/cm³）	7	1.33	0.16	12.19	1.18～1.61
有机质（g/kg）	7	24.6	7.78	31.69	12.3～37.7
全氮（g/kg）	7	1.584	0.40	24.94	0.860～2.110
有效磷（mg/kg）	7	19.3	18.43	95.36	3.3～54.3
速效钾（mg/kg）	5	59	37.72	63.81	29～123
缓效钾（mg/kg）	7	245	64.27	26.22	154～331
有效铜（mg/kg）	1	3.63	—	—	—
有效锌（mg/kg）	1	0.33	—	—	—
有效铁（mg/kg）	1	24.00	—	—	—
有效锰（mg/kg）	1	9.90	—	—	—
有效硼（mg/kg）	1	0.26	—	—	—
有效钼（mg/kg）	1	0.670	—	—	—
有效硫（mg/kg）	1	6.00	—	—	—
有效硅（mg/kg）	0	—	—	—	—

耕层质地

	砂土		砂壤土		轻壤土		中壤土		重壤土		黏土	
	样本数	占比（%）	样本数	占比（%）	样本数	占比（%）	样本数	占比（%）	样本数	占比（%）	样本数	占比（%）
	0	0.00	2	28.57	2	28.57	2	28.57	1	14.29	0	0.00

土壤 pH

	≤4.5		(4.5～5.5]		(5.5～6.5]		(6.5～7.5]		(7.5～8.5]		>8.5	
	样本数	占比（%）	样本数	占比（%）	样本数	占比（%）	样本数	占比（%）	样本数	占比（%）	样本数	占比（%）
	1	14.29	0	0.00	3	42.86	3	42.86	0	0.00	0	0.00

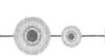

水稻土—漂洗水稻土—漂黄泥田耕地土壤主要理化性状

项目名称	样本数（个）	平均值	标准差	变异系数（%）	范 围
有效土层厚（cm）	133	63.5	25.37	39.96	20.0～150.0
耕层厚度（cm）	132	20.9	4.81	22.98	15.0～40.0
耕层容重（g/cm³）	133	1.24	0.18	14.75	0.85～1.70
有机质（g/kg）	129	33.4	13.90	41.59	7.5～71.4
全氮（g/kg）	129	1.903	0.72	37.81	0.700～3.760
有效磷（mg/kg）	131	27.1	42.30	156.12	0.9～200.2
速效钾（mg/kg）	131	122	67.56	55.50	29～345
缓效钾（mg/kg）	130	244	175.63	71.94	52～1 240
有效铜（mg/kg）	42	3.90	3.21	82.38	0.04～16.65
有效锌（mg/kg）	42	2.12	1.70	80.41	0.05～6.85
有效铁（mg/kg）	40	115.26	114.28	99.14	0.10～357.63
有效锰（mg/kg）	38	21.37	17.52	81.99	0.30～79.50
有效硼（mg/kg）	36	0.49	0.35	70.34	0.14～1.90
有效钼（mg/kg）	16	0.340	0.46	135.88	0.080～1.802
有效硫（mg/kg）	37	85.97	77.03	89.60	14.73～380.41
有效硅（mg/kg）	17	143.58	66.92	46.61	60.43～287.19

耕层质地

砂土		砂壤土		轻壤土		中壤土		重壤土		黏土	
样本数	占比（%）	样本数	占比（%）	样本数	占比（%）	样本数	占比（%）	样本数	占比（%）	样本数	占比（%）
0	0.00	7	5.26	12	9.02	38	28.57	37	27.82	39	29.32

土壤 pH

≤4.5		(4.5～5.5]		(5.5～6.5]		(6.5～7.5]		(7.5～8.5]		>8.5	
样本数	占比（%）	样本数	占比（%）	样本数	占比（%）	样本数	占比（%）	样本数	占比（%）	样本数	占比（%）
10	7.52	60	45.11	37	27.82	15	11.28	11	8.27	0	0.00

水稻土—漂洗水稻土—漂红泥田耕地土壤主要理化性状

项目名称	样本数（个）	平均值	标准差	变异系数（%）	范围
有效土层厚（cm）	17	44.8	29.58	65.99	10.0～110.0
耕层厚度（cm）	17	18.6	4.97	26.68	10.0～30.0
耕层容重（g/cm³）	17	1.35	0.25	18.13	0.92～1.59
有机质（g/kg）	17	32.6	14.97	45.88	14.0～66.8
全氮（g/kg）	15	1.656	0.67	40.31	0.830～3.220
有效磷（mg/kg）	17	23.8	25.99	109.33	3.6～80.6
速效钾（mg/kg）	16	117	49.25	42.06	41～198
缓效钾（mg/kg）	17	346	184.28	53.24	96～724
有效铜（mg/kg）	17	2.94	1.26	43.01	0.61～5.54
有效锌（mg/kg）	17	1.71	0.62	36.61	0.77～2.72
有效铁（mg/kg）	17	93.96	64.72	68.88	17.10～226.26
有效锰（mg/kg）	17	25.60	12.56	49.05	6.90～58.70
有效硼（mg/kg）	17	0.37	0.20	53.19	0.09～0.99
有效钼（mg/kg）	8	0.134	0.11	84.87	0.040～0.340
有效硫（mg/kg）	17	39.01	19.24	49.31	13.70～94.77
有效硅（mg/kg）	16	174.62	57.75	33.07	63.70～275.85

耕层质地

砂土		砂壤土		轻壤土		中壤土		重壤土		黏土	
样本数	占比（%）	样本数	占比（%）	样本数	占比（%）	样本数	占比（%）	样本数	占比（%）	样本数	占比（%）
0	0.00	0	0.00	2	11.76	7	41.18	5	29.41	3	17.65

土壤pH

≤4.5		(4.5～5.5]		(5.5～6.5]		(6.5～7.5]		(7.5～8.5]		>8.5	
样本数	占比（%）	样本数	占比（%）	样本数	占比（%）	样本数	占比（%）	样本数	占比（%）	样本数	占比（%）
0	0.00	4	23.53	4	23.53	4	23.53	5	29.41	0	0.00

水稻土—漂洗水稻土—漂鳝泥田耕地土壤主要理化性状

项目名称	样本数（个）	平均值	标准差	变异系数（%）	范　围
有效土层厚（cm）	1	10.0	—	—	—
耕层厚度（cm）	1	10.0	—	—	—
耕层容重（g/cm³）	1	1.41	—	—	—
有机质（g/kg）	1	38.0	—	—	—
全氮（g/kg）	1	2.080	—	—	—
有效磷（mg/kg）	1	48.6	—	—	—
速效钾（mg/kg）	1	231	—	—	—
缓效钾（mg/kg）	1	66	—	—	—
有效铜（mg/kg）	1	3.57	—	—	—
有效锌（mg/kg）	1	2.04	—	—	—
有效铁（mg/kg）	1	138.45	—	—	—
有效锰（mg/kg）	1	42.65	—	—	—
有效硼（mg/kg）	1	0.46	—	—	—
有效钼（mg/kg）	1	0.040	—	—	—
有效硫（mg/kg）	1	24.93	—	—	—
有效硅（mg/kg）	1	29.87	—	—	—

耕层质地

	砂土	砂壤土	轻壤土	中壤土	重壤土	黏土
样本数	0	0	1	0	1	0
占比（%）	0.00	0.00	100.00	0.00	100.00	0.00

土壤 pH

	≤4.5	(4.5～5.5]	(5.5～6.5]	(6.5～7.5]	(7.5～8.5]	>8.5
样本数	0	0	1	0	0	0
占比（%）	0.00	0.00	100.00	0.00	0.00	0.00

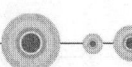

水稻土—盐渍水稻土—硫酸盐泥砂田耕地土壤主要理化性状

项目名称	样本数（个）	平均值	标准差	变异系数（%）	范　围
有效土层厚（cm）	2	50.0	14.14	28.28	40.0~60.0
耕层厚度（cm）	2	25.0	7.07	28.28	20.0~30.0
耕层容重（g/cm³）	2	1.06	0.14	13.63	0.96~1.16
有机质（g/kg）	2	35.0	24.96	71.22	17.4~52.7
全氮（g/kg）	2	1.950	1.41	72.52	0.950~2.950
有效磷（mg/kg）	2	8.0	1.98	24.75	6.6~9.4
速效钾（mg/kg）	2	83	53.03	64.28	45~120
缓效钾（mg/kg）	2	151	27.58	18.32	131~170
有效铜（mg/kg）	1	2.92	—	—	—
有效锌（mg/kg）	1	2.98	—	—	—
有效铁（mg/kg）	0	—	—	—	—
有效锰（mg/kg）	1	10.90	—	—	—
有效硼（mg/kg）	1	0.29	—	—	—
有效钼（mg/kg）	1	0.170	—	—	—
有效硫（mg/kg）	1	35.98	—	—	—
有效硅（mg/kg）	1	224.89	—	—	—

耕层质地

砂土		砂壤土		轻壤土		中壤土		重壤土		黏土	
样本数	占比（%）	样本数	占比（%）	样本数	占比（%）	样本数	占比（%）	样本数	占比（%）	样本数	占比（%）
0	0.00	0	0.00	1	50.00	1	50.00	0	0.00	0	0.00

土壤pH

≤4.5		(4.5~5.5]		(5.5~6.5]		(6.5~7.5]		(7.5~8.5]		>8.5	
样本数	占比（%）	样本数	占比（%）	样本数	占比（%）	样本数	占比（%）	样本数	占比（%）	样本数	占比（%）
0	0.00	1	50.00	1	50.00	0	0.00	0	0.00	0	0.00

寒冻土—寒冻土耕地土壤主要理化性状

项目名称	样本数（个）	平均值	标准差	变异系数（%）	范 围
有效土层厚（cm）	4	42.0	0.00	0.00	42.0~42.0
耕层厚度（cm）	4	15.0	0.00	0.00	15.0~15.0
耕层容重（g/cm³）	4	1.51	0.00	0.00	1.51~1.51
有机质（g/kg）	4	34.5	12.09	35.06	18.1~43.7
全氮（g/kg）	4	1.758	0.50	28.69	1.010~2.080
有效磷（mg/kg）	4	40.2	21.54	53.64	19.6~67.2
速效钾（mg/kg）	4	148	123.33	83.47	72~332
缓效钾（mg/kg）	4	105	22.07	21.07	82~135
有效铜（mg/kg）	4	12.51	11.08	88.59	1.91~26.15
有效锌（mg/kg）	4	1.66	0.75	45.38	0.75~2.55
有效铁（mg/kg）	4	244.05	159.58	65.39	89.01~460.14
有效锰（mg/kg）	4	48.98	49.57	101.22	10.60~117.10
有效硼（mg/kg）	4	0.25	0.08	31.16	0.16~0.35
有效钼（mg/kg）	4	1.658	0.72	43.45	0.750~2.280
有效硫（mg/kg）	4	24.40	8.40	34.41	17.10~36.50
有效硅（mg/kg）	4	304.95	134.36	44.06	104.62~391.38

耕层质地

	砂土	砂壤土	轻壤土	中壤土	重壤土	黏土
样本数	0	0	0	0	0	4
占比（%）	0.00	0.00	0.00	0.00	0.00	100.00

土壤 pH

	≤4.5	(4.5~5.5]	(5.5~6.5]	(6.5~7.5]	(7.5~8.5]	>8.5
样本数	0	1	3	0	0	0
占比（%）	0.00	25.00	75.00	0.00	0.00	0.00

图书在版编目（CIP）数据

西南区耕地质量主要性状数据集/农业农村部耕地
质量监测保护中心编著．—北京：中国农业出版社，
2019.6
ISBN 978-7-109-25506-7

Ⅰ.①西…　Ⅱ.①农…　Ⅲ.①耕地管理－性状－数据
－西南地区　Ⅳ.①F323.211

中国版本图书馆 CIP 数据核字（2019）第 089070 号

中国农业出版社出版
（北京市朝阳区麦子店街 18 号楼）
（邮政编码 100125）
责任编辑　贺志清

中农印务有限公司印刷　新华书店北京发行所发行
2019 年 6 月第 1 版　2019 年 6 月北京第 1 次印刷

开本：880mm×1230mm 1/16　印张：20.25
字数：630 千字
定价：120.00 元